"十二五"江苏省高等学校重点教材

编号：2013-2-051

仪器分析

第二版

总主编　姚天扬　孙尔康

主　编　姚开安　赵登山

副主编　徐继明　王京平　李卉卉
　　　　王　庆

参　编（按姓氏笔画为序）
　　　　王　双　李周敏　吴秀红
　　　　谷苗苗　盛振环

主　审　方惠群

南京大学出版社

图书在版编目(CIP)数据

仪器分析 / 姚开安,赵登山主编. — 2 版. — 南京:
南京大学出版社,2017.2(2023.7 重印)
　　高等院校化学化工教学改革规划教材
　　ISBN 978 - 7 - 305 - 18207 - 5

　　Ⅰ. ①仪… Ⅱ. ①姚… ②赵… Ⅲ. ①仪器分析—高
等学校—教材　Ⅳ. ①O657

中国版本图书馆 CIP 数据核字(2017)第 011378 号

出版发行　南京大学出版社
社　　址　南京市汉口路 22 号　　　　邮编　210093
出 版 人　王文军

丛 书 名　高等院校化学化工教学改革规划教材
书　　名　仪器分析
总 主 编　姚天扬　孙尔康
主　　编　姚开安　赵登山
责任编辑　刘 飞　蔡文彬　　　　编辑热线　025 - 83686531

照　　排　南京开卷文化传媒有限公司
印　　刷　南京新洲印刷有限公司
开　　本　787 mm×960 mm　1/16　印张 17.75　字数 388 千
版　　次　2023 年 7 月第 2 版第 3 次印刷
ISBN　978 - 7 - 305 - 18207 - 5
定　　价　44.00 元

☞ 码上有课件

网　　址:http://www.njupco.com
官方微博:http://weibo.com/njupco
官方微信号:njupress
销售咨询热线:(025)83594756

序

　　教材建设是高等学校教学改革的重要内容,也是衡量教学质量提高的关键指标。高校化学化工基础理论课教材在近几年教学改革中取得了丰硕成果,编写了不少有特色的教材或讲义,但就其内容而言基本上大同小异,在编写形式和介绍方法以及内容的取舍等方面不尽相同,充分体现了各校化学基础理论课的改革特色,但大多数限于本校自己使用,面不广、量不大。由于各校化学基础课教师相互交流、相互讨论、相互学习、相互取长补短的机会少,各校教材建设的特色得不到有效推广,不能实施优质资源共享;又由于近几年教学经验丰富的老师纷纷退休,年轻教师走上教学第一线,特别是江苏高校广大教师迫切希望联合编写有特色的化学化工理论课教材,同时希望在编写教材的过程中,实现教师之间相互教学探讨,既能实现优质资源共享,又能加快对年轻教师的培养。

　　为此,由南京大学化学化工学院姚天扬、孙尔康两位教授牵头,以地方院校为主,自愿参加为原则,组织了南京大学、南京理工大学、苏州大学、南京师范大学、南京工业大学、南京邮电大学、南通大学、苏州科技学院、南京晓庄师院、淮阴师范学院、盐城工学院、盐城师范学院、常熟理工学院、淮海工学院、淮阴工学院、江苏第二师范学院、南京大学金陵学院、南理工泰州科技学院等18所江苏省高等院校,同时吸收了解放军第二军医大学、湖北工业大学、华东交通大学、湖南文理学院、衡阳师范学院、九江学院等6所省外院校,共计24所高等学校的化学专业、应用化学专业、化工专业基础理论课一线主讲教师,共同联合编写"高等院校化学化工教学改革规划教材"一套,该系列教材包括《无机化学(上、下册)》、《无机化学简明教程》、《有机化学(上、下册)》、《有机化学简明教程》、《分析化学》、《物理化学(上、下册)》、《物理化学简明教程》、《化工原理(上、下册)》、《化工原理简明教程》、《仪器分析》、《无机及分析化学》、《大学化学(上、下册)》、

《普通化学》、《高分子导论》、《化学与社会》、《化学教学论》、《生物化学简明教程》、《化工导论》等 18 部。

该系列教材适合于不同层次院校的化学基础理论课教学任务需求,同时适应不同教学体系改革的需求。

该系列教材体现如下几个特点:

1. 系统介绍各门基础理论课的知识点,突出重点,突出应用,删除陈旧内容,增加学科前沿内容。

2. 该系列教材将基础理论、学科前沿、学科应用有机融合,体现教材的时代性、先进性、应用性和前瞻性。

3. 教材中充分吸取各校改革特色,实现教材优质资源共享。

4. 每门教材都引入近几年相关的文献资料,特别是有关应用方面的文献资料,便于学有余力的学生自主学习。

该系列教材的编写得到了江苏省教育厅高教处、江苏省高等教育学会、相关高校化学化工系以及南京大学出版社的大力支持和帮助,在此表示感谢!

该系列教材已被评为"十二五"江苏省高等学校重点教材。

该系列教材是由高校联合编写的分层次、多元化的化学基础理论课教材,是我们工作的一项尝试。尽管经过多次讨论,在编写形式、编写大纲、内容的取舍等方面提出了统一的要求,但参编教师众多,水平不一,在教材中难免会出现一些疏漏或错误,敬请读者和专家提出批评和指正,以便我们今后修改和订正。

编委会

第二版前言

　　本教材是面向应用型本科院校(应用)化学、化工类及其相近本科专业教师和学生的一本教材。教材内容包括电化学分析、色谱分析、光学分析、联用技术及各种仪器分析方法的应用等内容。本书知识点较全面,并吸纳了近年来仪器分析技术发展的新成就。同时本书通过引入一些社会热点问题为实例,理论联系实践地讲解各仪器分析方法的特点和适用范围,较全面地展示仪器分析在各领域广泛的应用及其快速发展。此外,本书还是新形态的立体化教材,书中以嵌入二维码的形式提供了丰富的电子资源,如微课、动画、案例视频、电子课件等。这既彰显了信息化教学改革的追求,也提高了学生自主学习的效果和积极性。

　　本教材适用于(应用)化学及化工专业的基础课程教学。使用本教材教学可以使学生掌握各种仪器分析方法的基本原理、特点和适用范围等方面的基础知识。为后续专业课程的学习打下基础,为大学生今后的职业生涯提供背景知识,同时还能引导、激发学生学习的兴趣,是一本适用于应用型本科人才培养的教材。

　　本教材由多所高校合作编写,参加编写工作的有:南京大学金陵学院姚开安,淮阴工学院赵登山,淮阴师范学院徐继明、盛振环,盐城师范学院王京平、吴秀红,南京师范大学李卉卉,南理工泰州科技学院王双,湖南工学院王庆。南京大学金陵学院谷苗苗、李周敏参加了第1~3章部分习题编写。全书由南京大学方惠群教授审稿,最后由姚开安统稿、定稿。

　　本教材在编写过程中,参考了国内外出版的一些教材、著作和文献,引用了其中部分数据与图表,在此向有关作者表示衷心感谢。

　　由于编者水平有限,教材中可能出现疏漏和不妥之处,恳请读者批评指正。

编　者

2017 年 1 月

目　录

第8章 紫外-可见吸收光谱法

绪　论

☞ 码上学习

§0.1　分析化学的发展

分析化学是研究获取物质的组成、形态、结构等各种化学信息及其相关理论的科学。分析化学是科学研究的眼睛。无论是历史上众多的诺贝尔奖得主的研究成果，还是社会经济的发展和国家重大需求，分析化学都起至关重要的作用。同时，分析化学为生命科学、材料科学、能源科学、环境科学以及空间科学等前沿学科的发展，提供了研究和获取物质组成、结构和相互作用信息的重要科学支撑。

分析化学是最早发展起来的化学分支科学，而且在早期化学发展过程中一直处于前沿和主要地位，并被称为"现代化学之母"。分析化学的发展历程可划分为三个阶段，学科间的相互渗透是分析化学发展的基本规律。第一个阶段是 20 世纪初，建立了溶液中四大平衡理论，为基于溶液化学反应的经典分析化学奠定了理论基础，使分析化学从一门技术发展成一门科学，可以说，这一时期为分析化学与物理化学相结合的时代。第二个阶段是 20 世纪 30 年代至 60 年代，分析化学突破了以经典化学分析为主的局面，开创了仪器分析的新时代。这一阶段是分析化学与物理学、电子学结合的时代，其特点表现在广泛采用现代分析手段，对物质作尽可能的纵深分析，推出更多新的分析测试装置，为科学研究和生产实践提供更多、更新和更全面的信息。第三阶段是 20 世纪 70 年代末到现在，以计算机应用为主要标志的信息时代的到来，给科学技术的发展带来巨大的活力，分析化学进一步与计算机科学紧密结合，促使分析化学发生更深刻更广泛的变革。分析化学通过化学、物理测量获得物质化学成分与结构信息，研究获取这些信息的最佳方法和策略。分析仪器的研究、制造和发展大大提高了分析化学获取信息的能力和手段，扩大了获取信息的范围。其研究内容除物质的元素或化合物的成分、结构信息外，在很大程度上还包括物质的价态、形态、状态、空间结构乃至能态分析、测定。目前，分析化学已发展成为获取形形色色物质尽可能多的尽可能全面的结构与成分信息，进一步认识自然，与自然和谐发展的科学。分析化学所采用的手段已远远超出了化学学科的领域，它在采用光、电、磁、热、声等物理现象的基础上，进一步采用数学、计算机科学和生物学新成就，正在将化学与许多密切相关的学科相互渗透交织起来，对物质作全面的纵深分析，形成一门综合性科学。

分析化学包括化学分析和仪器分析两大部分。化学分析是指利用化学反应以及化学计量关系来确定被测物质含量的一类分析方法。化学分析是分析化学的基础，又称经典分析方法。仪器分析是以物质的物理性质和物理化学性质为基础而建立起来的分析方法。这类分析方法通过测量物质的物理或物理化学参数，需要借助于各种类型价格较贵的特殊分析仪器来完成，它具有灵敏、简便、快速而且易于自动化和在线分析等特点，适用于微量、痕量组分的定性、定量分析或者结构分析。目前，仪器分析的发展主要体现在以下几个方面：第一，分析仪器与分析技术逐步向高灵敏度、高选择性、微型化、自动化、智能化、信息化等方向发展。微型化、自动化的仪器分析方法逐渐成为常规分析的重要手段；各种软件的开发与应用为虚拟仪器和虚拟实验室的创建奠定了较好的基础。第二，各种新材料、新技术在分析仪器中得到使用，导致仪器分析灵敏度、选择性和分析速度进一步提高。第三，仪器分析联用技术，特别是色谱分离与质谱、光谱检测联用以及计算机、信息理论结合，大大地提高仪器分析获取并快速、高效处理化学、生物、环境等复杂混合体系物质组成、结构、状态信息的能力，成为解决复杂体系分析，推动组合化学、蛋白组学和代谢组学等新兴学科发展的重要手段。第四，仪器分析研究对象重点将在生命科学、环境科学和材料与信息科学等领域。通过蛋白质分析、DNA测序、自由基检测、疾病诊断、环境污染物诊断以及新材料的设计、组装与应用，实现仪器分析在临床医学与环境监测等领域的应用与发展。

§0.2　仪器分析的分类

0.2.1　光学分析方法

光学分析方法是基于物质和电磁辐射相互作用产生辐射信号变化来进行分析的方法。它可分为光谱法和非光谱法两类。光谱法是基于物质对光的吸收、发射和散射等作用，通过检测相互作用后光谱波长和强度的变化而建立起来的分析方法。光谱法可分为原子光谱法和分子光谱法两大类，主要包括：原子发射光谱法、原子吸收光谱法、X-射线光谱法、分析荧光和磷光法、化学发光法、紫外-可见光谱法、红外吸收光谱法、拉曼光谱法和核磁共振波谱法等；其中，红外光谱法、拉曼光谱法和核磁共振波谱法常用于化合物的结构分析，其他多用于定量分析。非光谱分析法是指通过测量光的反射、折射、干涉和偏振等变化所建立起来的分析方法，包括：干涉法、折射法、旋光法、X-射线衍射法等。

0.2.2　电化学分析法

电化学分析法是基于物质在溶液中的电化学性质以及变化进行分析的方法。它可分为：电位分析法、电导分析法、库仑分析法、极谱分析法和伏安分析法等。

0.2.3　分离分析法

分离分析法是指分离与测定一体化的仪器分离分析方法,主要是以气相色谱、液相色谱、毛细管电泳等为代表的分离分析方法及其与上述仪器联用的分离分析技术。色谱法指利用物质在两相中分配系数的微小差异进行分离,当两相做相对移动时,被测物质在两相之间进行多次的分配,这样微小的分配差异就会产生很大的效果,使各组分达到分离。毛细管电泳是一类以高压直流电场为驱动力,以毛细管为分离通道,依据各组分之间的淌度和分配行为之间的差异而实现分离、分析的新型液相分离技术。它是经典电泳技术和现代微柱分离技术相结合的产物。

0.2.4　其他仪器分析方法

1. 质谱法

质谱法是通过将试样转化为运动的气态离子,然后利用离子在电场或磁场中运动性质的差异,将其按照质荷比的大小进行分离记录,得到质谱图,再根据谱线的位置和谱线的相对强度来进行分析。质谱法的突出特点是定性能力强、灵敏度高,可以单独使用,也可以和其他技术联用。

2. 热分析法

热分析法是在程序控制温度下,测量物质的物理性质与温度关系的一类技术,它可用于成分分析,但更多地应用于热力学与反应机理方面的研究。根据所测量的物理性质的不同,可分为热重法、差热分析法和差示扫描量热法等。

3. 放射化学分析法

放射化学分析法是利用放射性同位素的性质来进行分析的方法。包括同位素稀释法、放射性滴定法和活化分析法等。

4. 表面分析法

表面分析是基于光子、电子、离子和电场与所研究材料相互作用的物理技术,是对固体表面或界面上一个原子层到几微米厚的物质表面层进行分析表征的分析方法。表面分析法一般能提供三方面的信息:表面化学状态,包括元素种类、含量、化学价态以及化学成键等;表面结构,从宏观表面形貌、物相分布以及元素分布到微观的表面原子空间排布;表面电子态,涉及表面的电子云分布和能级结构。常用的表面分析法有 X 射线光电子能谱法(XPS)、俄歇电子能谱(AES)、低能电子衍射(LEED)和反射式高能电子衍射(RHEED)、场发射扫描电子显微镜(SEM)、扫描隧道显微镜(STM)和原子力显微镜(AFM)等。

§0.3 仪器分析的应用

仪器分析作为分析科学发展的方向,在人类健康、环境保护以及国民经济与社会发展等方面发挥越来越重要的作用。

在生命科学领域,最具有代表性的是 20 世纪 90 年代,美国制定了世界上最庞大的人类基因组计划(HGP),计划在 15 年内,投入至少 30 亿美元,完成人类基因组全部 DNA 测序、定位和遗传学研究。首先要面临的问题是提供 DNA 大片断的分子量测定范围及其精度——解决基因测序的基础。该计划需要高灵敏度、快速、低耗 DNA 检测方法。原推算 100 台自动测序仪同时工作需要耗时 300 年时间。为此,HGP 强化制定的新的五年计划(1994~1998),把主要经费用于研究及开发 DNA 测序分析,从而促进产生新的 DNA 测序方法。20 世纪后期,科学家们采用新的 96 通道毛细管电泳(CE)序列测试技术,每天可以有 100 万个碱基对的序列被测出,使得测序速度大大加快,人类基因组计划提前三年完成。再如,在通常情况下,生物样品中某些待检测对象含量很低,但是,这些低含量的生物分子在疾病早期诊断和致病机制研究中起着非常重要的作用。科学家们利用纳米材料的内在特性,实现这类材料在生物样品超灵敏检测、疾病的早期诊断、基因与药物的靶向输送、生物医学成像等众多方面得到广泛应用。

在环境科学领域,仪器分析方法在环境污染物质的污染现状、迁移转化规律、积累机理、循环过程、污染控制与修复以及环境监测与评价等方面发挥不可替代的作用。例如,科学家们利用碳纳米管超强的范德华吸引力,将其应用于持久性有机污染物二噁英的吸附和除去;将纳米管作为固相萃取吸附剂,用于对氯酚、多氯联苯、多溴联苯醚、有机磷农药、磺胺抗生素、头孢类抗生素、多元酚类化合物等不同极性的有机物进行萃取,便于环境水样中微量污染物的富集与处理。再如,内分泌干扰物(EDCs)也称环境激素,是一种外源性干扰内分泌系统的化学物质。这类痕量有毒物质对综合性水质指标化学需氧量和生物需氧量贡献很小,但是危害性很大,它们会导致动物体和人体生殖器障碍、行为异常、生殖能力下降、幼体死亡甚至灭绝等。通过选择相应的生物传感器,可以达到灵敏度和选择性,为未来环境样品的高灵敏度、高特异性检测奠定了很好的基础。

在食品检测方面,仪器分析同样发挥了不可替代的作用。例如,在农药残留快速检测方面,国际上多采用酶联免疫法、放射免疫法、受体传感器法、荧光标记法等先进技术进行快速筛检。为了缩短检测周期,一些先进的技术,如快速溶剂提取、固相萃取、超临界萃取、免疫亲和色谱等样品处理、浓缩技术被广泛使用,与传统方法相比,这类技术对微量、痕量成分提取更加简化和快速,而且样品提取的自动化程度较高。再如,瘦肉精是一类动物用药,其种类有较多。将瘦肉精添加于饲料中,可以增加动物的瘦肉量、减少饲料使用、使肉品提早上市、降低成本。但因为考虑对人体会产生副作用,大多数瘦肉精类药物其副作用太大而遭禁用。人们可以通过气相色谱-质谱法(GC－MS)、高效液相色谱法(HPLC)、酶联免疫吸附法(ELISA)对其进行快速检测。

除了上述列举的三个方面应用之外,仪器分析在材料科学、药物分析、军事科学等多个方面均有广泛应用,这里不再赘述。

课外参考读物

[1] 庄乾坤,刘威虎,陈洪渊. 分析化学学科前沿与展望[M]. 北京:科学出版社,2012.

[2] 梁文平,庄乾坤. 分析化学的明天[M]. 北京:科学出版社,2003.

[3] 王尔康. 21世纪的分析化学[M]. 北京:科学出版社,1999.

[4] 武汉大学. 分析化学[M]. 5版. 北京:高等教育出版社,2007.

[5] 李克安. 分析化学教程.[M] 北京:北京大学出版社,2005.

[6] 曾泳淮. 分析化学:仪器分析部分[M]. 3版. 北京:高等教育出版社,2010.

[7] 何金兰,杨克让,李小戈. 仪器分析原理[M]. 北京:科学出版社,2002.

[8] 方惠群,于俊生,史坚. 仪器分析[M]. 北京:科学出版社,2002.

[9] 张华,刘志广. 仪器分析简明教程[M]. 大连:大连理工大学出版社,2007.

第1章 电位分析法

电位分析法(potentiometric methods)是在通过电化学电池的电流为零条件下,测定电极电位或电动势来进行测定物质浓度的一种电化学分析法。它包括电位法和电位滴定法。

电位法是根据测到的电极的电极电位,利用能斯特方程的关系,求得被测离子的活度。测得的是物质游离离子的量。

$$\varphi = 常数 + \frac{0.059\,2}{z_A}\lg a_A \qquad (1-1)$$

式中:φ 为电极电位;z_A 是电极反应中传递的电子数;a_A 为被测离子活度。

电位滴定法是根据滴定过程中电极电位的突跃代替化学滴定指示剂颜色的变化来确定终点的滴定方法,从所消耗的滴定剂的体积及其浓度来计算待测物。测得的是物质的总量,能用于酸碱滴定、氧化还原滴定、配合滴定和沉淀滴定分析。它的灵敏度高于用指示剂指示终点的滴定分析,而且还能在有色和混浊的试液中滴定。

电位分析法的测定体系是由两个电极(一支电极为指示电极,另一只为参比电极)、溶液及电位计构成,测定装置如图1-1所示。指示电极用于响应被测物质活度,可以是金属电极也可以是离子选择电极。参比电极提供标准电位,其电位值恒定,不随被测溶液中物质活度的变化而变化。电位滴定法装置如图1-2所示,与电位法不同之处在于需加入滴定剂于测定体系的溶液中。

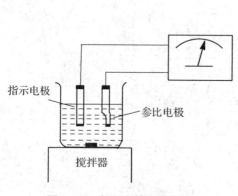

图 1-1 电位法装置示意图

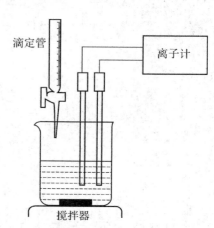

图 1-2 电位滴定法装置示意图

§1.1　离子选择电极及其分类

1.1.1　离子选择电极

离子选择电极是一类电化学传感器,一般由敏感膜、电极帽、电极杆、内参比电极和内参比溶液等部分组成,如图 1-3 所示。敏感膜是一种选择性渗透的离子导体材料,并可将样品和内参比溶液分开。此膜通常是无孔的、非水溶性的、力学性能稳定的膜。

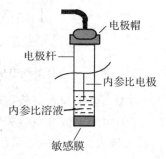

电极帽
电极杆
内参比电极
内参比溶液
敏感膜

图 1-3　离子选择电极示意图

1.1.2　离子选择电极的分类

离子选择电极可分为原电极和敏化离子选择电极两类。原电极是指敏感膜与试液直接接触的离子选择电极。敏化离子选择电极则是以原电极为基础装配而成。根据敏感膜材料原电极和敏化离子选择电极可再细分。

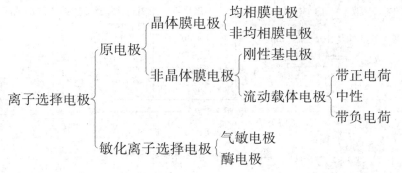

离子选择电极
　原电极
　　晶体膜电极
　　　均相膜电极
　　　非均相膜电极
　　非晶体膜电极
　　　刚性基电极
　　　流动载体电极
　　　　带正电荷
　　　　中性
　　　　带负电荷
　敏化离子选择电极
　　气敏电极
　　酶电极

1. 玻璃电极

玻璃电极包括对 H^+、Na^+、K^+、Li^+ 等离子有响应的 pH、pNa、pK 电极等。玻璃电极结构基本相同,由关键部分敏感玻璃膜、内参比溶液、内参比电极等构成,如图 1-4 所示。敏感玻璃膜是一种用特定配方的玻璃吹制成,厚度约为 0.1 mm。其配方不同,可以做成对不同离子有响应的玻璃电极。其中应用最早、最广泛的是 pH 玻璃电极。

pH 玻璃电极的敏感膜是硅酸盐玻璃,由 Na_2O、CaO、SiO_2 组成。其结构是由固定的带负电荷的硅与氧组成的三维网络骨架以及存在于网络骨架中体积较小、活动能力较强并起导电作用的阳离子 M^+(主要是一价钠离子)构成,如图 1-5 所示。

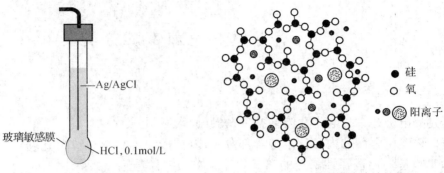

图 1-4　pH 玻璃电极示意图　　　　　图 1-5　硅酸盐玻璃的结构

当玻璃电极与水溶液接触,溶液中小的氢离子能进入网络并代替钠离子,与其发生交换。其他阴离子被带负电硅氧骨架排斥,高价阳离子也不能进出网络。M^+ 与 H^+ 发生交换后,在玻璃表面形成一层水化凝胶层$\equiv SiO^-$($G^- H^+$):

$$G^- Na^+ + H^+ \Longleftrightarrow G^- H^+ + Na^+$$

此时玻璃膜由三部分组成:膜内外表面两个水化凝胶层及膜中间的干玻璃层,如图1-6所示。

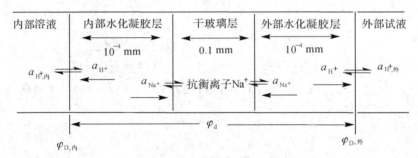

图 1-6　水化玻璃膜的结构

水化凝胶层表面与溶液的界面间存在双电层结构,从而产生两个界面电位 $\varphi_{外}$ 和 $\varphi_{内}$。另外,在内、外水化凝胶层与玻璃层之间,还存在扩散电位 φ_d。因此,膜电位的方程可表示为:$\varphi_m = \varphi_{外} + \varphi_{内} + \varphi_d$。如果内外水化凝胶层的结构完全相同,则 $\varphi_d = 0$。如果不等,就成为不对称电位。因此,玻璃电极的膜电位可认为只与内、外溶液和水化胶层界面上的界面电位及不对称电位有关。膜电位与溶液中氢离子活度关系可表示为:

$$\varphi_M = 常数 + 0.059\ 2\ \lg a_{H^+,外} = 常数 - 0.059\ 2\ pH \qquad (1-2)$$

2. 晶体膜电极

晶体膜电极分为均相和非均相膜电极。均相膜电极的敏感膜是由单晶或由一种化合物和几种化合物均匀混合的多晶压片制成。非均相膜电极的敏感膜是由多晶中掺惰性物质经热压制成。常见的晶体膜电极结构如图 1-7 所示。（a）为由内参比电极和内参比溶液组成的离子选择电极；（b）为全固态电极，两种固态材料直接连接。

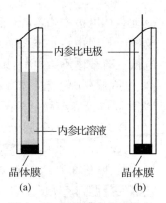

图 1-7　晶体膜电极结构

晶体膜电极中最具代表性及最常用的是氟离子选择电极，氟离子选择电极的敏感膜为 LaF_3 的单晶薄片。为了提高膜的电导率，在晶体中掺杂了 EuF_2 等。晶体中氟离子是电荷传递者。氟离子选择电极用银-氯化银为内参比电极，0.1 mol/L NaF 和 0.1 mol/L NaCl 混合溶液为内参比溶液。

298 K 时氟离子选择电极的电位表示为：

$$\varphi = k - 0.059\,2\lg a_{F^-} \tag{1-3}$$

式中：k 为常数，与内参比电极、内参比溶液和膜的性质有关。

测量时和饱和甘汞电极组成电池，电池方程如下：

$$Ag\,|\,AgCl,Cl^-\,(a_{Cl^-}),F^-\,(a_{F^-})\,|\,\text{试液}(a_{F^-}=x)\,\|\,Cl^-\,(a_{Cl^-,\text{饱和}}),Hg_2Cl_2\,|\,Hg$$

氟离子选择电极　　　　　　　　　　　　　　饱和甘汞电极

298 K 时电池的电动势表示为：

$$E = \varphi_{\text{甘汞}} - \varphi_{\text{ISE}} = b + 0.059\,2\lg a_{F} \tag{1-4}$$

式中，常数项 b 包括离子选择电极的内外参比电极电位。

氟离子选择电极使用的最适宜 pH 范围是 5～6。如 pH 过低，会形成 HF 或 HF_2^-，游离氟离子浓度降低，影响测定；pH 过高，OH^- 和晶体膜表面发生化学反应，产生干扰。氟离子选择电极对氟离子的线性响应范围为 $5 \times 10^{-7} \sim 1 \times 10^{-1}$ mol/L，并且选择性很高。

其他常用晶体膜电极及其性能参数如表 1-1 所示。

表 1-1　常用晶体膜电极

电极	膜材料	浓度范围(mol/L)	pH 范围	主要干扰离子
Cl^-	$AgCl + Ag_2S$	$10^0 \sim 5 \times 10^{-5}$	2～12	$CN^-,I^-,Br^-,S^{2-},OH^-,NH_3$
Br^-	$AgBr + Ag_2S$	$10^0 \sim 5 \times 10^{-6}$	2～12	CN^-,I^-,S^{2-}
I^-	$AgI + Ag_2S$	$10^0 \sim 5 \times 10^{-8}$	2～11	CN^-
CN^-	AgI	$10^{-2} \sim 10^{-5}$	>10	I^-,S^{2-}
Ag^+,S^{2-}	Ag_2S	$10^0 \sim 10^{-7}$	2～12	Hg^{2+}
Cu^{2+}	$AuS + Ag_2S$	$10^{-1} \sim 10^{-8}$	2～10	Hg^{2+},Ag^+,Cd^{2+}
Pb^{2+}	$PbS + Ag_2S$	$10^{-1} \sim 10^{-6}$	3～6	Hg^{2+},Ag^+,Cu^{2+}
Cd^{2+}	$CdS + Ag_2S$	$10^{-1} \sim 10^{-7}$	3～10	$Fe^{2+},Pb^{2+},Hg^{2+},Ag^+,Cu^{2+}$

3. 流动载体电极（液膜电极）

流动载体电极又称液膜电极。所谓载体即可以与被测离子发生作用的电活性物质。在流动载体电极中,载体是可流动的,但不能离开膜。若载体带电荷,则称为带电荷流动载体电极。其中由带正电荷的载体制成阴离子流动载体电极;带负电荷的制成阳离子流动载体电极。若载体不带电荷,则制成中性载体电极。流动载体电极是由载体(电活性物质)、增塑剂、微孔膜(作为支持体)以及内参比电极和内参比溶液等部分组成。常见的电极的形式有PVC膜电极和液膜电极两种。

PVC(聚氯乙烯)膜电极的结构如图1-8所示。这种电极的结构与晶体膜电极相似,由膜、内参比电极和内参比溶液组成,只是以PVC膜代替晶体膜。PVC膜的制作一般是将电活性物质、增塑剂和PVC粉末一起溶于四氢呋喃等有机溶剂中,然后倒在平板玻璃上,待四氢呋喃挥发后得到透明的PVC膜为支持体的薄膜,随后将薄膜切成圆片黏结在电极杆上即可。

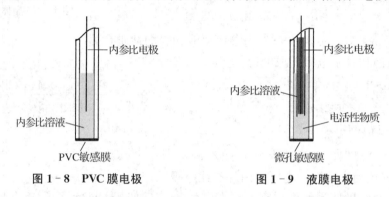

图1-8 PVC膜电极　　　　　图1-9 液膜电极

液膜电极的结构如图1-9所示。将溶于有机溶剂的电活性物质浸渍在作为支持体的微孔膜(用聚四氟乙烯、聚偏氟乙烯或素陶瓷片制成)的孔隙内,从而使微孔膜成为敏感膜。内参比电极 Ag|AgCl 插入以琼脂固定的内参比溶液中,与液体电活性物质相接触。

常用的流动载体电极及其性能参数如表1-2所示。

表1-2 常用的流动载体电极

电极	载体	浓度范围(mol/L)	主要干扰离子	pH范围
Ca^{2+}	$(RO)_2PO_2^-$	$0\sim10^{-5}$	Zn^{2+},Pb^{2+},Fe^{2+},Cd^{2+},Mg^{2+}	5.5~11
Cu^{2+}	$RSCH_2COO^-$	$10^{-1}\sim10^{-5}$	Fe^{2+},H^+,Zn^{2+},Ni^{2+}	4~7
Cl^-	NR_4^+	$10^{-1}\sim10^{-5}$	ClO_4^-,I^-,CN^-,Br^-,OH^-,HCO_3^-,Ac^-,F^-,SO_4^{2-}	2~11
BF_4^-	$Ni(o\text{-}phen)_3^{2+}$	$10^{-1}\sim10^{-5}$	NO_3^-,Br^-,Ac^-,HCO_3^-,OH^-,Cl^-,SO_4^{2-}	2~12
ClO_4^-	$Fe(o\text{-}phen)_3^{2+}$	$10^{-1}\sim10^{-5}$	I^-,NO_3^-,Br^-,OH^-	4~11
NO_3^-	$Ni(o\text{-}phen)_3^{2+}$	$10^{-1}\sim10^{-5}$	ClO_4^-,I^-,ClO_3^-,Br^-,NO_2^-,HS^-,CN^-,HCO_3^-,Cl^-,Ac^-	2~12
K^+	4,4'-二叔丁基二苯并-30-冠-10	$10^0\sim10^{-5}$	Li^+,Na^+,Rb^+,Cs^+,NH_4^+	4.0~11.5

4. 气敏电极

气敏电极是用于测定溶液或其他介质中某种气体含量的气体传感器,一般是由离子选择电极、参比电极、内电解溶液(称为中介液)透气膜或空隙构成的复合电极。测定时试样中的气体通过透气膜或空隙进入中介液。当试样与中介液内该气体的分压相等时,中介液中离子活度的变化由离子选择电极检测,其电极电位与试样中气体的分压或浓度有关,从而测定试样中气体含量。

气敏电极结构有隔膜式和气隙式两种。隔膜式气敏电极借助透气膜将试液与中介液隔开,如图 1 - 10 所示。气隙式气敏电极用空隙代替透气膜,如图 1 - 11 所示。

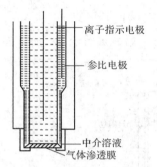

图 1 - 10　隔膜式气敏电极

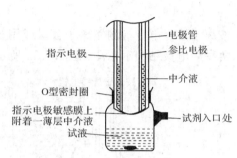

图 1 - 11　气隙式气敏电极

常用的气敏电极如表 1 - 3 所示。

表 1 - 3　常用的气敏电极

电极	指示电极	平衡式	检出限(mol/L)
NH_3	pH 玻璃电极	$NH_3 + H_2O \Longrightarrow NH_4^+ + OH^-$	10^{-6}
CO_2	pH 玻璃电极	$CO_2 + H_2O \Longrightarrow HCO_3^- + H^+$	10^{-5}
HCN	硫离子电极	$HCN \Longrightarrow H^+ + CN^-$ $Ag^+ + 2CN^- \Longrightarrow [Ag(CN)_2]^-$	10^{-7}
H_2S	硫离子电极	$H_2S \Longrightarrow 2H^+ + S^{2-}$	10^{-3}
SO_2	pH 玻璃电极	$SO_2 + H_2O \Longrightarrow HSO_3^- + H^+$	10^{-6}
NO_2	pH 玻璃电极	$2NO_2 + H_2O \Longrightarrow 2H^+ + NO_3^- + NO_2^-$	10^{-7}

5. 生物电极

电化学生物传感器是在基体电极上固定生物体的成分(酶、抗原、抗体、激素)或生物体本身(细胞、细胞器、组织)作为敏感元件的传感器。生物电极是一种将生物化学与电化学分析原理结合而研制成的新型电极,这种电极对生物分子和有机化合物的检测具有高选择性或特异性。

生物电极包括酶电极、组织电极、免疫电极、DNA 电极和微生物电极等。

（1）酶电极

基于电位分析法的酶电极是将生物酶固定在指示电极（如离子选择电极）的表面制成的电极。由于酶具有特定的催化作用，可使待测物质产生在指示电极上有响应的物质，从而能间接测定待测物质。酶催化反应具有选择性和高效性，所以酶电极的选择性相当高。以重要的常规临床检测血液中的尿素为例，在尿素酶的催化作用下，尿素发生如下水解反应：

$$(NH_2)_2CO + H_3O^+ + H_2O \longrightarrow 2NH_4^+ + HCO_3^-$$

$$\Updownarrow +2H_2O$$

$$2NH_3 + H_3O^+$$

采用铵离子选择电极检测铵离子含量或用氨气敏电极检测氨气含量，均可间接检测尿素含量。两种酶电极结构示意图如图 1-12 所示。

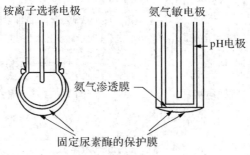

图 1-12　酶电极检测尿素

基于电位分析法的主要酶电极如表 1-4 所示。

表 1-4　基于电位分析法的酶电极

测定物质	酶	反应	离子选择电极
尿素	尿素酶	尿素 ⟶ $2NH_3 + CO_2$	
肌氨酸酐	肌酸酶	肌氨酸酐 ⟶ N-甲基乙内酰脲 $+NH_3$	NH_4^+ 的玻璃电极或流动载体电极；NH_3 气敏电极
L-或 D-氨基酸	L-或 D-氨基酸氧化酶	$L(D)$ AA ⟶ $RCOCOOH + NH_3 + H_2O_2$	
L-谷氨酰胺	谷氨酰胺酶	L-谷氨酰胺 ⟶ 谷氨酸 $+NH_3$	
腺苷	腺苷脱氨酶	腺苷 ⟶ 肌苷 $+NH_3$	
L-谷氨酸盐	谷氨酸脱羧酶	L-谷氨酸盐 ⟶ GABA $+CO_2$	CO_2 气敏电极
杏苷	β-葡萄糖苷酶	杏苷 ⟶ $HCN + 2C_6H_{12}O_6 +$ 苯甲醛	CN^- 晶体膜电极
葡萄糖	葡萄糖氧化酶	葡萄糖 $+O_2$ ⟶ 葡萄糖酸 $+H_2O_2$	pH 电极
青霉素	青霉素酶	青霉素 ⟶ 青霉噻唑酸	pH 电极

（2）组织电极

以动植物组织薄片材料作为生物敏感膜的电化学传感器称为组织电极，它是利用动、植物组织内酶的催化作用，因此组织电极是酶电极的衍生型电极。但与酶电极比较，组织电极具有的优点：酶活性较离析酶高、酶的稳定性增大、材料易于获得。常见动、植物组织电极见表 1-5。

表 1-5　组织电极

动物组织酶源	测定对象	植物组织酶源	测定对象
牛肝	尿素、过氧化氢	南瓜	谷氨酸、抗坏血酸
猪肾	谷氨酰胺、葡萄糖胺-6-磷酸	土豆	磷酸盐、氟盐、儿茶酚
鼠小肠	腺苷	黄瓜叶	半胱氨酸
兔肌肉	腺苷单磷酸	香蕉	多巴胺
兔肝	鸟嘌呤	玉米芯	丙酮酸
鼠肝	甲状腺素	甜菜	酪氨酸
羊肾	D-氨基酸	刀豆	尿素
蟾蜍膀胱膜	抗利尿激素	黄瓜	抗坏血酸
牛肝+脲酶	精氨酸	菊花	谷氨酰胺
猪肝	腺苷、抗坏血酸	菠菜	儿茶酚
兔胸腺	腺苷	香蕉皮	草酸
螃蟹触角	氨基酸	蘑菇	苯酚
鱿鱼轴突	二异氟磷酸	木兰科花瓣	谷氨酸、天冬酰胺
鼠脑	嘌呤、儿茶酚胺	花椰菜	L-抗坏血酸
鱼鳞	儿茶酚胺	葡萄	H_2O_2
红细胞	H_2O_2	莴苣种子	H_2O_2
鱼肝	尿酸	生姜	L-抗坏血酸
鸡肾	L-赖氨酸	烟草	儿茶酚
		番茄种子	醇类
		燕麦种子	精胺

（3）免疫电极

电位型的免疫电极是指将抗原或抗体作为生物敏感膜，利用抗原和抗体本身都带有正电荷或负电荷，当抗原遇到抗体时，就立即发生结合反应，而使电性中和，从而引起电位的变化，指示抗原或抗体的浓度。已报道的常见电位型免疫电极如表 1-6 所示。

表 1-6　免疫电极

敏感膜	检测物	检测范围
伴刀豆球蛋白/PVC	甘露聚糖酵母	10^{-5} g/mL
心磷脂抗原/乙酰纤维素	梅毒	10^{-5} g/mL
血型物质/乙酰纤维素	血型物	10^{-5} g/mL
抗-HCG/CNBr 修饰	HCG	10^{-8} g
抗-HBs-GOD/胶原膜(或蚕丝膜)	乙型肝炎表面抗原(HBsAg)	$0.1 \sim 100\ \mu$g/L($20 \sim 320$ ng/mL)
抗-BAS 苯并 18 冠-6/PVC	BAS	
抗-C-AMP-脲酶/胶膜	环单磷酸腺苷	$<10^{-8}$ mol
抗-IgG-HRP/胶膜(或琼脂膜)	IgG	2.5×10^{-6} g/mL
抗-IgG-HRP(或 GOD)	IgG	5×10^{-6} g/L(1×10^{-9} g/mL)
地戈辛-HRP/苯三酚-H_2O_2	地戈辛	10^{-12} g/L
抗-HCG-GOD/二茂铁	HCG	150 IU
抗-AFP-HRP/二茂铁	甲胎蛋白	$10^{-11} \sim 10^{-6}$ g/mL
抗-胰岛素-HRP/二茂铁	胰岛素	
HSA-DTPA-In^{3+}	HSA	5×10^{-6} g/mL

§1.2　离子选择电极的特性参数

1.2.1　能斯特响应、线性范围和检测下限

离子选择电极的电极电位随着离子活度的变化而变化的特征称为响应。若此响应服从能斯特方程,则称为能斯特响应(298 K):

$$\varphi = k \pm \frac{0.059\ 2}{z_A}\lg a_A \qquad (1-5)$$

以离子选择电极的电极电位对响应离子活度的对数作图,所得曲线称为校准曲线,如图1-13所示。在实际测定过程中,离子选择电极的电位值随被测离子活度降低到一定程度之后,便开始偏离能斯特方程。因此校准曲线的直线部分(CD)所对应的离子活度范围称为离子选择电极响应的线性范围。直线的斜率 S 为离子选择电极的实际响应斜率,理论斜率(298 K)为 $\dfrac{59.2}{z_A}$(mV/Pa),直线的斜率 S 也

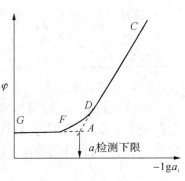

图 1-13　校准曲线

称级差。离子选择电极的检测下限为校准曲线的直线部分(CD)与水平部分(GF)延长线的交点 A 所对应的活度。

1.2.2 电位选择系数

任何离子选择电极对溶液中其他共存离子也可能会有响应。因此,共存离子对电位也有贡献。此时可用一个更适用的能斯特方程来表示:

$$\varphi = k \pm \frac{0.059\,2}{z_A} \lg\left[a_A + K_{A,B}^{pot} a_B^{z_A/z_B} + K_{A,C}^{pot} a_C^{z_A/z_C} + \cdots\right] \tag{1-6}$$

$$E = b \mp \frac{0.059\,2}{z_A} \lg\left[a_A + K_{A,B}^{pot} a_B^{z_A/z_B} + K_{A,C}^{pot} a_C^{z_A/z_B} + \cdots\right] \tag{1-7}$$

式中:φ 为电极电位;常数项 k 与内参比电极、内参比溶液和膜的性质有关;E 为电池电动势;常数项 b 包括离子选择电极的内外参比电极电位;a 为离子的活度;z 为离子的电荷数;下标 A 为主响应离子,B、C 为干扰离子;$K_{A,B}^{pot}$、$K_{A,C}^{pot}$ 为电位选择系数。

电位选择系数 $K_{A,B}^{pot}$ 表明 A 离子选择电极对主响应离子 A 的选择性即抗 B 离子干扰的能力。$K_{A,B}^{pot}$ 越小,A 离子选择电极对主响应离子 A 的选择性越高,电极抗 B 离子干扰的能力越大,离子选择电极的选择性越好。利用电位选择系数可以大致地估算在某主响应离子的活度下,由干扰离子所引起的误差:

$$e(\%) = \frac{K_{A,B}^{pot} a_B^{z_A/z_B}}{a_A} \times 100 \tag{1-8}$$

电位选择系数随被测离子活度、溶液条件和测量方法的不同而异,它不是一个热力学常数,其数值可在手册中查到。电位选择系数测定可以采用分别溶液法或混合溶液法等。其中混合溶液法是国际纯粹与应用化学联合会(IUPAC)的建议方法。

(1) 分别溶液法

分别配制主响应离子 A 和干扰离子 B 的标准溶液,溶液中响应离子 A 和干扰离子 B 活度相同的。用 A 离子选择电极测量电位值。如测得 A 离子标准溶液的电位值为 φ_1;B 离子标准溶液的电位值为 φ_2,则电位选择系数为:

$$\lg K_{A,B}^{pot} = \frac{\varphi_2 - \varphi_1}{S} + \lg \frac{a_A}{a_B^{z_A/z_B}} \tag{1-9}$$

式中:S 为电极的实际斜率。

(2) 混合溶液法

混合溶液法是在配制的标准溶液中同时存在被测离子和干扰离子时,求电位选择系数。该方法又分为固定干扰法和固定主响应离子法。

固定干扰法是配制含相同活度的干扰离子 B 和不同活度的主响应离子 A 的一系列标准混合溶液,然后分别测量电位值。将所测电位值 φ 对 $\lg a_A$ 作图。读出校准曲线的直线部

分与水平部分延长线的交点所对应的活度 a_A,则电位选择系数为:

$$K_{A,B}^{pot} = \frac{a_A}{a_B^{z_A/z_B}} \qquad (1-10)$$

固定主响应离子法是配制含相同活度的主响应离子 A 和不同活度的干扰离子 B 的一系列标准混合溶液,分别测定它们的电位值,然后用 φ 对 $\lg a_B$ 作图,求得电位选择系数 $K_{A,B}^{pot}$。

1.2.3 响应时间

IPUAC 将离子选择电极的实际响应时间定义为:从离子选择电极和参比电极一起接触试液到电极电位变为稳定数值(波动在 1 mV 以内)所经过的时间。它是整个电池达到动态平衡的时间。影响响应时间的因素有离子选择电极的膜电位平衡时间、参比电极的稳定性、溶液的搅拌速度等。测量时,通常用搅拌器搅拌试液的方法来缩短离子选择电极的响应时间。

1.2.4 内阻

离子选择电极的内阻包括膜内阻、内充溶液和内参比电极的内阻等。膜内阻起主要作用,它与敏感膜的类型、厚度等因素有关。晶体膜电极的内阻约在千欧至兆欧数量级;流动载体电极的内阻约在几兆欧到数十兆欧不等;玻璃电极的内阻最高,约在 $10^8 \Omega$。

1.2.5 稳定性

同一溶液中,离子选择电极的电位值随时间的变化,称为漂移。稳定性以 8 h 或 24 h 内漂移的毫伏数表示。漂移的大小与膜的稳定性、电极的结构和绝缘性有关。测定时液膜电极的漂移较大。

§1.3 分析方法

电位分析法包括标准曲线法、标准加入法、Gran 作图法和直读法。电位滴定法采用作图法、微商计算法和 Gran 作图法求滴定终点。

1.3.1 电位法

1. 标准曲线法

标准曲线法测定时,先配制一系列含被测组分的标准溶液,分别测定其电位值 φ,绘制 φ

对 lg$c$ 关系曲线。再测定未知样品溶液的电位值,从标准曲线上查出其对数浓度,最后计算出浓度。

标准曲线法适用于被测体系较简单的批量分析。对较复杂的体系,样品的本底较复杂,离子强度变化大。在这种情况下,标准溶液和样品溶液中可分别加入一种称为离子强度调节剂(TISAB)的试剂,它的组成及作用主要有:第一,支持电解质,维持样品和标准溶液恒定的离子强度;第二,缓冲溶液,保持试液在离子选择电极适合的 pH 范围内,避免 H^+ 或 OH^- 的干扰;第三,配位剂,掩蔽干扰离子,使被测离子释放成为可检测的游离离子。例如,用氟离子选择电极测定自来水中氟离子,TISAB 由 1.0 mol/L 氯化钠、0.25 mol/L 醋酸、0.75 mol/L 醋酸钠和 1.0×10^{-3} mol/L 柠檬酸钠组成。

2. 标准加入法

复杂的样品分析应采用标准加入法,即将样品的标准溶液加入到样品溶液中进行测定。也可以采用样品加入法,即将样品溶液加入到标准溶液中进行测定。

如测定体积为 V_X,浓度为 c_X 的样品溶液的电位值为 φ_X;再在样品中加入体积为 V_S,浓度为 c_S 的样品的标准溶液,测得电位值 φ_1。对于一价阳离子,若离子强度一定,由 φ_1 和 φ_X 的能斯特方程得:

$$\Delta\varphi = \varphi_1 - \varphi_X = S\lg\frac{V_X c_X + V_S c_S}{c_X(V_X + V_S)} \tag{1-11}$$

取反对数:

$$10^{\Delta\varphi/s} = \frac{V_X c_X + V_S c_S}{c_X(V_X + V_S)} \tag{1-12}$$

整理得:

$$c_X = \frac{V_S c_S}{(V_X + V_S)10^{\Delta\varphi/s} - V_X} \tag{1-13}$$

若 $V_x \gg V_s$,则

$$c_X = \frac{V_S c_S}{V_X(10^{\Delta\varphi/s} - 1)} = \frac{\Delta c}{10^{\Delta\varphi/s} - 1} \tag{1-14}$$

其中

$$\Delta c = \frac{V_S c_S}{V_X} \tag{1-15}$$

式中:$\Delta\varphi$ 为二次测定的电极电位值差;S 为电极实际斜率,可从标准曲线的斜率求得。

用标准加入法分析时,要求加入的标准溶液体积 V_S 比试液体积 V_X 约小 100 倍,而浓度大 100 倍,这时,标准溶液加入后的电位值变化约 20 mV 左右。

3. 直读法

在 pH 计或离子计上直接读出试液的 pH(pM)的方法称为直读法。测定溶液的 pH

时,组成如下测量电池:

$$\text{pH 玻璃电极} | \text{试液}(a_{H^+} = x) \| \text{饱和甘汞电极}$$

电池电动势:

$$E = b + 0.059\,2\text{pH}$$

在实际测定未知溶液的 pH 时,需先用 pH 标准缓冲溶液定位校准,其电动势为:

$$E_s = b + 0.059\,2\text{pH}_s$$

未知溶液的 pH,其电动势为:

$$E_X = b + 0.059\,2\text{pH}_X$$

则

$$\text{pH}_X = \text{pH}_s + \frac{E_X - E_s}{0.059\,2} \qquad\qquad (1-16)$$

当测定 pH 较高,特别是 Na^+ 浓度较大的溶液时,pH 玻璃电极测得 pH 比实际数值偏低,这种现象称为碱差或钠差。测定强酸溶液,测得的 pH 比实际数值偏高,这种现象称为酸差。

碱差是由于当溶液中氢离子活度低时,Na^+ 也会参与水化凝胶层与溶液界面间的离子交换过程。结果由电极电位值反映出来的是 H^+ 活度增加,pH 下降。

酸差的产生是由于在强酸溶液中,H^+ 以 H_3O^+ 形式传递,结果到达电极表面的 H^+ 减少,pH 增加。

1.3.2　电位滴定法

电位滴定法利用电极电位的突跃来指示终点到达的滴定方法。将滴定过程中测得的电位值 φ 对消耗的滴定剂体积作图,绘制成 $\varphi\text{-}V$ 滴定曲线,由曲线上的电位突跃部分来确定滴定的终点。一般曲线突跃范围的中点即为终点,如图 1-14(a)所示。如突跃变化不明显,则可做微分处理。

(1) $\dfrac{\Delta\varphi}{\Delta V}\text{-}V$ 曲线

以 $\dfrac{\Delta\varphi}{\Delta V}$ 对 $\Delta\varphi$ 相对应的两体积 V 的平均值作图,得如图 1-14(b)的一级微分曲线。曲线极大值所对应的体积就是终点体积。

(2) $\dfrac{\Delta^2\varphi}{\Delta V^2}\text{-}V$ 曲线

以 $\dfrac{\Delta^2\varphi}{\Delta V^2}$ 对 V 作图,得二级微分曲线,如图 1-14(c)所示,在 $\dfrac{\Delta^2\varphi}{\Delta V^2} = 0$ 时所对应的体积就是终点体积。

(3) $\dfrac{\Delta V}{\Delta \varphi}$-$V$ 曲线

以 $\dfrac{\Delta V}{\Delta \varphi}$ 对 V 作图,如图 1-14(d)所示,两条直线交点所对应的体积即为终点体积。

以 0.1 mol/L AgNO₃ 溶液滴定 Cl^- 为例,电位滴定实验数据如表 1-7 所示。

表 1-7　0.1 mol/L AgNO₃ 溶液滴定 Cl^- 的电位滴定数据(终点前后)

AgNO₃ 体积(mL)	$\varphi(V)$	$\Delta\varphi(V)$(vs. SCE)	ΔV	$\dfrac{\Delta\varphi}{\Delta V}$(V/mL)	$\dfrac{\Delta^2\varphi}{\Delta V^2}$
24.00	0.174				
		0.009	0.10	0.09	
24.10	0.183				
		0.011	0.10	0.11	
24.20	0.194				2.8
		0.039	0.10	0.39	
24.30	0.233				4.4
		0.083	0.10	0.83	
24.40	0.316				−5.9
		0.024	0.10	0.24	
24.50	0.340				−1.3
		0.011	0.10	0.11	
24.60	0.351				

根据电位滴定数据及其做微分处理后数据,可分别作 φ-V、$\dfrac{\Delta\varphi}{\Delta V}$-$V$、$\dfrac{\Delta^2\varphi}{\Delta V^2}$-$V$、$\dfrac{\Delta V}{\Delta\varphi}$-$V$ 曲线,并确定终点体积,如图 1-14 所示。

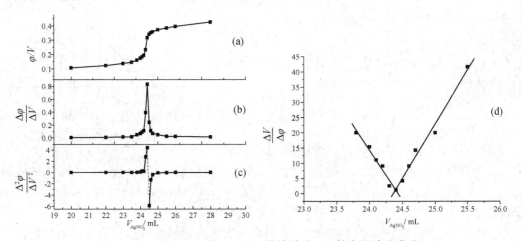

图 1-14　以 0.1 mol/L AgNO₃ 溶液滴定 Cl^- 的电位滴定曲线

也可以二级微分法进行计算终点体积:

$$V_{终点} = V_1 + (V_2 - V_1) \times \dfrac{\Delta^2\varphi_1/\Delta V_1^2}{(\Delta^2\varphi_1/\Delta V_1^2) + |\Delta^2\varphi_2/\Delta V_2^2|}$$

式中,V_1 和 V_2 分别表示 $\dfrac{\Delta^2\varphi}{\Delta V^2}$ 值出现相反符号时对应的体积。

将表1-7中数据代入上式可得：

$$V_{终点} = 24.30 + 0.1 \times \frac{4.4}{4.4 + 5.9} = 24.34(\text{mL})$$

1.3.3 Gran 作图法

Gran 作图法相当于多次标准加入法。在维持离子强度一定的情况下，测定浓度为 c_X，体积为 V_X 的试液。通常连续 5 次在被测溶液中加入浓度为 c_S、体积为 V_S 的被测离子的标准溶液。若测定的是一价阳离子，则其电极电位可表示为：

$$\varphi = k + S\lg \gamma_1 \frac{c_S V_S + c_X V_X}{V_S + V_X}$$

经改写得：

$$(V_X + V_S)10^{\varphi/s} = (c_S V_S + c_X V_X)10^{k'/s} \tag{1-17}$$

以 $(V_X + V_S)10^{\varphi/s}$ 对 V_S 作图得一直线，如图1-15

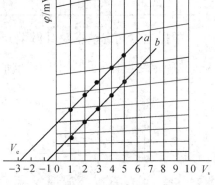

中直线 a。将直线外推与横坐标相交于 V_e，即

$$(V_X + V_S)10^{\varphi/s} = 0 \tag{1-18}$$

则可得被测物质的浓度为：

$$c_X = -\frac{c_S V_e}{V_X} \tag{1-19}$$

对于电位滴定法，外推直线相交于零点的右侧，被测物质浓度为：

$$c_X = \frac{c_S V_e}{V_X} \tag{1-20}$$

(a) 电位法；(b) 空白试验

图 1-15 Gran 作图法

实际工作中，计算 $(V_x + V_s)10^{\varphi/s}$ 很不方便。一般采用 Gran 坐标纸，它是已校准 10% 体积变化的半反对数坐标纸，将 $(V_x + V_s)10^{\varphi/s}$ 与 V_S 的关系转变为 φ 与 V_S 的关系。使用时只需以实测电位值（纵坐标）对实际加入的标准溶液的体积（横坐标）作图。

使用 Gran 坐标纸（图1-15）作图时，将最后一次加入标准溶液后所测得的电位值标在其对应体积的最上方（右上方），其余各点可依次向左方向标出。使用 Gran 坐标纸时应注意：

（1）若试液 V_X 取 100 mL，横坐标每一大格为 1 mL；若取 50 mL，每一大格为 0.5 mL。

（2）对一价离子，纵坐标每一大格代表 5 mV。

（3）Gran 坐标纸规定一价离子电极斜率 S 为 58 mV。但离子选择电极的实际斜率可能比该值大或小，所以绘制的直线与横坐标的交点将稍偏离至零点的右侧或左侧。为了校正这种误差，应做空白试验。同时，空白试验还能校正试剂中的空白值。

1.3.4　误差

离子选择电极测量产生的误差与电极的响应特性、参比电极、温度和溶液组成等因素有关。电位测量的误差将影响浓度的测定结果。

浓度相对误差可表示为：

$$相对误差(\%) = \frac{\Delta c}{c} \times 100\% = 4z\Delta\varphi \qquad (1-21)$$

由上式可知，浓度的测定误差大小与电极电位测定的误差和离子价数有关，与测定体积和被测离子浓度无关。

若电位值测定的误差为 ± 0.1 mV，则浓度误差为：一价离子 $\pm 0.4\%$，二价离子 $\pm 0.8\%$。这说明电位法适合测定低价离子，直接测量高价离子时误差比较大。一般须将其转化为电荷数较低的配离子后测定。若电位值误差为 ± 1 mV，则浓度误差增加 10 倍。故要求仪器的电位读数精度高，稳定性好。对于标准加入法，每一试液需测定两次电位值才能计算出未知物浓度，浓度误差将会增大。电位滴定法不需要终点电位的准确数值，仅需注意终点前后电位的变化，因此它的测定误差较小。

1.3.5　测试仪器

对离子计（或 pH 计）的要求主要是有足够高的输入阻抗、必要的测量精度和稳定性及适合的量程，测量电极电位是在零电流条件下进行的。玻璃电极的内阻最高，达 $10^8\,\Omega$，因此由离子选择电极和参比电极组成的电池的内阻，主要决定于离子选择电极的内阻。如果要求测量误差小于 0.1%，需要离子计的输入阻抗 $\geqslant 10^{11}\,\Omega$。

根据误差式（1-21），若电位测量有 1 mV 误差，则一价离子浓度的相对误差为 4%，二价离子为 8%。要求浓度的相对误差小于 0.5%，仪器最小分度应为 0.1 mV。

实际使用时离子选择电极的电位在 $\pm(0 \sim 700)$ mV 范围内，因此仪器量程在 $\pm 1\,000$ mV。

仪器的稳定性要好，在仪器定位或标准曲线绘制后，仪器的零漂或数值变化要小。

§1.4　应　用

离子选择电极测定有许多优点：特异性、测量的线性范围较宽、响应快、平衡时间较短（约 1 min）、仪器设备简便，对样品非破坏性，微型化能用于小体积试液的测定。所以电位分析法应用较广，可用于环保、生物化学、临床化工和工农业生产领域中的成分分析，也可用于平衡常数的测定和动力学的研究等。

离子选择电极的检测下限与膜材料有关,通常为 10^{-6} mol/L。传统的载体型传感器的检测限较差(ppm 左右),在直接检测复杂环境样品中痕量重金属元素的应用上受到了很大限制。近年来,在提高聚合物膜离子选择电极的理论研究上有了新的突破,主要包括理论检测限的大大降低、传感器微型化研究和应用、传感器使用寿命的延长等等。例如,新型的铅离子选择电极可以直接检测天然水样中 10^{-10} mol/L 浓度的 Pb^{2+},从而达到和 ICP - MS 同样的检测效果。同时随着主客体化学的快速发展,许多选择性较好的离子载体已被合成。新型复合传感材料不断涌现,为新型传感器的研制提供了坚实的基础。所以电位分析法特别适用于高速自动化的流动分析和在线分析、现场检测、色谱分析的检测、活体电位测量。

1.4.1 在线分析和体内检测

离子选择电极特别适用于高速自动化的流动分析和在线分析仪器中,如空气隔离的或流动注射分析体系。现在大多数医院日常使用的高速测定血液和体液中电解质阳离子(如 K^+、Na^+、Ca^{2+}、Mg^{2+} 和 H^+)或阴离子(Cl^-)的仪器就是将相应的离子选择电极以串联、之字形排列在流通通路中。在高流量下,与空气分隔的流动体系相连的 K^+ 选择电极可达每小时 360 个测样速度测定血清中的钾。

电位型微电极可减少分析时间及样品和试剂的消耗,适用于体内血液中电解质的实时检测、细胞内研究。作为血液中电解质活体临床检测的代表,微型化导尿管型离子选择电极阵列可作为植入式探针同时在线检测极度缺血期间猪心脏血中 pH 和 K^+。小型化的 Cl^-、K^+、Na^+ 的离子选择电极阵列,可用于膀胱纤维化相关的非侵入式定点汗液分析。微阵列电极芯片成功地应用于体内检测心脏肌肉血中的 H^+、K^+、Na^+、Ca^{2+} 等离子。该电极芯片含九个微电位型电极,大小只有 4 mm×12 mm。每一个微电位型电极由九层材料组成,如图1-16所示。

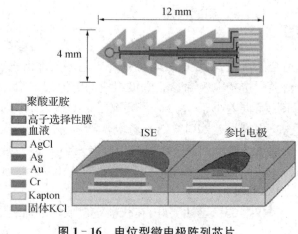

聚酰亚胺
高子选择性膜
血液
AgCl
Ag
Cr
Kapton
固体KCl

ISE　参比电极

图 1 - 16　电位型微电极阵列芯片

1.4.2 现场检测

微型化的多聚合物膜和固态离子选择电极阵列(用于 K^+、Na^+、Ca^{2+}、Mg^{2+}、NH_4^+、Ba^{2+}、NO_3^-、Cl^- 和 Li^+ 等的检测)可用于检测陆地土壤和火星样品。如 2007 年美国航天局发射的凤凰号火星探测车,探测车中装有 20 多个各种片状、球状和线状的固态传感器和聚合物膜的离子选择电极。如表 1-8 所示,用于测定 pH、氧化还原电位、溶液电导率、可溶性离子种类等。

表 1-8　湿化学实验室中的离子选择电极

被测离子		离子选择电极
NH_4^+		无活菌素
SO_4^{2-}(使用 Ba^{2+} 电极)		钡离子载体 I
Ca^{2+}		钙离子载体 ETH-1001
Li^+(参比)	PVC 膜电极	锂离子载体 VI
Mg^{2+}	(载体)	镁离子载体 EHT-7025
NO_3^-/ClO_4^-		离子交换剂
pH		丙基红十八烷基酯
K^+		钾离子载体
Na^+		钠离子载体 VI
Cl^-,Br^-,I^-		晶体膜电极

其中 PVC 膜离子选择电极由电极支持、内充液、膜、内参比电极组成(图 1-17)。内充液是水化凝胶,由聚 2-羟乙基甲基丙烯酸酯(poly HEMA)及内含的 10^{-3} mol/L 的离子盐构成。膜由 30%PVC、60%~70%的塑化剂(2-硝基苯基辛基醚(NPOE)或葵二酸二辛酯(DOS))和离子载体组成。内参比电极使用 Ag/AgCl 电极。

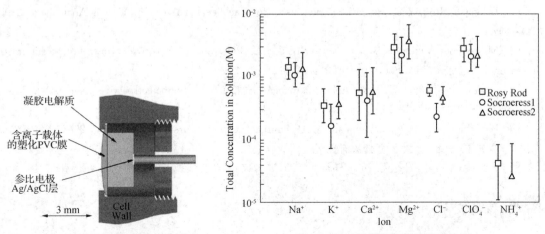

图 1-17　PVC 膜离子选择电极组成　　　　图 1-18　可溶性离子种类及含量

通过各离子选择电极检测,可溶性离子种类及含量测定结果如图 1-18 所示。

该检测结果表明,火星风化层中含有好几种生命所必需的可溶矿物质,包括钾、镁、钠和氯化物。但火星土壤要比想象的碱性更大,这种土壤在地球上适合某些植物的生长,如芦笋。土壤样本中发现了高氯酸盐成分,高氯酸盐是一种可以被液态水冲走的化学物质,因此可以揭示有关过去水在火星北极地区可能流动的线索。但高氯酸盐也是不利于生命存在的毒物质,这一发现会使在火星上发现微生物及可居住性的前景十分黯淡。土壤样本分析还发现钙离子的浓度与碳酸钙缓冲液的钙含量一致。配合显微镜分析法、热力与释出气体分析的结果,认为火星上存在碳酸钙和黏土。碳酸钙是石灰石的主要成分,在地球上,绝大部分碳酸盐和黏土只有在液态水的作用下才能形成。

1.4.3　色谱检测器和扫描电化学显微镜中的应用

离子选择电极可用于色谱流出物中离子组分的检测。其中液膜微电极可用于开口毛细管柱液相色谱检测器;小型化离子选择电极用于飞升级检测体积的毛细管区带电泳。

微型离子选择性电极已作为 SECM 的探针。这类探针有望测定伏安针尖无法检测的反应,如非电活性物质的局部浓度的检测。

课外参考读物

[1] Bakker E, Pretsch E. Modern potentiometry[J]. Angew Chem Int Ed, 2007(46): 5660.

[2] Ceresa A, Bakker E, Hattendorf B, etal. Potentiometric Polymeric Membrane Electrodes for Measurement of Environmental Samples at Trace Levels: New Requirements for Selectivities and Measuring Protocols, and Comparison with ICPMS[J]. Anal Chem, 2001(73): 343.

[3] Bakker E, Pretsch E. Potentiometric sensors for trace-level analysis[J]. Trends Anal Chem, 2005(24): 199.

[4] Makarychev-Mikhailov S, Shvarev A, Bakker E. Pulstrodes: Triple pulse control of potentiometric sensors[J]. J Am Chem Soc, 2004(126): 10548.

[5] Shvarev A, Bakker E. Reversible electrochemical detection of nonelectroactive polyions[J]. J Am Chem Soc, 2003(125): 11192.

[6] Bobacka J, Ivaska A, Lewenstam A. Potentiometric ion sensors[J]. Chem Rev, 2008(108): 329.

[7] 古宁宇,董绍俊. 超微电极的新进展[J]. 大学化学,2001,16(1):26-31.

[8] 董绍俊,车广礼,谢远武. 化学修饰电极[M]. 北京:科学出版社,1995.

参考文献

[1] 方惠群,于俊生,史坚. 仪器分析[M]. 北京:科学出版社,2002.

[2] 武汉大学. 分析化学[M]. 5版. 北京:高等教育出版社,2007.

［3］Skoog A D，Holler J F，Crouch R S． principles of instrumental analysis［M］. 6th ed. Belmont：Thomson Higher Education. 2007.

［4］约瑟夫·王. 分析电化学［M］. 3 版. 朱永春，张玲，译. 北京：化学工业出版社，2009.

［5］张学记，鞠熀先，约瑟夫·王. 电化学与生物传感器——原理、设计及其在生物医学中的应用［M］. 张书圣，李雪梅，杨涛，等，译. 北京：化学工业出版社，2009.

［6］Hecht H M，Kounaves P S，Quinn C R，etal. Detection of perchlorate and the souluble chemistry of martian soil at the phoenix lander site［J］. Science，2009(325)：64.

［7］Kounaves P S，Hecht H M，West J S，etal. The MECA wet chemistry laboratory on 2007 phoenix mars scout lander［J］. Journal of Geophysical Research，2009(114)：E00A19.

［8］Kounaves P S，Hecht H M，Kapit J，etal. Wet chemistry experiments on the 2007 phoenix mars scout lander mission：Data analysis and results［J］. Journal of Geophysical Research，2010(115)：E00E10.

［9］Gray N D，Keyes H M，Watson B. Immobilized enzymes in analytical chemistry［J］. Analytical chemistry，1977(49)：1067A.

［10］lindner E，Buck R P. Microfabricated potentiometric electrodes and their in vivo applications［J］. Analytical chemistry，2000(72)：336A.

［11］朱明华，胡坪. 仪器分析［M］. 4 版. 北京：高等教育出版社，2008.

习 题

1. 离子选择电极的能斯特响应是什么？

2. pH 玻璃电极测量溶液 pH 时，会产生酸差或碱差的原因是什么？

3. 为什么 pH 玻璃电极测量前需浸泡在水中？

4. pH 的操作定义及如何使用？

5. 用镁离子选择电极测定如下组成的电池，得电动势值为 0.204 1 V。

$$镁离子选择电极 ｜ Mg^{2+}(a=3.32\times10^{-3}\,mol/L) ‖ SCE$$

（1）若用未知的 Mg^{2+} 溶液代替上述溶液，当测得的电动势为 0.289 7 V 时，未知溶液中 Mg^{2+} 的浓度是多少？

（2）当液接存在时电位的测定误差在 ±0.002 V，浓度误差是什么范围？

6. 将 0.8 V 的电压加在玻璃电极和饱和甘汞电极上，其内阻是 20 MΩ。当测量装置的阻抗在 100 MΩ 时，此系统的相对标准误差是多少？

7. 某牙膏样品重 0.400 g，将其和 50 mL 含柠檬酸缓冲溶液和 NaCl 的溶液共同煮沸以提取氟离子。冷却后，将溶液稀释至 100 mL。取 25 mL 样品测得电位值为 0.244 6 V（Ag/AgCl 为参比电极）。加入 5 mL 含 F^- 0.001 07 mg/mL 的标准溶液后，测得电位值为 0.182 3 V。计算样品中 F^- 的质量百分数。

8. 氯离子选择电极在 1.00×10^{-2} mol/L 的 NaCl 溶液中测得电位值为 0.140 V，在 1.00×10^{-2} mol/L 的 Na_2SO_4 溶液中测得的电位值为 0.274 V，在 1.00×10^{-2} mol/L 的 NaAc 溶液中测得的电位值为 0.276 V，试求：

（1）电位选择系数 $K^{pot}_{Cl^-,SO_4^{2-}}$ 和 $K^{pot}_{Cl^-,Ac^-}$（该离子选择电极斜率 S 为 59.0 mV/pCl$^-$）；

(2) 如在 1.00 mol/L 的硫酸盐介质中测定 Cl^- 的活度,要使 SO_4^{2-} 所造成的误差小于 5.0%,计算被测 Cl^- 的活度至少应该为多少?

9. 由 pH 玻璃电极和饱和甘汞电极组成的测量电池:

$$玻璃电极 \mid H^+(a=x) \parallel 饱和甘汞电极$$

25 ℃时,在 pH=4.00 的缓冲溶液中,测得电池的电动势为 0.209 V,而在未知溶液中测得的电动势为 0.312 V。试求:

(1) 未知溶液的 pH 为多少?

(2) 若玻璃电极的内阻为 100 MΩ,为使测量误差小于 0.1%,pH 计的输入阻抗至少应为多少?

10. 用镉离子选择电极测定某试样中镉离子的含量。首先移取样品溶液 50.00 mL,测得其电位值为 −0.159 5 V。用移液管加入 0.100 0 mol/L 标准 Cd^{2+} 溶液 0.5 mL,测得其电位为 −0.149 0 V,然后将此溶液冲稀 1 倍,测得电位 −0.158 0 V,计算试液中 Cd^{2+} 的浓度。

第 2 章　电重量分析和库仑分析法

☞ 码上学习

电重量分析法(electrgravimetric methods)和库仑分析法(coulometric methods)均是建立在电解过程基础上的电化学分析方法。

电解过程分为控制电位电解和控制电流电解两类。电重量分析和库仑分析法,也相应地分为控制电位和控制电流两种分析方法。

§2.1　电解原理

在电解池的两个电极上施加一直流电压,直至电极上发生氧化还原反应,此时电解池中有电流流过,该过程称为电解。

实验中电解某电解质溶液时,连续记录逐渐增加的外加直流电压 V 并记录相应的电流 i。当外加电压很小时,仅有微小的电流(这种电流称为残余电流)通过电解池。当外加电压增加到一定的数值,两电极上可发生连续不断的电极反应,电解不断地进行,电流明显增加,该电压就是分解电压。再继续增大外加电压,由电极反应产生的电流随电压的增大而直线上升,如图 2-1 所示。

理论分解电压等于原电池的电动势: $E_{分解} = \varphi_+ - \varphi_-$。电解时实际所需要的分解电压比理论分解电压大,其原因有两方面:一是 ir 降,即由于电解质溶液有一定的电阻,欲使电流通过,必须用一部分电压克服 ir 降(i 为电解电流, r 为电解回路总电阻),一般 ir 降很小;二是

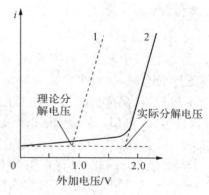

1-理论曲线;2-实测曲线

图 2-1　电流-电压曲线

过电位,主要用于克服极化现象产生的阳极反应和阴极反应的过电位($\eta_{阳}$ 和 $\eta_{阴}$)。

极化是指电流流过电极时,电极电位偏离可逆电极电位的现象。根据极化产生的原因,极化分为浓差极化和电化学极化。为了表示电极的极化程度,以某一电流密度下的电极电位与可逆电极电位的差值表示,该差值称为超电位或过电位。一般来说,析出金属时的超电位较小,可以忽略。当电极反应产生气体时,尤其是 H_2 和 O_2,超电位较大。由于超电位的存在,要使阳离子在阴极上析出,阴极电位一定要比可逆电极电位更负一些;阴离子在阳极

上析出,阳极电位一定要比可逆电极电位更正一些。因此实际分解电压包括理论分解电压、超电压和电解池回路的电压降 ir。其表达式为:

$$V_{分解} = [(\varphi_+ + \eta_+) - (\varphi_- + \eta_-)] + ir$$
$$= (\varphi_+ - \varphi_-) + (\eta_+ - \eta_-) + ir$$
$$= 理论分解电压 + 超电压 + 电压降 \qquad (2-1)$$

式中:η_+ 为阳极超电位,是正值;η_- 为阴极超电位,是负值。式(2-1)称为电解方程。

§2.2 电重量分析法

电重量分析法可用于物质的分离和测定。根据电解方式分为控制电位电解分析法和恒电流电重量分析法两种。

2.2.1 控制电位电解分析法

控制电位电解分析法是指将工作电极的电位控制在某一恒定的值或某一个小范围内进行电解的方法。该方法使被测离子在工作电极上析出,其他离子则留在溶液中,从而达到分离和测定的目的。

1. 阴极电位的选择

若溶液中含有金属离子 M_1 和 M_2,要使金属离子 M_1 在 Pt 电极上析出,M_2 仍留在溶液中,如何选择阴极电位呢?图 2-2 是 M_1 和 M_2 金属离子的电流-电位曲线。图中 a,b 两点分别代表金属离子 M_1 和 M_2 的阴极析出电位。

当阴极电位控制在比 b 点负(如 c 点)时,M_1 和 M_2 两金属离子同时析出。因此,只有将阴极电位控制在负于 a 而正于 b,即 $b < \varphi_- < a$,才可使 M_1 析出而 M_2 不析出,以达到分离的目的。

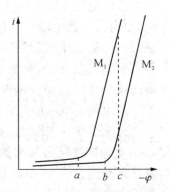

图 2-2 电流-电压曲线

如图 2-2 所示,M_1 金属离子的析出电位比 M_2 正,则金属离子 M_1 先于 M_2 在电极表面析出。当 M_1 金属离子的浓度降至原浓度的 0.01% 或 10^{-6} mol/L 时,M_1 金属离子的电位为:

$$\varphi_{M_1} = \varphi^{\ominus} + \frac{0.0592}{z} \lg c_{M_1} = \varphi^{\ominus} + \frac{0.0592}{z} \lg(c_{M_1} \times 10^{-4})$$

若此时 φ_{M_1} 还比 φ_{M_2} 正,则将电位控制在 φ_{M_1} 和 φ_{M_2} 之间,可使 M_1、M_2 两种金属离子定量地分离完全。

2. 电流与时间的关系

图 2-3 为控制电位电解过程中电流随时间变化曲线。电解开始时电流较大,随后很快衰减。当电流趋近于零时,表示电解完成。在电流效率为 100% 时,$i-t$ 关系为:

$$i_t = i_0 10^{-Kt} \qquad (2-2)$$

式中:i_t 为电解 t 秒时的电流;i_0 为电解开始时的电流;K 为常数,它与电解时溶液的体积、搅拌溶液的速率、电极的面积和被测金属离子的扩散系数等因素有关。

电解电流与时间的关系也可以改写为浓度的关系:

$$c_t = c_0 10^{-Kt}$$

$$\frac{c_t}{c_0} = 10^{-Kt} \qquad (2-3)$$

式中:c_0 为溶液的初始浓度;c_t 为 $t=t$ 时溶液的浓度。因此,由式(2-3)可知电解 t 秒后,被测物残留在溶液中的分数。

控制电位电解分析的装置如图 2-4 所示。电解过程中,阴极电位可通过 R 上产生的 iR 降自动调节加在电解池上的电压,使工作电极的电位控制在某一恒定的值或某一个小范围内。

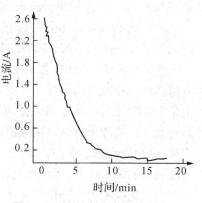

图 2-3 控制电位电解过程中
电流-时间关系

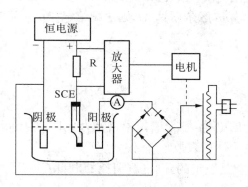

图 2-4 控制电位电解分析的装置示意图

控制电位电解法选择性高,可用于银、铜、铋、镉的分离、测定。

2.2.2 恒电流电重量分析法

控制电流电解也称为恒电流电解。它是在恒定电流条件下进行电解,然后称量电极增重,从而计算析出物质的质量进行分析。已报道的使用恒电流重量法测定的金属元素包括:

锌、铜、锡、镍、铜、铅、铋、锑、汞、银等。

恒电流电解装置如图 2-5 所示。电解时,如可变电阻 R 足够大,使电路中其他电阻可被忽略,则整个电路中的电流是恒定的。这种方式优点是仪器装置简单、准确度高、电解的速度快,分析时间短。但该方法选择性较差。当多种离子共存时,一种金属离子还未完全析出,由于电位变化另一种也将开始沉淀。为了防止干扰,在电解时,通常需要加入一些能保持电位相对恒定的物质,防止发生氧化还原反应的干扰,该物质称为去极剂(也称电位缓冲剂)。若加入的去极剂比干扰物质先在阴极上还原,可以维持阴极电位不变,这种去极剂称为阴极去极剂。加入的去极剂比干扰物质先在阳极上氧化,可以维持阳极电位不变,这种去极剂称为阳极去极剂。恒电流电解分析法只能分离电动序中氢以上与氢以下的金属离子。电解测定时,氢以下的金属离子先在阴极上析出,当其完全析出后若继续电解,将会析出氢气。

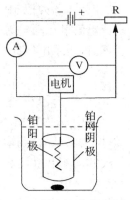

图 2-5　恒电流电解分析的装置示意图

§2.3　库仑分析法

库仑分析是根据电解过程中消耗的电量,由 Faraday 定律来确定被测物质含量的方法。Faraday 定律是指电解时,在电极上发生化学变化的物质,其物质的量 n 与通入的电量 Q 成正比。若析出物质的质量为 m,摩尔质量 M,则法拉第定律可表示为:

$$n = \frac{Q}{zF} \tag{2-4}$$

$$m = \frac{Q}{zF} \cdot M \tag{2-5}$$

式中:F 为 1 mol 质子的电荷,称为法拉第常数(96 485 C/mol);M 为析出物质的摩尔质量;z 为电极反应中的电子计量系数。

如果通过电解池的电流是恒定的,则电解消耗的电量 $Q = it$。如电流随时间变化,不恒定,则电解消耗的电量 $Q = \int_0^\infty i dt$。法拉第定律在任何温度和压力下都能适用。

【例 2-1】　用 0.800 A 的恒电流进行电解,阴极产生 Cu 沉淀,阳极生成氧气。假设无其他氧化还原反应发生时,计算 15.2 min 内生成的产品的量。

解:电解池中两个半反应为:　$Cu^{2+} + 2e^- \longrightarrow Cu(s)$

$$2H_2O \longrightarrow 4e^- + O_2(g) + 4H^+$$

15.2 min 内用于电解电量为：

$$Q = 0.800 \text{ A} \times 15.2 \text{ min} \times 60 \text{ s/min} = 729.6 \text{ A} \cdot \text{s} = 729.6 \text{ C}$$

由两个半反应可知，生成 1 mol 铜需 2 mol 电子，生成 1 mol 氧气需 4 mol 电子。因此，生成 Cu 和 O_2 的物质的量为：

$$n_{Cu} = \frac{Q}{zF} = \frac{729.6 \text{ C}}{2 \times 96\,485 \text{ C/mol}}$$
$$= 3.781 \times 10^{-3} \text{ mol}$$

$$n_{O_2} = \frac{Q}{zF} = \frac{729.6 \text{ C}}{4 \times 96\,485 \text{ C/mol}}$$
$$= 1.890 \times 10^{-3} \text{ mol}$$

Cu 和 O_2 的质量为：

$$m_{Cu} = n_{Cu} M_{Cu} = 3.718 \times 10^{-3} \text{ mol} \times 63.55 \text{ g/mol} = 0.240 \text{ g}$$
$$m_{O_2} = n_{O_2} M_{O_2} = 1.890 \times 10^{-3} \text{ mol} \times 32.00 \text{ g/mol} = 0.060\,5 \text{ g}$$

库仑分析法的基本要求是 100% 的电流效率。因为电流效率 100% 表示只有被测物质消耗电量，无副反应发生。为保证 100% 的电流效率，可采用的方法有：适合的电极材料、盐桥将两半电池相连、将产生干扰物质的电极放入套管中。库仑分析法分为恒电流库仑分析法和控制电位库仑分析法两种。

2.3.1　恒电流库仑分析法——库仑滴定法

恒电流库仑分析法是在恒定电流的条件下电解，由电极反应产生的一种能与被测物质发生反应的电生"滴定剂"，该电生"滴定剂"与被测物质发生定量反应，反应的终点用化学指示剂或电化学的方法确定。当到达终点时，由指示终点系统发出信号，停止电解。最后由恒电流的大小和到达终点需要的时间算出消耗的电量，再根据法拉第定律求得被测物质的含量。这种滴定方法与滴定分析中用标准溶液滴定被测物质的方法相似，因此恒电流库仑分析法也称库仑滴定法。

$$m = \frac{Q}{zF} \cdot M = \frac{it}{96\,485} \cdot \frac{M}{z} \tag{2-6}$$

库仑滴定的装置如图 2-6 所示，它由电解系统和指示终点系统两部分组成。电解系统包括电解池（或称库仑池）、计时器和恒电流源。电解池中插入工作电极、辅助电极以及用于指示终点的电极。

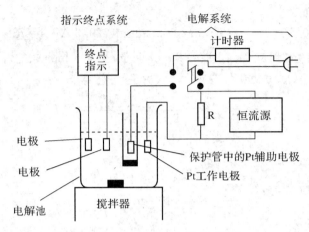

图 2-6 库仑滴定的装置示意图

在库仑滴定中,电解质溶液通过电极反应产生的滴定剂的种类很多,它们包括氧化剂、还原剂(表 2-1)、H^+ 或 OH^-、配位剂、沉淀剂等(表 2-2)。进行库仑滴定时也可以用电极本身,如用银阳极氧化产生的 Ag^+ 来测定卤素、硫化物、硫醇或巯基化合物。

表 2-1 库仑滴定产生的滴定剂及应用(氧化还原反应)

滴定剂	电极反应	检测物质
Br_2	$2Br^- \rightleftharpoons Br_2 + 2e^-$	As(Ⅲ),Sb(Ⅲ),U(Ⅳ),Tl(Ⅰ),I^-,SCN^-,NH_3,N_2H_4,NH_2OH,苯酚,苯胺,芥子气,硫醇,8-羟基喹啉,石蜡
Cl_2	$2Cl^- \rightleftharpoons Cl_2 + 2e^-$	As(Ⅲ),I^-,苯乙烯,脂肪酸
I_2	$2I^- \rightleftharpoons I_2 + 2e^-$	As(Ⅲ),Sb(Ⅲ),$S_2O_3^{2-}$,H_2S,维生素C
Ce^{4+}	$Ce^{3+} \rightleftharpoons Ce^{4+} + e^-$	Fe(Ⅱ),Ti(Ⅲ),U(Ⅳ),As(Ⅲ),I^-,$Fe(CN)_6^{4-}$
Mn^{3+}	$Mn^{2+} \rightleftharpoons Mn^{3+} + e^-$	$H_2C_2O_4$,Fe(Ⅱ),As(Ⅲ)
Ag^{2+}	$Ag \rightleftharpoons Ag^+ + e^-$	Ce(Ⅲ),V(Ⅳ),$H_2C_2O_4$,As(Ⅲ)
Fe^{2+}	$Fe^{3+} + e^- \rightleftharpoons Fe^{2+}$	Cr(Ⅵ),Mn(Ⅶ),V(Ⅴ),Ce(Ⅳ)
Ti^{3+}	$TiO^{2+} + 2H^+ + e^- \rightleftharpoons Ti^{3+} + H_2O$	Fe(Ⅲ),V(Ⅴ),Ce(Ⅳ),U(Ⅵ)
$CuCl_3^{2-}$	$Cu^{2+} + 3Cl^- + e^- \rightleftharpoons CuCl_3^{2-}$	V(Ⅴ),Cr(Ⅵ),IO_3^-
U^{4+}	$UO_2^{2+} + 4H^+ + 2e^- \rightleftharpoons U^{4+} + 2H_2O$	Cr(Ⅵ),Ce(Ⅳ)

表 2-2　库仑滴定产生的滴定剂及应用(酸碱、配位、沉淀反应)

测定物质	电极反应	分析反应
酸	$2H_2O + 2e^- \rightleftharpoons 2OH^- + H_2$	$OH^- + H^+ \rightleftharpoons H_2O$
碱	$H_2O \rightleftharpoons 2H^+ + \frac{1}{2}O_2 + 2e^-$	$H^+ + OH^- \rightleftharpoons H_2O$
Cl^-,Br^-,I^-	$Ag \rightleftharpoons Ag^+ + e^-$	$Ag^+ + X^- \rightleftharpoons AgX(s)$
硫醇(RSH)	$Ag \rightleftharpoons Ag^+ + e^-$	$Ag^+ + RSH \rightleftharpoons AgSR(s) + H^+$
Cl^-,Br^-,I^-	$2Hg \rightleftharpoons Hg_2^{2+} + 2e^-$	$Hg_2^{2+} + 2X^- \rightleftharpoons Hg_2X_2(s)$
Zn^{2+}	$Fe(CN)_6^{3-} + e^- \rightleftharpoons Fe(CN)_6^{4-}$	$3Zn^{2+} + 2K^+ + Fe(CN)_6^{4-} \rightleftharpoons$ $K_2Zn_3[Fe(CN)_6]_2(s)$
Ca^{2+},Cu^{2+} Zn^{2+},Pb^{2+}	$HgNH_3Y^{2-} + NH_4^+ + 2e^- \rightleftharpoons$ $Hg(l) + 2NH_3 + HY^{3-}$	$HY^{3-} + Ca^{2+} \rightleftharpoons CaY^{2-} + H^+$; etc.

库仑滴定指示终点的方法有化学指示剂法、电位法、永停终点法以及光度法等。

(1) 化学指示剂法:滴定分析中使用的化学指示剂基本上也能用于库仑滴定。用化学指示剂指示终点可省去库仑滴定中指示终点的装置,在常量的库仑滴定中比较简便。

(2) 电位法:库仑滴定中用电位分析法指示终点,记录电位(或 pH)对时间的关系曲线,最后用作图法或微商法求出终点。也可用 pH 计或离子计,由指针发生突变表示终点到达。

(3) 永停终点法:指示终点系统一般由两支大小相同的铂电极构成,在其上加 50~200 mV 的电压。当指示终点回路中的电流迅速变化或停止变化时表示到达终点。永停终点法指示终点非常灵敏,常用于氧化还原滴定体系。

2.3.2　控制电位库仑分析法

控制电位库仑分析的装置如图 2-7 所示。它包括电解池、库仑计和控制电极电位仪。该装置与控制电位重量法相似。不同之处在于电路中多了一个库仑计(银库仑计、气体库仑计),用于测定电荷量。现在精确测定电量的工作一般由电子积分仪等完成。

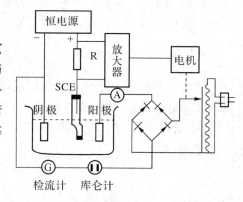

图 2-7　控制电位库仑分析的装置示意图

1. 库仑计

以银库仑计为例,它是以铂坩埚为阴极,纯银棒为阳极,阳极和阴极用多孔陶瓷管隔开,如图 2-8 所示。

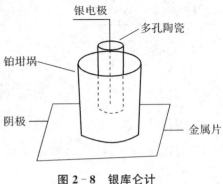

图 2-8　银库仑计

铂坩埚及瓷管中盛有 1~2 mol/L AgNO$_3$ 溶液,电解时发生如下反应:

阳极　　　　　　$Ag \Longrightarrow Ag^+ + e^-$

阴极　　　　　　$Ag^+ + e^- \Longrightarrow Ag$

电解结束后,称出铂坩埚增加的质量,由析出的银的质量算出电解所消耗的电量。

2. 电子积分仪

控制电位库仑分析中的电量 $Q = \int_0^t i_t \mathrm{d}t$,采用电子线路积分总电量 Q,并直接由表头显示。若用作图方法,控制电位库仑分析中的电流随时间而衰减:

$$i_t = i_0 10^{-Kt} \tag{2-7}$$

电解时消耗的电量可通过积分求得:

$$Q = \int_0^t i_0 10^{-Kt} \mathrm{d}t = \frac{i_0}{2.303 K}(1 - 10^{-Kt}) \tag{2-8}$$

t 增大,10^{-Kt} 减小。当 $Kt > 3$ 时,10^{-Kt} 可以忽略不计,则

$$Q = \frac{i_0}{2.303 K} \tag{2-9}$$

对 $i_t = i_0 10^{-Kt}$ 取对数得:$\lg i_t = \lg i_0 {}^{-Kt}$,则以 $\lg i_t$ 对 t 作图得一直线,如图 2-9 所示。直线的斜率为 K,截距为 $\lg i_0$,将 K 和 i_0 值代入式(2-9)可求出电量 Q 值。

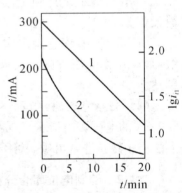

1. $\lg i_t$-t 曲线;2. i_t-t 曲线

图 2-9　电流-时间曲线

2.3.3　微库仑分析法

微库仑分析法与库仑滴定法相似,同样利用电生滴定剂来滴定被测物质。因此电解池也存在两对电极:一对工作电极和辅助电极,电解产生电生滴定剂;另一对指示电极和参比电极,指示终点。为了减小体积,防止干扰,指示终点系统需要装在电解池的两端(如图 2-10所示)。

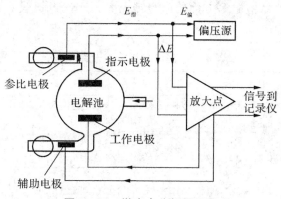

图 2-10 微库仑分析原理图

　　微库仑分析与库仑滴定不同在于前者测定过程中电流不是恒定的,是其随被测物质的含量大小变化的,所以也称动态库仑分析。它的测定过程是:测定前,预先在电解液中加入微量滴定剂,此时指示电极与参比电极上的电压为定值,用 $E_指$ 表示。同时由偏压源提供的偏压 $E_偏$,使其和 $E_指$ 大小相同、方向相反,则两者之间差值 $\Delta E=0$。此时库仑分析仪放大器的输出为零,电解系统不工作。当样品进入电解池后,使滴定剂的浓度减小,$E_偏$ 与 $E_指$ 之间差值 $\Delta E\neq0$,放大器中就有电流输出,工作电极开始电解。当滴定剂浓度恢复至原来的浓度,ΔE 将再次恢复至零。终点到达,电解自动停止工作。微库仑分析电流-时间关系如图2-11所示。在微库仑分析中靠近终点时,ΔE 变小,放大器的输出电压也越来越小,电解产生滴定剂速度越来越慢,因此这种方法确定终点容易,准确度高,适用于微量成分的分析。

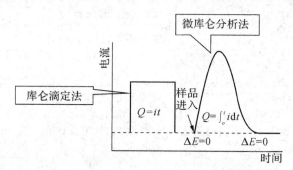

图 2-11 微库仑分析法电流-时间曲线

§2.4 应用

　　库仑分析法与容量分析法相比具有准确、灵敏、简便和易于实现自动化的优势。广泛应用于石油化工、环保、食品检验等方面的微量或常量成分分析。表 2-3 总结了库仑分析法的主要应用。

表 2-3　库仑分析法的主要应用

被测物质	前处理	测定方法	应用
硫含量	氧化裂解,样品中的硫转化为二氧化硫	微库仑分析,电生产生的滴定剂 I_3^-	石油化工工业、环境保护,可测定气、液、固三类物质
	氢解还原,使样品中的硫转化为硫化氢	微库仑分析,电生产生的滴定剂 Ag^+	
氯含量	燃烧或氧化裂解,使样品中有机氯转化为氯离子	微库仑分析,电生产生的滴定剂 Ag^+	测定添加剂及含添加剂润滑油中氯含量,测定轻质石油产品中氯
氮含量	将样品中的氮化物转化为氨	微库仑分析,电生产生的滴定剂 H^+	重质石油产品和固体、轻质燃料油和润滑油
烯烃含量		微库仑分析,电生产生的滴定剂 Br_2,烯烃和溴起加成反应	油品中烯烃含量
水分含量	使用卡尔·费休试剂(含有甲醇、二氧化硫、吡啶和碘的混合试剂)	微库仑分析,电生 I_2 作为滴定剂	用于测定液体、气体和固体样品中的微量水分的电化学分析法
砷含量	将砷(Ⅴ)或砷(Ⅲ)转化为 AsH_3	微库仑分析,电生 I_2 和 IBr_2^- 复合滴定剂	环保和食品检测
氰化物		库仑滴定,以恒电流电生 BrO^- 进行连续滴定 HCN	环保和食品检测
化学需氧量	用重铬酸钾或高锰酸钾作为氧化剂,对水样进行氧化	库仑滴定,电解产生亚铁离子滴定剩余的氧化剂,由消耗电量计算 COD 值	评价水质污染的重要指标之一
碳、氢含量	转化为水,涂有五氧化二磷的铂丝电解池吸收水,生成偏磷酸	控制电位库仑法,电解偏磷酸	有机物碳、氢的测定
一氧化碳	一氧化碳与五氧化二碘的反应,产生碘蒸气,并将它通入碘化钾的中性溶液中,形成 I_3^-	控制电位库仑法,电解 I_3^- 还原为 I^-	环保

课外参考读物

[1] Mariassy M，Pratt W K，Spitzer P． Major applications of electrochemical techniques at national metrology institutes[J]． Metrologia，2009(46)：199.

[2] Trojanowicz M． Recent developments in electrochemical flow detections—A review Part Ⅱ：Liquid chromatography[J]． Analytica Chimica Acta，2011(688)：8.

参考文献

[1] 方惠群,于俊生,史坚. 仪器分析[M]. 北京:科学出版社,2002.

[2] 武汉大学. 分析化学[M]. 5 版. 北京:高等教育出版社,2007.

[3] Skoog A D,Holler J F,Crouch R S． principles of instrumental analysis[M]． 6th ed. Belmont：Thomson Higher Education，2007.

[4] 约瑟夫·王. 分析电化学[M]. 朱永春,张玲,译. 北京:化学工业出版社,2009.

[5] 张金锐. 微库仑分析原理及应用[M]. 北京:石油工业出版社,1984.

[6] 严辉宇. 库仑分析[M]. 北京:新时代出版社,1985.

[7] 朱明华,胡坪. 仪器分析[M]. 4 版. 北京:高等教育出版社,2008.

习　题

1. 以铜电极为阴极,铂电极为阳极,电解组成为 0.1 mol/L 的 $CuSO_4$ 和 0.1 mol/L 的 H_2SO_4 的溶液。如果电解池的电阻为 0.2 Ω,在 Pt 电极上放出氧气,压力为 0.2 atm,超电位为 0.72 V,氢气在铜电极上超电位为 0.4 V。当通入的电流维持在 0.25 A 时,电解析出 Cu 需要的外加电压为多少?

2. 溶液中含有 0.100 mol/L Pb^{2+} 和 0.200 mol/L $HClO_4$。电解该溶液后铅在阴极沉积,铂阳极上氧气析出,压力为 0.800 atm,电极面积为 30 cm^2。电池具有的电阻是 0.950 Ω。计算:

(1) 电池的理论分解电压;

(2) 当使用 0.250 A 电流时的 ir 降。

3. 以铂电极电解 0.200 mol/L 的 Pb^{2+} 溶液。此溶液缓冲至 pH=5.00,若通过电解池的电流为 0.500 A,铂电极的面积为 100 cm^2。在阳极上析出 O_2(1 atm),超电位为 0.78 V,阴极上析出 Pb,电解池内阻为 0.8 Ω,试计算:

(1) 该电解质溶液的理论分解电压;

(2) ir 降;

(3) 开始电解需要的外加电压;

(4) 若电解溶液的体积为 100 mL,电流维持在 0.500 A,问需要电解多长时间,Pb^{2+} 的才能减小到 0.01 mol/L?

4. 若用电解方式分离 $0.080\ mol/L\ Zn^{2+}$ 和 $0.060\ mol/L\ Co^{2+}$ 的混合溶液,试问:

(1) 哪一种离子先析出? 阴极电位应维持在什么范围内才能使两种阳离子分离(vs. SHE)?

(2) 若两种阳离子要达到定量分离,阴极电位应维持在什么范围内(vs. SHE)?

5. 溶液中含有 $0.055\ 0\ mol/L$ 的 BiO^+ ,$0.125\ mol/L$ 的 Cu^{2+} ,$0.096\ 2\ mol/L$ 的 Ag^+ 和 $0.500\ mol/L$ $HClO_4$ 。(1) 以 $1.00 \times 10^{-6}\ mol/L$ 作为定量分离的标准,测定控制电压的电化学析出对于分离这三种金属是否是可行的。(2) 如分离可行,计算每一种金属阴极电位的控制范围(vs. Ag/AgCl(0.288 V))。

6. 采用 0.750 A 的恒定电流来电解,如生成 0.270 g 产物(1) 生成阴极产物 $Co(\text{II})$ 和(2) 生成阳极产物 Co_3O_4 ,计算所需时间(假设电流效率恒为 100%)。

7. 采用 0.905 A 的恒定电流来电解,如生成 0.300 g 产物(1) 元素态阴极产物 $Tl(\text{III})$,(2) 阳极产物 Tl_2O_3 中的 $Tl(\text{I})$,(3) 元素态阴极产物 $Tl(\text{I})$,计算所需时间。

8. 用 H_2SO_4 和 HNO_3 进行湿法消化分解 6.39 g 含砷样品。残留的砷使用联氨还原到 3 价。当过量的还原剂被除去后,3 价砷在弱的碱性条件下被电解滴定剂 I_2 氧化:

$$HAsO_3^{2-} + I_2 + 2\ HCO_3^- \rightleftharpoons HAsO_4^{2-} + 2I^- + 2CO_2 + H_2O$$

当通恒为 127.6 mA 的电流 11 min 54 s 时滴定完成。计算原样品中 As_2O_3 的百分含量。

9. 采用电解法产生的过量 Br_2 反应可以用来测定痕量苯胺:

$$C_6H_5NH_2 + 3Br_2 \longrightarrow C_6H_2Br_3NH_2 + 3H^+ + 3Br^-$$

之后改变工作电极极性,过量的溴使用与 $Cu(\text{I})$ 相关的库仑滴定得到:

$$Br_2 + 2\ Cu^+ \rightleftharpoons 2\ Br^- + 2\ Cu^{2+}$$

在苯胺样品中加入适量的 KBr 和 $CuSO_4$,使用下列数据计算样品中 $C_6H_5NH_2$ 的质量。

工作电极	采用 1.00 mA 的恒定电流时间
阳极	3.76
阴极	0.270

10. 在 pH=4.5 的酒石酸盐溶液中,用控制电位法(阴极电位保持在 -0.36 V,vs. SCE)电解浓度为 $0.050\ mol/L$ 的 Cu^{2+} 溶液,电流遵守关系式 $i_t = i_0 10^{-Kt}$,$K = 6.708 \times 10^{-4}\ s^{-1}$,若起始电流 i_0 为 1.75 A,溶液体积为 500 mL,试计算电沉积 99.9% 的 Cu 需要多少时间?

11. 用库仑滴定法测定 $S_2O_3^{2-}$ 的含量。准确移取 $S_2O_3^{2-}$ 试液 2 mL 于数毫升 0.1 mol/L KI 溶液中。以铂电极为工作电极,电解产生 I_2 来滴定 $S_2O_3^{2-}$ 。若通入的恒电流为 1.00 mA,以永停终点法指示终点。终点到达需要 235 s,计算未知溶液 $S_2O_3^{2-}$ 的浓度;为保证 100% 的电流效率,需要采取什么措施?

第3章 伏安法和极谱分析法

伏安法（Voltammetry）和极谱分析法（Polarography）是通过由电解过程中所得的电流-电位（电压）或电位-时间曲线进行分析的方法。自 1922 年 J. Heyrovsky 开创极谱学以来，伏安法和极谱分析法的理论和实际应用都得到迅速发展。伏安法和极谱分析法可直接或间接地测定各种元素、有机物。应用的分析体系包括水溶液、混合溶剂、非水溶剂或熔融盐体系，悬浮物也可被进行测定。伏安法和极谱分析法同时还是研究电极过程、配合物、动力学以及其他物理化学问题的有效工具之一。因此，伏安法和极谱分析法广泛应用于金属矿物、环境保护、生物医药、化学工业、原子能、半导体工业等领域的各种分析任务。

§3.1 直流极谱法

3.1.1 原理

直流极谱法也称恒电位极谱法或经典极谱法。它的装置包括测量电压、测量电流和极谱电解池三部分，如图 3-1 所示。

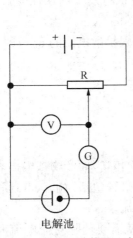

图 3-1 直流极谱装置示意图

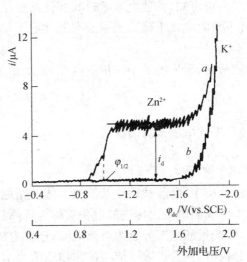

图 3-2 Zn^{2+}（1.00×10^{-3} mol/L）在 0.1 mol/L KCl 溶液中的极谱图

经典极谱电解池中采用两电极体系,即以小面积的滴汞电极作为阴极,大面积的饱和甘汞电极作为阳极。电解液中加入大量支持电解质,如 KCl 等;表面活性剂(极大抑制剂),如动物胶等。电解前充分通氮除氧,在静止条件下电解。调节外加电压,逐渐增加在两电极上的电压。每改变一次电压,记录一次电流值。将测得的电流 i,外加电压 V 或滴汞电极的电位 φ_{dc} 值绘制成 i-V 或 i-φ_{dc} 曲线。以测定 Zn^{2+} 为例,结果如图 3-2 所示。

图 3-2 中曲线 a 是 Zn^{2+} 的极谱波,极谱波呈台阶形的锯齿波状;曲线 b 是背景电流。当滴汞电极电位比 $-0.8V$ 略正时,只有微小的电流,该电流称为残余电流。滴汞电极电位在 $-0.8\sim-1.0\,V$ 间,电位达到 Zn^{2+} 的析出电位时,Zn^{2+} 开始在滴汞电极上还原并与汞形成汞齐化合物:

$$Zn^{2+} + 2e^- + Hg \rightleftharpoons Zn(Hg)$$

电流相应开始上升。随着电极电位变负,滴汞电极表面的 Zn^{2+} 迅速还原,电流急剧上升。当滴汞电极电位在 $-1.0\sim-1.6\,V$ 间,电流达极限值,该电流称为极限电流 i_1,即图 3-2 曲线 a 中台阶的平坦部分。极限电流扣除残余电流 i_r 后称为极限扩散电流,简称扩散电流 i_d。扩散电流值一半时对应的电位称为半波电位,用 $\varphi_{1/2}$ 表示。扩散电流 i_d 与被测物质的浓度成比例,这是定量分析的基础。下式也称为尤考维奇方程:

$$i_{d,max} = 708zD^{\frac{1}{2}}m^{\frac{2}{3}}t^{\frac{1}{6}}c \tag{3-1}$$

式中:$i_{d,max}$ 为极限扩散电流,μA;D 为被测物质在溶液中的扩散系数,cm^2/s;m 为汞在毛细管中流速,mg/s;t 为在测量电流的电压下,汞滴滴落的时间,s;c 为被测物质浓度,$mmol/L$。

由式(3-1)可知,扩散电流随时间变化而变化。即在汞滴生长初期电流增大迅速,随后变缓,汞滴下落时电流下降。当汞滴周期性地下滴,扩散电流也将发生周期性变化,使极谱波呈锯齿形。

实际测量时,采用的是平均扩散电流,平均扩散电流是极限扩散电流的 6/7,即

$$i_d = 607zD^{\frac{1}{2}}m^{\frac{2}{3}}t^{\frac{1}{6}}c \tag{3-2}$$

3.1.2 干扰电流及其消除

1. 对流电流和迁移电流

电化学分析中,电活性物质从溶液本体不断地向电极表面传送,而产物从电极表面不断地向溶液本体或向电极内传送的过程被称为传质过程。传质过程包括:对流、电迁移和扩散传质三种,所产生的电流分别为对流电流、迁移电流和扩散电流。

极谱分析中,只有扩散电流与被测物质浓度成比例。这就需要消除对流电流和迁移电流,所以测定时溶液必须静止以消除对流电流。加入大量支持电解质消除迁移电流及降低

ir 降,支持电解质一般是一些无机酸、碱金属、碱土金属无机盐以及配位剂等。

2. 氧电流

氧在滴汞电极上还原会出现两个极谱波,这两个还原波会干扰大多数金属离子的测定,需预先除去。除去溶液中氧的方法有:① 加入少量亚硫酸钠除氧,该方法只适用于在碱性或中性溶液,不能用于酸性溶液;② 通氮除氧,该方法在任何溶液中均可使用。

3. 极大

某些电活性物质在滴汞电极上还原或氧化时,极谱波的前部会出现极大值,其称为极大或畸峰。极大的出现将影响扩散电流和半波电位的准确测定。通常可加入少量表面活性剂如动物胶、TritonX-100 或甲基红试剂等来消除,这种试剂被称为极大抑制剂。但抑制剂量不宜加入过大,否则会降低扩散电流。

3.1.3 极谱波类型及其方程式

极谱电流与滴汞电极电位间关系的数学表达式,称为极谱波方程。

可逆金属离子的极谱波可分为还原波、氧化波和综合波,这里只讲还原波。

1. 还原波方程

溶液中只有氧化态物质,则其还原波方程如式(3-3)所示,其极谱波如图 3-2 所示。

$$\varphi_{\mathrm{de}} = \varphi_{\frac{1}{2}} + \frac{0.0592}{z} \lg \frac{i_{\mathrm{d}} - i}{i} \tag{3-3}$$

$$\varphi_{\frac{1}{2}} = \varphi^{\ominus'} + \frac{0.0592}{z} \lg \sqrt{\frac{D_R}{D_O}}$$

上述方程为可逆电极反应状况,电流受扩散速率控制。实际上还存在可逆性差和完全不可逆波,其电流不完全受扩散速率控制。在实际分析中,根据测定需要,金属离子往往以配离子形式存在,金属配离子的半波电位比简单金属离子的半波电位负,配位剂浓度越大或配离子越稳定,则配离子半波电位变化越大。因此在极谱分析中,可以加入合适的配位剂,使原来半波电位接近的金属离子的测定成为可能。

3.1.4 定量分析

尤考维奇方程是极谱定量分析的基础。扩散电流(波高)与被测物质浓度在一定范围内呈线性关系。定量方法可采用标准曲线法或标准加入法。

1. 标准曲线法

配制一系列含不同浓度的被测离子的标准溶液,在相同实验条件下,分别测定其极谱波高,以波高对浓度作图得标准曲线。在上述条件下测定未知试液的波高,从标准曲线上查得试液的浓度。标准曲线法适用于大量同类试样分析。

2. 标准加入法

先测得试液体积 V_X 的被测试样的极谱波并量得波高 h。在试样中加入浓度为 c_S，体积为 V_S 的被测物质的标准溶液，在同样实验条件下测得波高 H。则

$$h = Kc_X \tag{3-4}$$

$$H = K\frac{V_X c_X + V_S c_S}{V_X + V_S} \tag{3-5}$$

未知试样浓度为：
$$c_X = \frac{c_S V_S h}{H(V_X + V_S) - hV_X} \tag{3-6}$$

3.1.5 直流极谱法的局限性

自 1922 年发明以来，直流极谱法的基础理论和实际应用研究较深入，为现代极谱分析的发展奠定了基础。但直流极谱法存在很多不足：① 用汞量大和分析时间长；② 分辨率差，两被测物质的半波电位差需大于 200 mV，否则两峰重叠，无法测定；③ 灵敏度低，直流极谱法受充电电流影响，检测限为 10^{-5} mol/L；④ 使用两电极系统，当溶液的 ir 降大时，会造成 $\varphi_{\frac{1}{2}}$ 的位移以及波形变差。

§3.2 现代极谱法

为了克服直流极谱法存在的不足，相继出现了单扫描极谱法、交流极谱法、方波极谱、脉冲极谱法、溶出伏安法等各种快速、灵敏的现代极谱分析方法。减少充电电流或增大电解电流，提高信噪比，使测定灵敏度显著提高。表 3-1 对单扫描极谱法、脉冲极谱法和溶出伏安法作了简要说明。

极谱催化波是指在存在催化剂（低浓度范围内）时，催化电流与催化剂浓度呈线性关系。催化波与扩散波不一样，它的电极过程和化学动力学过程往往比较复杂，它的发生必须有催化剂存在，形成催化循环，使得催化电流远大于扩散电流。当催化剂浓度很低时与催化电流大小有线性关系，所以测量催化电流可以作为测定痕量催化剂的一种灵敏分析方法。关于催化波的机理，虽然已有许多研究工作，但比较清楚的只有平行催化波和氢的催化波。这些催化波的检测下限，在普通极谱仪上一般达到 $10^{-7} \sim 10^{-9}$ mol/L，其中铂族中的锗、铱、铂的催化波在示波极谱仪上，下限可达 $10^{-10} \sim 10^{-11}$ mol/L，应用于矿石分析，兼具灵敏、快速和简便而有选择性的优点。

表 3-1　其他极谱方法

方法	单扫描极谱法	脉冲极谱法	溶出伏安法
定义	在汞滴生长后期,在两个电极上施加一个锯形脉冲电压,电压扫描速率快,可在一滴汞上获得一个完整的极谱波。	在汞滴生长末期,在缓慢变化的直流电压上,叠加一个小振幅的周期性脉冲电压,并在脉冲电压后期记录电解电流的方法。脉冲极谱法根据施加脉冲电压和记录电解电流的方式,可分为常规脉冲极谱法和示差脉冲极谱法。	利用悬汞电极进行富集,富集的方式有两种: 1. 电化学沉积富集; 2. 物理吸附富集或共价、离子交换(吸附溶出极谱法)。 然后再溶出,溶出方法有: 1. 使用阳极或阴极溶出(详见 3.3.1 溶出伏安法); 2. 溶出在恒电流条件下,并记录电极电位-时间曲线(计时电位溶出法); 3. 溶出利用溶液中的氧化剂,记录电极电位-时间曲线(电位溶出法)。
优点	减少了用汞量;采用三电极补偿 ir 降;采用充电电流补偿器补偿充电电流。	充分衰减了充电电流和毛细管噪声电流。	进行富集,提高灵敏度。
电流-电位曲线	峰形,具有导数极谱曲线形式。	常规脉冲极谱波呈台阶形;示差脉冲极谱波呈现峰形。	取决于所用溶出方法。
定量公式	$i_p = kz^{\frac{3}{2}} m^{\frac{2}{3}} t_p^{\frac{2}{3}} D^{\frac{1}{2}} \nu^{\frac{1}{2}} c$, ν 为电位变化速率,其他符号具有通常含义。	常规脉冲极谱法: $i_1 = zFAC \sqrt{\dfrac{D}{\pi t_m}}$ 示差脉冲极谱法: $$\Delta i = \frac{z^2 F^2}{4RT} A \Delta Ec \sqrt{\frac{D}{\pi t_m}}$$	定量公式取决于所用溶出方法。
检测限及分辨率	检测限约 10^{-6} mol/L;两半波电位差约 70 mV可分开。	检测限约 10^{-8} mol/L;两半波电位差约 25 mV 即可分开。	检测极限有的可达 10^{-11} mol/L。

§3.3　伏安法

极谱法由 Heyrovsky 于 1922 年开创并命名,在过去的 90 年间,该方法得到不断改进和发展。1940 年,首次提出将这一类方法统称为伏安法。伏安法和极谱法的区别在于极谱分析法使用的是表面能够周期更新的滴汞电极,而伏安法使用的是固体电极或表面不能更新的液体电极。由此可见,伏安法可使用的工作电极更多样,其应用更广泛。特别是近来超微电极的兴起,使用超微电极的各种伏安法在生命体探究、生物医学、电极表面及电极过程研究等方面的应用,将是伏安法和极谱分析法未来发展的重点之一。

3.3.1　溶出伏安法

溶出伏安法是一种高灵敏度的电化学分析方法,常用于痕量分析。它可直接使用原有的极谱分析仪器。溶出伏安法的操作分为两步,第一步是预电解过程,第二步是溶出过程。预电解是将被测物质富集在电极表面。富集后,让溶液静止一段时间,再用各种伏安分析方法将富集物质溶出。根据溶出过程的峰电流-电位或电位-时间曲线来分析。

溶出伏安法根据溶出时的工作电极发生氧化反应还是还原反应,分为阳极溶出伏安法(ASV)和阴极溶出伏安法(CSV)。

1. 阳极溶出伏安法

阳极溶出伏安法原理,如图 3-3 所示,被测物质在恒电位及搅拌条件下预电解富集数分钟,恒电位选择在被测物质的极限电流区域。然后让溶液静止 $30\sim60$ s,使汞中的电积物均匀分布,获得再现性好的分析数据。溶出时,快速地从负电位扫描到较正的电位,使富集在电极上的汞齐化合物发生氧化反应而重新溶出,溶出可以采用各种伏安分析方法,如单扫描极谱法、脉冲极谱法、半微分电分析法以及计时电位法等。溶出峰电流的大小与使用的极谱分析方法和电极类型有关。

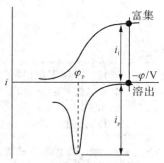

图 3-3　阳极溶出伏安法的富集和溶出过程

2. 阴极溶出伏安法

溶出法除了可以测定金属离子外,还可以测定一些阴离子,如氯、溴、碘、硫等阴离子。阴极溶出伏安法也分为预电解富集和溶出两个过程。预电解时,在恒电位下,工作电极 M(如 Ag)本身发生氧化反应:

$$M_{e1} \longrightarrow M_{e1}{}^{z+} + ze^-$$

从而使被测阴离子形成难溶化合物,富集在电极上:$zA^{m-} + zM_{e1}^{z+} \longrightarrow M_m A_z$,预电解一定时间后,电极电位快速向较负的方向扫描,电极上发生还原反应:

$$M_m A_z + ze^- \longrightarrow mM_{e1} + zA^{m-}$$

这种方法称为阴极溶出伏安法。

3. 应用

溶出伏安法可对近 40 种元素进行测定(表 3-2),检测极限有的可达 10^{-11} mol/L。有文献对部分元素使用溶出法与原子吸收测定的检测下限进行了对比(表 3-3)。结果显示其灵敏度高,与无火焰原子吸收法相当。

表 3-2 溶出伏安法可检测元素

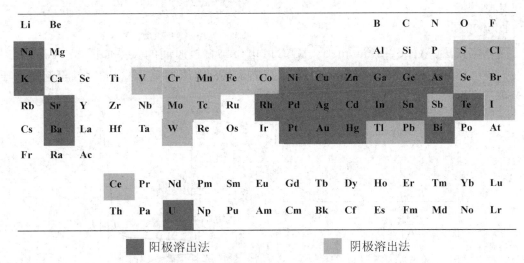

■ 阳极溶出法　　　　■ 阴极溶出法

表 3-3 溶出伏安法和原子吸收法检测下限的比较(ppb,10^{-9})

元素	溶出伏安法		原子吸收	
	微分脉冲极谱	线性扫描	火焰	非火焰
Bi	—	0.01	46	3.0
Cd	0.005	0.01	0.7	0.01
Cu	0.005	0.01	2.0	0.3
Ga	0.4		38.0	—
In	0.1	—	38.0	—
Pb	0.01	0.02	15.0	0.5
Rh	—	10.0	30.0	—
Sn	2.0(交流极谱)	—	30.0	0.1
Tl	0.01	0.04	13.0	1.0
Zn	0.04	0.04	1.0	0.008

　　近年来,为克服和解决汞膜电极毒性大这一缺点,寻找新的环保型电极材料来代替汞已成为研究热点。已出现的代替汞膜电极的新型膜修饰电极有:铋膜电极、锑膜电极和锡膜电极。这些新型膜电极能够和待测重金属形成类似于汞齐的常温合金,所以可以得到与汞膜电极类似的分析效果。同时这些金属膜电极对环境和工作人员无毒害或低毒害,使其成为汞膜电极

较理想的替代品,并已有这些非汞膜电极在环境、食品和临床等领域的实际应用报道。

3.3.2 循环伏安法

1. 原理

循环伏安法(Cyclic Voltammetry, CV)的电位与扫描时间的关系如图 3-4 所示。将线性扫描电压施加在电极上,从起始电压 E_i 扫描至某一电压 E 后,再反向回扫至起始电压,成等腰三角形。

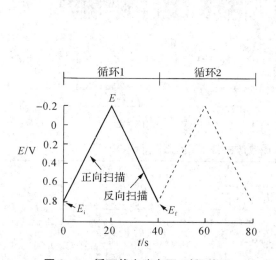

图 3-4 循环伏安法电压-时间关系

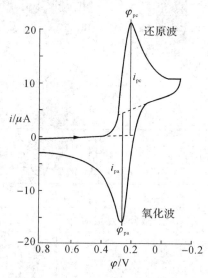

图 3-5 循环伏安图

对于可逆电化学反应,当电位从正向负扫描时,溶液中氧化态物质 O 在电极上发生还原反应生成还原态物质 R:

$$O + ze^- \rightleftharpoons R$$

当电位反向回扫时,电极上生成的还原态物质 R 又氧化为氧化态物质 O:

$$R \rightleftharpoons O + ze^-$$

循环伏安图如图 3-5 所示。图中是一个还原氧化过程,图上部是还原波,下部是氧化波。若需要,可以进行连续循环扫描。

从循环伏安图上,可以测得阴极峰电流 i_{pc} 和阳极峰电流 i_{pa};阴极峰电位 φ_{pc} 和阳极峰电位 φ_{pa} 等重要参数。

对于可逆电极过程,峰电流和浓度关系为:

$$i_p = kz^{\frac{3}{2}} A D^{\frac{1}{2}} \nu^{\frac{1}{2}} C \tag{3-7}$$

两峰电流之比为：
$$\frac{i_{pa}}{i_{pc}} \approx 1 \qquad (3-8)$$

两峰电位之差为：
$$\Delta\varphi_p = \varphi_{pa} - \varphi_{pc} \approx \frac{56}{z}\ \text{mV} \qquad (3-9)$$

峰电位与条件电位的关系为：
$$\varphi^{\ominus\prime} = \frac{\varphi_{pa} + \varphi_{pc}}{2} \qquad (3-10)$$

2. 应用

(1) 判断电极过程的可逆性

利用式(3-7)、式(3-8)、式(3-9)和式(3-10)，可以判断电极过程的可逆性。

(2) 研究电极上的吸附现象

用循环伏安法可研究吸附现象。对于可逆电极反应，若反应物或产物在电极表面仅有弱吸附，循环伏安图形的变化不大，只是电流略有增加。若吸附作用强烈，反应物吸附在主峰后产生一个小的吸附后峰，若反应产物强吸附，则在主峰前出现一个小的吸附前峰。

(3) 反应机理研究

循环伏安法最为重要的应用是定性表征伴随电极氧化还原反应的前行和后行反应。在许多重要的有机和无机化合物的氧化还原过程中，会发生与电化学反应的反应物及产物之间形成竞争的化学反应，这些化学反应的发生直接影响了电活性组分的表面浓度，引起循环伏安图形状的变化。因此通过循环伏安图的变化，可获取反应历程和反应中间产物等非常重要的化学信息。如：当一个氧化还原体系受到后行化学反应的微扰，即 EC 机理：

$$O + ne^- \Longrightarrow R \longrightarrow Z$$

由于产物 R 被化学反应从表面去除，两峰电流比不为1，循环伏安图中逆向峰减小。两峰电流的精确比，可用于估计化学反应的速率常数。在极端情况下，化学反应足够快，使电化学反应产物 R 全部转化为 Z，则观察不到反向峰。EC 机理的经典例子是药物氯丙嗪电化学氧化为阳离子自由基，自由基与水反应生成非电活性产物亚砜。除了 EC 机理，Mabbott G J 总结了常见的化学偶联反应的电化学机理。同时各仪器公司开发出各种功能强大的揭示机理的循环伏安计算机模拟软件。

此外改变循环伏安扫描速率可以获得偶联化学反应速率的一些信息。循环伏安扫描速率控制了转向电位和峰电位之间的时间间隔（即化学反应发生的时间段）。因此，正是化学反应的速率常数与循环伏安扫描速率之比控制了两峰电流之比。当化学反应时间落入电化学实验的时间窗内，就可以获得重要信息。常规电极上扫数范围在 0.02～200 V/s 之间，可获得的时间窗口为 0.1～100 ms。这远不能满足实际研究的需要，为了将可分辨的动力学时间窗口向低端延伸，更快的电子转移和化学反应动力学可被跟踪，就需要实现更快速的扫描速率。直到 20 世纪 80 年代初，超微电极的广泛使用才使得超快伏安法（UFV）得以实现。目前,已可用 2 MV/s 的扫速,测量高达 $1\sim 5$ cm/s 的表观(条件)异相电子转移速率常数,高达 $10^8\sim 10^{10}$ s 一级伴随均相化学反应的速率常数,追踪 10 ns 以下的短寿命中间体。

Anson 等于 1998 年提出的薄层循环伏安法,成为近年发展起来的一种简单测定异相电子转移反应动力学参数的方法,为研究一些低产率的难溶化合物的界面行为提供了有力的分析手段。

§3.4 应 用

自 1922 年 J. Heyrovsky 开创极谱学以来,众多科学家不断采用新技术努力降低噪声,提高检测灵敏度。经过近 90 年的努力,伏安法和极谱分析法已可对周期表上几乎所有元素进行直接或间接测定,多数检测限可与无火焰原子吸收法相当。同时 6 000 多种有机物也可用此法进行研究,悬浮物也可被测定。测定和研究可在水溶液中进行,也可在混合溶剂、非水溶剂或熔融盐中进行。同时伏安法和极谱分析法还是研究电极过程、络合物、动力学以及其他物理化学问题的有效工具之一,因此广泛应用于各分析检测和研究领域。Bard A J 总结现在和今后伏安法发展和应用的新重点将主要有以下三方面:

1. 新的工作电极

早期的极谱法使用的是汞电极,随后的伏安法中各式固体电极被使用,发展最快最成功的是各种碳电极。为了提高性能,各种修饰电极被开发。首先是通过共价反应将单层修饰在电极表面的修饰电极,随后是各式修饰高分子聚合物的修饰电极、无机晶体修饰电极、酶修饰电极、有机金属化合物修饰电极、混合修饰电极。近年来微电极兴起,由于微电极上独特的电化学性质,在伏安法中使用微电极不仅可提高灵敏度,同时使伏安法得以应用于生物学和医学检测。如 Boo 等人使用以多壁碳纳米管为基质的纳米针状微电极为工作电极,用示差脉冲伏安法测定鼠脑中多巴胺浓度的变化来反映老鼠的行为模式。

2. 光电化学

在光电化学中使用半导体材料作为工作电极,使用伏安法可以从一个新的角度观察电极-溶液界面的电子转移过程。利用在黑暗和光照时不同的 i-E 曲线绘制半导体-溶液界面的能态。在电化学发光中,利用伏安法可发现共反应剂,使电化学发光反应在水溶液中进行,从而应用于免疫测定和 DNA 分析。

3. 高效液相色谱和毛细管区带电泳的伏安检测器

电化学检测器在 1983 年首次用于高效液相色谱中,1987 年用于毛细管区带电泳。但在当时使用的是安培检测器。安培检测器灵敏、简单,但它的电位只能固定在一个值。所以只有在该电位下可以被氧化还原的物质才能被检测。为了扩大色谱柱流出物的检测范围,

1980 年 Jorgenson 将线性单扫描伏安法和循环伏安法引入高效液相色谱,发展了伏安检测器,1996 年 Ewing 又将其用于毛细管区带电泳中。随后快速扫描伏安法作为高效液相色谱和毛细管区带电泳的检测器,被成功地应用于单细胞检测——飞摩尔浓度的神经传导素被成功检测。

课外参考读物

[1] Heyrovský M. Polarography—past, present, and future[J]. J Solid State Electrochem, 2011(15): 1799.

[2] Zuman P. Half a Century of Research Using Polarography[J]. Microchemical Journal, 1997(57): 4.

[3] Bard A J, Zoski C G. Voltammetry Retrospective[J]. Anal Chem, 2000(72): 346A.

[4] Bard A J. The Rise of Voltammetry: From Polarography to the Scanning Electrochemical Microscope[J]. Journal of Chemical Education, 2007(84): 644.

参考文献

[1] 方惠群,于俊生,史坚. 仪器分析[M]. 北京:科学出版社,2002.

[2] 武汉大学. 分析化学[M]. 5 版. 北京:高等教育出版社,2007.

[3] Skoog A D, Holler J F, Crouch R S. principles of instrumental analysis[M]. 6th ed. Belmont: Thomson Higher Education, 2007.

[4] 约瑟夫·王. 分析电化学[M]. 朱永春,张玲,译. 北京:化学工业出版社, 2009.

[5] Bard A J, Faulkner L R. 电化学方法原理和应用[M]. 邵元华,朱果逸,董献堆,张柏林,等译. 北京:化学工业出版社, 2010.

[6] Zuman P. Half a Century of Research Using Polarography[J]. Microchemical Journal, 1997(57): 4.

[7] Bard A J, Zoski C G. Voltammetry Retrospective[J]. Anal Chem, 2000(72): 346A.

[8] Bard A J. The Rise of Voltammetry: From Polarography to the Scanning Electrochemical Microscope[J]. Journal of Chemical Education, 2007(84): 644.

[9] 张月霞. 国外无机极谱分析发展近况[J]. 分析化学, 1973(3): 89.

[10] 汪尔康. 电分析化学的进展[J]. 分析化学, 1977(6): 203.

[11] 高小霞. 催化极谱波的机理研究及应用[J]. 化学通报, 1993(12):1.

[12] 方正法,邓文芳,孟越,等. 非汞电极溶出伏安法及其生物分析应用新进展[J]. 化学传感器, 2009(9):18.

[13] 朱果逸,汪尔康. 新极谱法[J]. 分析化学, 1980(9): 486.

[14] 姚冬娜,陈晶,刘秀辉,等. 薄层伏安法液/液界面电子转移速率理论的研究进展[J]. 化学通报, 2010(1):3.

[15] 朱明华,胡坪. 仪器分析[M]. 4 版. 北京:高等教育出版社,2008.

习 题

1. 极谱分析时一般要加入哪些试剂？各试剂的作用分别是什么？

2. 溶出伏安中电沉积的目的是什么？为什么溶出法比其他极谱法更灵敏？

3. 如何从循环伏安图判断电极过程中是否存在吸附？

4. 醌在伏安法中发生可逆的还原反应，反应式为：

$$\text{（O=} \bigcirc \text{=O）} + 2H^+ + 2e^- \rightleftharpoons \text{（HO—} \bigcirc \text{—OH）}$$

$$\varphi^\ominus = 0.599 \text{ V}$$

（1）假设醌和氢醌的扩散系数近似相等，计算在 pH＝7.0 的溶液中，电极上还原出氢醌的半波电位（vs. SCE）？

（2）当缓冲溶液 pH＝5.0 时，重复（1）中计算。

5. 使用脉冲伏安法在电极上测定多巴胺，数据如下：

多巴胺浓度，mmol/L	峰电流，nA
0.093	0.66
0.194	1.31
0.400	2.64
0.506	4.51
0.991	5.97

（1）使用 Excel 分析数据，求斜率、截距和线性回归方程；

（2）当峰电流为 3.62 nA 时，样品溶液中的多巴胺浓度是多少？

6. 用伏安法分析含 Cd^{2+} 的溶液，25 mL 溶液中含 HNO_3 为 1 mol/L，除氧后在 -0.85 V（vs. SCE）用旋转汞膜电极测得极限扩散电流为 1.78 μA。随后加入 5.00 mL 2.25×10^{-3} mol/L 标准 Cd^{2+} 溶液，测得极限扩散电流为 4.48 μA。计算样品中 Cd^{2+} 的浓度。

7. 4.0×10^{-3} mol/L 的金属离子 M^{2+} 在滴汞电极上还原，产生一可逆波。若金属离子的扩散系数为 8.0×10^{-6} cm^2/s，汞滴滴落时间为 4.0 s，汞的流速为 1.5 mg/s。计算扩散电流的大小。

8. 用经典极谱法测定含 Co^{2+} 样品中的痕量杂质 Ni^{2+}。3.00 g 的 $CoSO_4 \cdot 7H_2O$ 样品用少量水溶解，并转移到 100 mL 容量瓶中，加入 2 mL 浓盐酸，5 mL 吡啶和 5 mL 0.2% 的动物胶，稀释至刻度，混匀。准确移取此溶液 75 mL 于极谱电解池中，在 -0.96 V（vs. SCE）处测得扩散电流为 1.97 μA，加入 9.24×10^{-3} mol/L $NiCl_2$ 标准溶液 4.00 mL 于上述溶液中，测得扩散电流为 3.95 μA。试计算样品中镍的百分含量。

9. 用经典极谱法测定某试液中的铅，测得数据如下：

溶液	$-0.65V$ 处测得的电流(μA)
25.0 mL 0.40 mol/L KNO_3 稀释至 50 mL	12.4
25.0 mL 0.40 mol/L KNO_3 和 10.0 mL 试液稀释至 50 mL	58.9
25.0 mL 0.40 mol/L KNO_3,10.0 mL 试液,5.0 mL 1.7×10^{-3} mol/L 标准 Pb^{2+} 溶液,稀释至 50 mL	81.5

试计算溶液中铅的含量。

10. 某金属离子在滴汞电极上的反应为 $M^{2+}+2e^-+Hg \Longrightarrow M(Hg)$,测得其扩散电流 i_d 为 6.00 μA。当滴汞电极的电位为 -0.612 V 时,电流 i 为 1.5 μA。试计算半波电位。

11. 在悬汞电极上用阳极溶出伏安法测定金属离子 M^+。M^+ 的起始浓度为 1.0×10^{-5} mol/L,如汞滴半径为 0.04 cm,阴极极限电流为 0.5 μA。电解 5 min,计算预电解后,悬汞滴内金属的浓度。

第 4 章　气相色谱法

§4.1　色谱分析的基本原理

4.1.1　色谱法及其分类

色谱法是混合物最有效的分离、分析方法，也是一种分离技术。试样混合物的分离过程是试样中各组分在色谱分离柱中两相间不断反复进行的分配过程。其中的一相固定不动，称为固定相；另一相是携带试样混合物流过固定相的流体（气体或液体），称为流动相。当流动相中携带的混合物流经固定相时，其与固定相发生相互作用。由于混合物中各组分在性质和结构上的差异，与固定相之间产生的作用力大小、强弱不同，随着流动相的移动，混合物在两相间经过反复多次的分配平衡，使得各组分被固定相保留的时间不同，从而按一定次序由固定相中流出。与适当的柱后检测方法结合，实现混合物中各组分的分离与检测，两相及两相的相对运动构成了色谱法的基础。

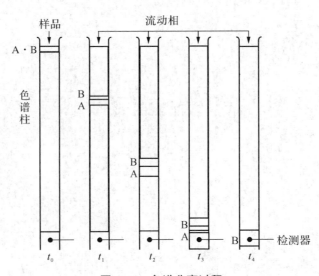

图 4-1　色谱分离过程

随着色谱理论的不断完善和色谱技术的逐渐进步,色谱法分类众多,而且各类中的方法还在不断地扩展着,常见色谱法分类简述如下:

1. 按两相状态分类

以流动相状态为准划分方法类型。用气体作为流动相的色谱法称为气相色谱法(GC);用液体作为流动相的色谱法称为液相色谱法(LC)。

2. 按样品组分在两相间分离机理分类

根据组分在流动相和固定相之间的分离原理不同可分为:吸附色谱法、分配色谱法、离子交换树脂法、凝胶渗透色谱法、离子色谱法和超临界流体色谱法等十余种方法。

3. 按固定相存在形式分类

根据固定相在色谱分离系统中存在的形状,可分为柱色谱法(其中又含填充柱色谱法和开管柱色谱法)、平面色谱法(其中又含纸色谱和薄层色谱法)等九种方法。

4. 按色谱技术分类

为提高组分的分离效能和高选择性,采取了许多技术措施。根据这些色谱技术的性质不同而形成的色谱分离法,如:程序升温气相色谱法、反应气相色谱法、裂解气相色谱法、顶空气相色谱法、毛细管气相色谱法、多维气相色谱法、制备色谱法等方法。

5. 按色谱动力学过程分类

根据流动相洗脱的动力学过程不同而进行分类的色谱法,如:冲洗色谱法、顶替色谱法和迎头色谱法等。

6. 高效毛细管电泳法

高效毛细管电泳法是目前研究较多的色谱新方法,此方法没有流动相和固定相的区分,而是依靠外加电场驱动被分析物在毛细管中沿电场方向迁移,由于离子和分子的带电状况、质量、形态等的差异使不同离子或分子相互分离。高效毛细管电泳法没有高效液相色谱法方法中存在的传质阻抗、涡流扩散等降低柱效的因素,纵向扩散也因为毛细管壁的双电层的存在而受到抑制,因而能够达到很高的理论塔板数,有很高的分离效果。

4.1.2　色谱流出曲线和术语

1. 色谱流出曲线——色谱图

试样中各组分经色谱柱分离后,随流动相依次流出色谱柱,经过检测器转换为电信号,由记录系统记录下来,得到一条各组分响应信号随时间变化的曲线,称为色谱流出曲线。如图 4-2 所示。

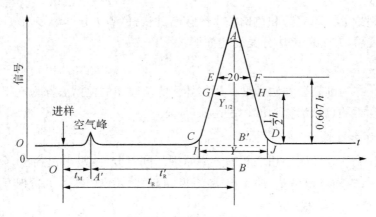

图 4-2 色谱流出曲线

2. 色谱图相关术语

（1）基线

无试样通过检测器时,检测到的信号-时间曲线。

（2）保留值

① 时间表示的保留值

保留时间(t_R):组分从进样到柱后出现浓度极大值时所需的时间;

死时间(t_M):不与固定相作用的气体(如空气)的保留时间;

调整保留时间(t_R'):
$$t_R' = t_R - t_M$$

② 用体积表示的保留值

保留体积(V_R):
$$V_R = t_R \times F_0$$

F_0为柱出口处的流动相平均体积流量,单位:mL/min。

死体积(V_M):
$$V_M = t_M \times F_0$$

调整保留体积(V_R'):
$$V_R' = V_R - V_M$$

③ 相对保留值 r_{21}:组分 2 与组分 1 调整保留值之比,即
$$r_{21} = t_{R(2)}' / t_{R(1)}' = V_{R(2)}' / V_{R(1)}'$$

相对保留值只与柱温和固定相性质有关,与其他色谱操作条件无关,它表示了固定相对这两种组分的选择性。

④ 区域宽度:用来衡量色谱峰宽度的参数,有三种表示方法:

标准偏差(σ):即 0.607 倍峰高处色谱峰宽度的一半;

半峰宽($Y_{1/2}$):色谱峰高一半处的宽度 $Y_{1/2} = 2.354\sigma$;

峰底宽(W_b):$W_b = 4\sigma$。

从色谱流出曲线上,可以得到许多重要信息:

(1) 根据色谱峰的个数可以判断样品中所含组分的最少个数;

(2) 根据色谱峰的保留值(或位置),可以进行定性分析;

(3) 根据色谱峰的面积或峰高,可以进行定量分析;

(4) 色谱峰的保留值及其区域宽度,是评价色谱柱分离效能的依据;

(5) 色谱峰两峰间的距离,是评价固定相(和流动相)选择是否合适的依据。

4.1.3　色谱分析的基本原理

1. 分配系数 K

组分在固定相和流动相间发生的吸附、脱附,或溶解、挥发的过程叫做分配过程。在一定温度下,组分在两相间分配达到平衡时的浓度(单位:g/mL)比,称为分配系数,用 K 表示:

$$K = \frac{\text{组分在固定相中的浓度}}{\text{组分在流动相中的浓度}} = \frac{c_S}{c_M} \tag{4-1}$$

分配系数是色谱分离的依据。对于分配系数 K 有:

(1) 一定温度下,组分的分配系数 K 越大,出峰越慢;

(2) 试样一定时,K 主要取决于固定相性质;

(3) 每个组分在各种固定相上的分配系数 K 不同;

(4) 选择适宜的固定相可改善分离效果;

(5) 试样中的各组分具有不同的 K 值是色谱分离的基础;

(6) 某组分的 $K=0$ 时,即不被固定相保留,最先流出。

2. 分配比 k

在实际工作中,也常用分配比来表征色谱分配平衡过程。分配比是指在一定温度下,组分在两相间分配达到平衡时的质量比:

$$k = \frac{\text{组分在固定相中的质量}}{\text{组分在流动相中的质量}} = \frac{m_S}{m_M} \tag{4-2}$$

分配比也称为容量因子或容量比。容量因子越大,保留时间越长。

3. 分配系数与分配比关系

(1) 分配系数与分配比都是与组分及固定相的热力学性质有关的常数,随分离柱温度、柱压的改变而变化。

(2) 分配系数与分配比都是衡量色谱柱对组分保留能力的参数,数值越大,该组分的保留时间越长。

(3) 分配比可以由实验测得。

(4) 分配比与分配系数的关系:

$$k = \frac{M_S}{M_M} = \frac{\dfrac{M_S}{V_S} V_S}{\dfrac{M_S}{V_M} V_M} = \frac{c_S}{c_M} \cdot \frac{V_S}{V_M} = \frac{K}{\beta}$$

$$k = t'_R / t_M$$

式中：V_M 为流动相体积，即柱内固定相颗粒间的空隙体积；V_S 为固定相体积，对不同类型色谱柱，V_S 的含义不同。气-液色谱柱：V_S 为固定液体积；气-固色谱柱：V_S 为吸附剂表面容量；β 为相比，一般来讲，填充柱相比：6~35；毛细管柱的相比：50~1 500。

4. 塔板理论和速率理论

（1）塔板理论——柱分离效能指标

塔板理论是半经验理论，它将色谱分离过程比拟作蒸馏过程，将连续的色谱分离过程分割成多次的平衡过程的重复，类似于蒸馏塔塔板上的平衡过程。

塔板理论的假设：

① 在每一个平衡过程间隔内，平衡可以迅速达到；

② 将载气看作成脉动（间歇）过程；

③ 试样沿色谱柱方向的扩散可忽略；

④ 每次分配的分配系数相同。

如设色谱柱长为 L，虚拟的塔板间距离为 H，色谱柱的理论塔板数为 n，则三者的关系可表示为：

$$n = L/H$$

在色谱中，理论塔板数与色谱参数之间的关系为：

$$n_{理} = 5.54 \left(\frac{t_R}{Y_{\frac{1}{2}}} \right)^2 = 16 \left(\frac{t_R}{W_b} \right)^2 \tag{4-3}$$

式中，保留时间包含死时间，但组分在 t_M 时间内不参与柱内分配。需引入有效塔板数和有效塔板高度：

$$n_{有效} = 5.54 \left(\frac{t'_R}{Y_{\frac{1}{2}}} \right)^2 = 16 \left(\frac{t'_R}{W_b} \right)^2 \tag{4-4}$$

$$H_{有效} = \frac{L}{n_{有效}} \tag{4-5}$$

塔板理论的特点和不足主要有以下几点：

① 当色谱柱长度一定时，塔板数 n 越大（塔板高度 H 越小），被测组分在柱内被分配的次数越多，柱效能则越高，所得色谱峰越窄。

② 不同物质在同一色谱柱上的分配系数不同，用有效塔板数和有效塔板高度作为衡量

柱效能的指标时,应指明测定物质。

③ 柱效不能表示被分离组分的实际分离效果,当两组分的分配系数 K 相同时,无论该色谱柱的塔板数多大,都无法分离。

④ 塔板理论无法解释同一色谱柱在不同的载气流速下柱效不同的实验结果,也无法指出影响柱效的因素及提高柱效的途径。

(2) 速度理论——影响柱效的因素

Van Deemter 在 1956 年提出色谱峰展宽的三种动力学因素:涡流扩散、纵向分子扩散和传质阻力(包括流动相传质阻力和固定相传质阻力)。同时将塔板理论中的塔板高度概念和这三种动力学因素联系起来,导出速率理论方程为:

$$H = A + B/u + C \cdot u \qquad (4-6)$$

式中:H 为理论塔板高度;u 为载气的线速度(cm/s);A 为涡流扩散项;B/u 为分子扩散项;$C \cdot u$ 为传质阻力项。

① 涡流扩散项(A)

涡流扩散所带来的色谱区带扩张是源于溶质分子通过填充柱内长短不同的多种迁移路径所形成的。由于柱填料粒径大小不同及填充不均匀,形成宽窄、弯曲度不同的路径(如图 4-3 所示)。流动相携带组分分子沿柱内各路径形成紊乱的涡流运动,有些分子沿较窄或较直的路径快速通过色谱柱,先到达柱出口;而另一些分子沿较宽或弯曲的路径以较慢的速度通过色谱柱,后到达柱出口,导致色谱区带展宽。涡流扩散项表示为:

$$A = 2\lambda d_p \qquad (4-7)$$

式中:d_p 为固定相的平均颗粒直径;λ 为固定相的填充不均匀因子。

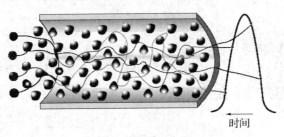

时间

图 4-3　涡流扩散

由式(4-7)可知固定相颗粒直径越小,填充得越均匀,涡流扩散越小,理论塔板高度 H 越小,柱效 n 越大,表现为涡流扩散引起的色谱峰变宽现象减轻,色谱峰较窄。

② 分子扩散项(B/u)

浓度扩散是分子自发运动过程。色谱柱内组分在流动相和固定相都存在分子扩散,但组分分子在固定相中纵向扩散可以忽略。样品进入柱子后,不是立即充满全部柱子,而是形成浓度梯度,分子从高浓度向低浓度扩散,这种扩散沿柱的纵向进行,称为分子扩散,它使色谱区带展宽,如图 4-4 所示。

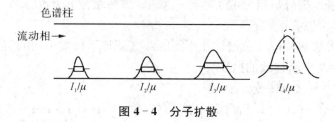

图 4-4 分子扩散

分子扩散项可表示为:

$$B/u = 2\nu Dm/u \tag{4-8}$$

式中:ν 为弯曲因子,填充柱色谱 $\nu < 1$;D_{m} 为组分分子在流动相中的扩散系数($\mathrm{cm^2/s}$)。

式(4-8)说明分子扩散项与流速有关,流速减小,滞留时间增大,扩散增大;扩散系数 D_{m} 与 $(M_{载气})^{-\frac{1}{2}}$ 成正比;$M_{载气}$ 增大,分子扩散减小。

③ 传质阻力项($C \cdot u$)

传质阻力能使组分在固定相和流动相中的浓度产生偏差,包括流动相传质阻力和固定相传质阻力。传质阻力就是组分分子从流动相到固定相两相相界间进行交换时的传质阻力,其会使柱子的横断面上的浓度分配不均匀,传质阻力越大,组分离开色谱柱所需的时间就越长,浓度分配就越不均匀,峰扩展就越严重。传质阻力 $C = (C_{\mathrm{m}} + C_{\mathrm{s}})$。如图 4-5 所示。

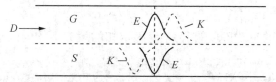

D-气相流方向;E-平衡状态;K-实际浓度;S-固定相;G-气相

图 4-5 传质阻力

流动相传质阻力 C_{m} 和固定相传质阻力 C_{s},可表示为:

$$C_{\mathrm{m}} = \frac{0.01\,k^2}{(1+k)^2} \cdot \frac{d_{\mathrm{p}}^2}{D_{\mathrm{m}}} \tag{4-9}$$

$$C_{\mathrm{s}} = \frac{2}{3} \cdot \frac{k}{(1+k)^2} \cdot \frac{d_{\mathrm{f}}^2}{D_{\mathrm{s}}} \tag{4-10}$$

$$C = (C_{\mathrm{m}} + C_{\mathrm{s}})$$

式中:k 为分配系数;D_{m}、D_{s} 分别为组分在流动相和固定相的扩散系数;d_{p} 为固定相的平均颗粒直径;d_{f} 为载体上固定液厚度。由式(4-9)或式(4-10)可知减小载体粒度,选择小分子量的气体作载气,可降低传质阻力。

速率理论的要点：

（1）涡流扩散、分子扩散及传质阻力三种因素是造成色谱峰扩展，柱效下降的主要原因。

（2）通过选择适当的固定相粒度、载气种类、液膜厚度及载气流速可提高柱效。

（3）速率理论为色谱分离和操作条件选择提供了理论指导。阐明了流速和柱温对柱效及分离的影响。

（4）各种因素相互制约，如载气流速增大，分子扩散项的影响减小，使柱效提高，但同时传质阻力项的影响增大，又使柱效下降；柱温升高，有利于传质，但又加剧了分子扩散的影响，选择最佳条件，才能使柱效达到最高。

5. 分离度

塔板理论和速率理论都难以描述难分离物质对的实际分离程度。即柱效为多大时，相邻两组分能够被完全分离。难分离物质对的分离度大小受色谱过程中两种因素的综合影响：保留值之差代表色谱过程的热力学因素；色谱峰宽度代表色谱过程的动力学因素。在色谱分离中存在四种情况，如图 4-6 所示。

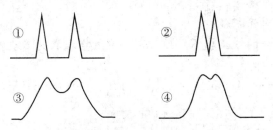

图 4-6　色谱峰分离情况对比

色谱分离中的四种情况分别为：

（1）柱效较高，ΔK（分配系数）较大，完全分离；

（2）ΔK 不是很大，柱效较高，峰较窄，基本上完全分离；

（3）柱效较低，ΔK 较大，但分离得不好；

（4）ΔK 小，柱效低，分离效果更差。

分离度的表达式为：

$$R = \frac{2(t_{R(2)} - t_{R(1)})}{W_{b(2)} + W_{b(1)}} = \frac{2(t_{R(2)} - t_{R(1)})}{1.699(Y_{\frac{1}{2}(2)} + Y_{\frac{1}{2}(1)})} \tag{4-11}$$

当 $R=0.8$ 时，两峰的分离程度可达 89%；当 $R=1$ 时，分离程度 98%；当 $R=1.5$ 时，达 99.7%（相邻两峰完全分离的标准）。

当相邻两峰的峰底宽近似相等即 $W_{b1} = W_{b2} = W = \dfrac{4\sqrt{n}}{t_R}$，导出分离方程为：

$$R = \frac{\sqrt{n_{有效}}}{4} \cdot \frac{r_{21} - 1}{r_{21}} \tag{4-12}$$

由式(4-12)可见,分离度与柱效的平方根成正比,r_{21}一定时,增加柱效,可提高分离度,但组分保留时间增加且峰扩展,分析时间长;增大 r_{21} 是提高分离度的最有效方法,计算可知,在相同分离度下,当 r_{21} 增加一倍,需要的 $n_{有效}$ 减小 10 000 倍。增大 r_{21} 的最有效方法是选择合适的固定液。

【**例 4-1**】 在一根 3 m 长的色谱柱上分析某试样时,得如下色谱图及数据,试计算:

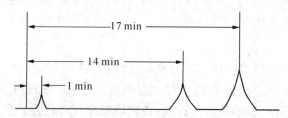

(1) 各组分的调整保留时间;

(2) 该色谱柱的有效塔板数($W_{b2} = 1$ min);

(3) 两个组分的相对保留值;

(4) 如果要使两组分的分离度 $R = 1.5$,需要有效塔板数为多少? 此时应使用多长的色谱柱?

解 (1) $t'_{R(1)} = 14 - 1 = 13$ (min) $t'_{R(2)} = 17 - 1 = 16$ (min)

(2) $n_{有效} = 16 \times \left(\dfrac{t'_{R(2)}}{W_b}\right)^2 = 16 \times 16^2 = 4\,096$ (块)

(3) $r_{2,1} = \dfrac{t'_{R(2)}}{t'_{R(1)}} = \dfrac{16}{13} = 1.23$

(4) $n'_{有效} = 16 \times R^2 \times \left(\dfrac{r_{21}}{r_{21} - 1}\right)^2 = 16 \times 1.5^2 \times \left(\dfrac{1.23}{1.23 - 1}\right)^2 = 1\,030$ (块)

$$L' = \frac{n'}{n} \times L = \frac{1\,030}{4\,096} \times 3.00 = 0.75 \text{ (m)}$$

应该用 0.75 m 以上的色谱柱。

§4.2 气相色谱法

气相色谱法是一种以气体为流动相的色谱分离技术。它是由惰性气体(载气)携带气化后的试样进入色谱柱,试样分子在载气的推动下与固定相接触,最终达到分离的目的。根据固定相的不同,可分为气-固色谱和气-液色谱。气相色谱法的主要研究对象为永久性的气体、低沸点的化合物,或者沸点较低、热稳定性好、在操作温度下呈气态的化合物。其具有原理简单、操作方便、分离效率高、分析速度快、灵敏度高等特点,现成为应用最为广泛的仪器分析方法之一,在石油化工、环境保护、食品安全等方面具有重要的作用。其不足之处在于,不能用于沸点高、热稳定性差、蒸汽压低或离子型化合物等物质的分析。

4.2.1　气相色谱仪

气相色谱仪器的型号较多,随着计算机的广泛应用,仪器自动化程度越来越高,但各类仪器的基本组成是一样的。图 4-7 为气相色谱装置的流程图。

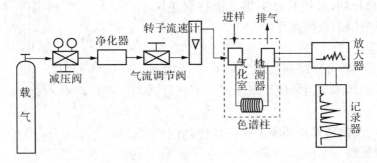

图 4-7　气相色谱流程示意图

气相色谱的流动相为气体,称为载气,通常由高压气体钢瓶提供。高压气体经减压阀降压后,通过净化器,由气流调节阀调节到所需压力,再由转子流速计保持稳定流量的载气流过气化室、色谱柱、检测器,最后放空。待测样品通常用微量进样器注入气化室,气化后的试样由载气携带进入色谱柱进行分离,被分离的组分依次流入检测器进行检测,检测器给出的电信号由记录仪记录。

气相色谱仪包括载气系统、进样系统、分离系统、检测系统和温度控制系统。

1. 载气系统

载气系统一般由气源、净化器、压力表、流量计和供载气连续运行的密闭管路组成。常用的载气有氢气、氮气、氦气等。系统的气密性、载气流速的稳定性以及测量流量的准确性,对色谱结果均有很大的影响,因此必须注意控制。高压钢瓶均需配置适宜的减压表,将高压气体降到所需要的压力。净化器串联在气路中,用来除去气体中的水、二氧化碳、氧和有机杂质。气路中的稳压阀和针型阀用来调节和控制气体的压力和流量。载气的柱前压力和流量分别用压力表和转子流量计指示,载气的流量也可在柱后临时装设一个皂膜流量计进行校正。

2. 进样系统

进样系统是将气体、液体或固体溶液试样引入色谱柱前瞬间气化、快速定量转入色谱柱的装置。进样量的大小,进样时间的长短,试样的气化速度等都会影响色谱的分离效果和分析结果的准确性和重现性。进样系统包括进样器和气化室两部分。

（1）气化室

气化室的作用是将试样瞬间转化为气体，要求其热容量大，死体积小、无催化效应。常用金属管制成气化室，但当温度高于 250～300 ℃时，金属加热管表面就可能有催化效应，因此最近多在金属管内衬有玻璃管以消除金属表面的催化效应，见图 4-8。其中载气流经管壁预热到气化室温度，橡胶垫片要冷却，防止分解或与试样作用，采用长针头将试样打到热区，并减少气化室死体积，以提高柱效。

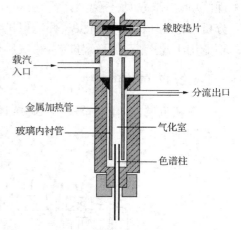

（2）进样器

色谱分离要求在最短时间内，以"塞子"形式打进一定量的试样，液体样品通常使用微量进样器打针法进样。

图 4-8　气化室结构示意图

气体样品可用旋转式六通阀进样，六通阀由不锈钢制成。图 4-9(a)代表准备状态，样品取好后，将阀转动 60°，图 4-9(b)为进样状态，样品随载气进入色谱柱。

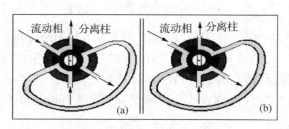

图 4-9　旋转式六通阀进样

固体样品一般是溶解在液体溶剂中按液体进样法进样。

3. 分离系统（色谱柱）

色谱柱是色谱仪的核心部件，决定了色谱的分离性能。色谱柱可分为填充柱和毛细管柱两类，都是由固定相和柱管构成。常用的填充柱内径为 3～6 mm，长 1～6 m，弯制成 U 形或螺旋形。毛细管柱内径 0.1～0.5 mm，柱长 30～100 m；毛细管柱渗透性好、分离效率高（塔板数可达 10^6），分析速度快，但柱容量低、进样量小、要求检测器灵敏度高；现在毛细管柱已成为色谱柱中的主力军。气相色谱固定相可分为气-固色谱固定相和气-液色谱固定相。

（1）气-固色谱固定相

在气-固色谱法中作为固定相的是吸附剂，常用的有非极性的活性炭、弱极性的氧化铝、强极性的硅胶等，经活化处理后直接填充到空色谱柱管中使用。分析对象多为气体和低沸点物质。常用的吸附剂及一般用途均可从有关手册中查得。

（2）气-液色谱固定相

气-液色谱固定相由于有较大的可选择性而受到重视。对于填充柱,气-液色谱固定相是表面涂渍一薄层固定液的细颗粒固体,故可分为固定液和担体。对于毛细管柱,是将固定液直接涂在管壁上。

① 担体

担体（载体）应是一种化学惰性、多孔性的颗粒,它的作用是提供一个大的惰性表面,用以承担固定液,使固定液以薄膜状态分布在其表面上。气-液色谱中所用担体可分为硅藻土型和非硅藻土型两类。常用的是硅藻土型担体,它又是可分为红色担体和白色担体两种。

② 固定液

固定液的分离特征是选择固定液的基础。固定液的选择,一般根据"相似相溶"原理进行,即固定液的性质和被测组分有某些相似性时,其溶解度就大。如果组分与固定液分子性质（极性）相似,固定液和被测组分两种分子间的作用力就强,被测组分在固定液中的溶解度就大,分配系数就大,也就是说,被测组分在固定液中溶解度或分配系数的大小与被测组分和固定液两种分子之间相互作用的大小有关。分子间的作用力包括静电力、诱导力、色散力和氢键力等。分析试样的多样性,决定了固定液品种的多种多样,目前已被使用过的、可作为色谱固定液的化合物多达千余种。为了方便选择,需要将固定液进行分类。分类方法有多种,如按分子结构、极性、应用等分类。在各种色谱中,一般将固定液分为脂肪烃、芳烃、醇、酯、聚酯、胺、聚硅氧烷等类别,并给出每种固定液的相对极性、最低最高使用温度、常用溶剂、分析对象等数据,以便参考。表 4－1 给出了常用固定液。

表 4－1　常用固定液性质

固定液名称	商品牌号	使用温度（最高,℃）	溶剂	相对极性	麦氏常数总和	分析对象（参考）
1. 角鲨烷（异三十烷）	SQ	150	乙醚	0	0	烃类及非极性化合物
2. 阿皮松 L	APL	300	苯	—	143	非极性和弱极性各类高沸点有机化合物
3. 硅油	OV-101	350	丙酮	+1	229	各类高沸点弱极性有机化合物,如芳烃
4. 苯基 10% 甲基聚硅氧烷	OV-3	350	甲苯	+1	423	含氯农药,多核芳烃
5. 苯基（20%）甲基聚硅氧烷	OV-7	350	甲苯	+2	592	含氯农药,多核芳烃

（续表）

固定液名称	商品牌号	使用温度（最高，℃）	溶剂	相对极性	麦氏常数总和	分析对象（参考）
6. 苯基(50%)甲基 聚硅氧烷	OV-17	300	甲苯	+2	827	含氯农药,多核芳烃
7. 苯基(60%)甲基聚硅氧烷	OV-22	350	甲苯	+2	1 075	含氯农药,多核芳烃
8. 邻苯二甲酸二壬酯	DNP	130	乙醚	+2		芳香族化合物,不饱和化合物及各种含氧化合物
9. 三氟丙基甲基聚硅氧烷	OV-210	250	氯仿	+2	1 500	含氯化合物,多核芳烃,甾类化合物
10. 氰丙基(25%)苯基(25%)甲基聚硅氧烷	OV-225	250		+3	1 813	含氯化合物,多核芳烃,甾类化合物
11. 聚乙二醇	PEG20M	250	乙醇	氢键	2 308	醇、醛酮、脂肪酸、酯等极性化合物
12. 丁二酸二乙二醇聚酯	DEGS	225	氯仿	氢键	3 430	脂肪酸、氨基酸等

原则上,任何高沸点的化合物都有可能作为固定液。但是根据色谱法的特点,作为固定液使用的物质需满足下列要求:

（1）挥发性小,在操作温度下有较低蒸气压,以免流失。

（2）稳定性好,在操作温度下不发生分解,在操作温度下呈液体状态。

（3）对试样各组分有适当的溶解能力,否则被载气带走而起不到分配作用。

（4）具有高的选择性,即对沸点相同或相近的不同物质有尽可能高的分离能力。

（5）化学稳定性好,不与被测物质起化学反应。

（6）熔点不要太高,在室温下固定液不一定为液体,但在使用温度下一定是液体,保持试样在气液两相中的分配。

4. 检测系统

检测系统常称为检测器,检测器可将各分离组分及其浓度或质量的变化以易于测量的电信号显示出来,从而进行定性、定量分析,可以说检测器是气相色谱仪的眼睛。用于气相色谱分析的检测器已有数十种之多,其中既有为气相色谱分析而专门研制的检测器(例如:氢火焰离子化检测器),也有利用原来分析化学中的测试装置作为检测器(例如:热导检测器),还有把其他大型分析仪器与气相色谱仪联用(例如:气相色谱-质谱联用仪)。对检测器的要求有:噪音较小,灵敏度高;死体积小,响应迅速;性能稳定,重现性好;信号响应,规律性强。

（1）检测器的分类

根据检测原理的差别，气相色谱检测器可分为浓度型和质量型检测器。检测器的响应值取决于载气中组分的浓度，为浓度敏感型检测器，或简称浓度型检测器。如 TCD（热导检测器）、ECD（电子捕获检测器）等。当检测器的响应值取决于单位时间内进入检测器的组分量时，为质量（流量）敏感型检测器或简称质量型检测器，如 FID（氢火焰离子化检测器）、NPD（热离子化检测器）、FPD（火焰光度检测器）、MSD（质谱检测器）等。

根据组分在检测过程中是否被破坏分类，如果其分子形式被破坏，即为破坏性检测器：FID（氢火焰离子化检测器）、NPD（热离子化检测器）、FPD（火焰光度检测器）、MSD（质谱检测器）。凡非破坏性检测器，均是浓度型检测器；如仍保持其分子形式，即为非破坏性检测器：TCD（热导检测器）、ECD（电子捕获检测器）、IRD（红外光谱检测器）。

根据对被检测物质响应情况的不同，检测器对不同类型化合物的响应值基本相当为通用型检测器，如：TCD（热导检测器）、FID（氢火焰离子化检测器）；当检测器对某类化合物的响应值比另一类大 10 倍以上时为选择性检测器，如：FPD（火焰光度检测器）、ECD（电子捕获检测器）、NPD（热离子化检测器）。

（2）热导检测器（TCD）

热导检测器，属于通用型浓度型检测器，不论对有机物还是无机物一般都能响应，且不破坏试样，因此热导检测器在分析工作中得到广泛的应用。热导检测器的最小检出量达 10^{-8} g，线性范围为 10^{5}。热导检测器是根据载气中混入其他气态物质时热导率发生变化的原理而制成的，其原理基于：① 被测组分具有与载气物质不同的热导率；② 热敏元件阻值与温度之间存在一定关系；③ 利用惠斯通电桥原理检测流经物质的变化。

热导检测器的热导池构造如图 4-10 所示，敏感元件安装于金属（或玻璃）所制的圆筒形的池腔中，池中的敏感元件称为热导检测器的臂。利用一个或两个臂作参考臂，而另一个或两

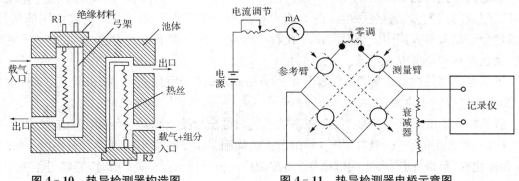

图 4-10　热导检测器构造图　　　　图 4-11　热导检测器电桥示意图

个臂作测量臂。如图 4-11 所示惠斯登电桥中,利用二个臂作参考臂,而另两个臂作测量臂。

热导检测器的检测过程如下:在恒温的检测室中,当工作电流和载气流速恒定时,热敏元件的发热量和载气所带走的热量均恒定,故使热敏元件的温度恒定,也即其电阻值保持不变,电桥保持平衡,此时无变化信号产生。当被测物质与载气一道进入热导池测量臂时,由于混合气体的热导率与纯载气不同(往往低于纯载气的热导率),因而带走的热量也就不同,使得热敏元件的温度发生改变,其电阻值也就随之改变,故使电桥产生不平衡电位,输出信号至记录仪或色谱数据处理机或色谱工作站产生色谱图。某些气体和有机蒸汽的热导率见表 4-2。

表 4-2　某些气体和有机蒸汽的热导率$[10^{-5}\,cal/(cm \cdot ℃ \cdot s)]$

名称	空气	氢气	氦气	氮气	氧气	氩气	CO	CO_2	氨气	甲烷
0 ℃	5.8	41.6	34.8	5.8	5.9	4.0	5.6	3.5	5.2	7.2
100 ℃	7.5	53.4	41.6	7.5	7.6	5.2	7.2	5.3	7.6	10.9

名称	乙烷	乙烯	乙炔	丙烷	正丁烷	异丁烷	正戊烷	苯	甲醇	丙酮
0 ℃	4.3	4.2	4.5	3.6	3.2	3.3	3.1	2.2	3.4	2.4
100 ℃	7.3	7.4	6.8	6.3	5.6	5.8	5.3	4.4	5.5	4.2

影响热导检测器灵敏度的因素:① 在允许的桥电流范围内,工作电流越大灵敏度越高,但过大则基线不稳、热敏元件易烧断;② 用氢气或氦气作载气,一般比用氮气时的灵敏度要高;③ 当工作电流固定时,降低热导池体温度可提高灵敏度。

(3) 氢火焰离子化检测器(FID)

氢火焰离子化检测器,又称氢焰检测器,属于通用型质量型检测器,由于它对绝大部分有机物有很高的灵敏度,因此,氢焰检测器在有机分析中得到广泛的应用。氢焰离子化检测器的最小检出量可达 10^{-12} g,线性范围约为 10^7。

氢焰离子化检测器是根据气相色谱流出物中可燃性有机物在氢-氧火焰中发生电离的原理而制成的。氢和氧燃烧所生成的火焰为有机物分子提供燃烧和发生电离作用的条件。有机物分子在氢氧火焰中燃烧时其离子化程度比在一般条件下要大得多,生成的离子在电场中做定向移动而形成离子流。

氢焰检测器的构造比较简单,如图 4-12 所示,在离子室内有喷嘴、极化极(又称发射极)和收集极等三个主要部件。

氢焰检测器的检测过程如下:燃烧用的氢气与柱出口流出物混合经喷嘴一道流出,在喷嘴上燃烧,助燃用的空气(氧气)均匀分布于火焰周围。由于在火焰附近存在着由收集极(正极)和极化极(负极)间所形成的静电场,当被测样品分子进入氢-氧火焰时,燃烧过程中生成的离子,在电场作用下作定向移动而形成离子流,通过高电阻取出,经微电流放大器放大,将信号输送至记录仪或色谱数据处理机或色谱工作站等。

影响检测器灵敏度的因素：① 载气种类：实验表明，用氮气作载气比用其他气体（如 H_2、He、Ar）作载气时的灵敏度要高；② 气体比例：一般流速比为氮气∶氢气∶空气$\approx 1∶1∶10$，增大氢气和空气的流速可提高灵敏度；③ 内部供氧：把空气和氢气预混合，从火焰内部供氧，这是提高灵敏度的一个比较有效的方法；④ 距离恰当：收集极与喷嘴之间的距离一般以 $5\sim 7$ mm 为宜，此距离可获较高的检测灵敏度；⑤ 其他措施：维持收集极表面清洁、检测高分子量样品时适当提高检测室温度也可提高灵敏度。

（4）电子捕获检测器（ECD）

电子捕获检测器属于高选择性浓度型检测器，由于它对电负性物质（例如：含卤、硫、磷、氮等物质）有很高的灵敏度，因此在石油化工、环境保护、食品卫生、生物化学等分析领域中得到广泛的应用。电子捕获检测器的最小检出量可达 10^{-13} g，线性范围约为 10^4。

电子捕获检测器是根据电负性物质分子能捕获自由电子的原理而制成的。它主要利用以下三个条件来达到检测目的：① 能够产生 β 射线：检测器内有能放出 β 射线的放射源，常用 ^{63}Ni、^{3}H 以及 ^{3}H-Sc 等作放射源；② 载气分子能电离：载气分子能被 β 射线电离，在电极之间形成基流，常用 N_2 或 Ar 作载气；③ 样品能捕获电子：样品分子有能捕获自由电子的官能团，例如：含卤素、硫、磷、氨等物质。

电子捕获检测器如图 4-13 所示，检测室内仅有放射源和收集极这两个主要部件，其构造非常简单。电子捕获检测器的检测过程如下：在 β 射线的作用下，中性的载气分子（例如 N_2 和 Ar）发生电离，产生游离基、低能量的电子，这些电子在电场作用下，向正极移动而形成恒定的基流；当载气中带有电负性的样品分子进入检测器时，捕获这些低能量的自由电子，使基流降低而产生信号，经微电流放大器放大后输出信号产生色谱图。

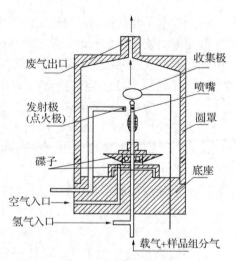

图 4-12　氢火焰离子化检测器

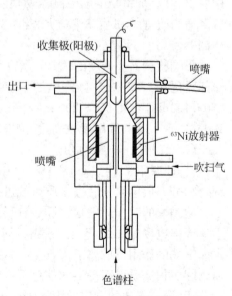

图 4-13　电子捕获检测器

影响电子捕获检测器灵敏度的因素:① 使用高纯氮气:载气的纯度对灵敏度的影响很大,一般需采用纯度为 99.99% 以上的高纯氮作载气。② 尽量避开氧气:为了减少氧气对检测器的玷污而造成的灵敏度下降,因此载气需脱氧和气路应避氧。另外,使用过程中注意人体安全,放射源对人体有一定的危害,操作时应严格遵守有关安全规则,以免发生意外事故。

（5）火焰光度检测器（FPD）

火焰光度检测器,属于专用型微分检测器,由于它对含硫、磷的化合物有很高的灵敏度,因此,在石油化工、环境保护、食品卫生、生物化学等分析领域中得到广泛的应用。火焰光度检测器的最小检出量达 10^{-11} g。

火焰光度检测器是根据硫、磷化物在富氢火焰中燃烧时,发射出波长分别为 394 nm 和 526 nm 特征光的原理而制成的。它主要利用以下三个条件来达到检测的目的:① 富氢火焰:检测器中有富氢火焰存在,为含硫、磷的有机化合物提供燃烧和激发的条件;② 特征波长:样品在富氢火焰中燃烧时,含硫有机物和含磷有机物能发射出其特有波长的特征光（S 394 nm,P 526 nm）;③ 光电转换:检测器设有滤光片和光电倍增管,通过滤光片选择后光电倍增管把光转换成电信号。

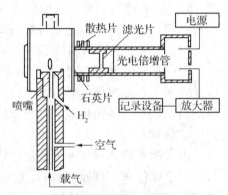

火焰光度检测器主要由火焰喷嘴、滤光片和光电倍增管等三部分组成,其构造如图 4 - 14 所示。从图中看出,其燃烧室与氢焰检测器燃烧室的构造很相似,若经适当改进并在喷嘴上方加装收集极,又可作氢焰检测器使用。

图 4 - 14 火焰光度检测器

影响检测器灵敏度的因素:① 富氢火焰:火焰光度检测器必须是富氢火焰,氧气与氢气流速之比在 0.2～0.5 范围可获得高灵敏度;② 测磷流速:火焰光度检测器测磷氢气 160～180 mL/min,空气 150～200 mL/min,氮气 40～80 mL/min;③ 测硫流速:氮气流速为90～100 mL/min 时其灵敏度较高,检测室温度过高使测硫时检测灵敏度下降。

（6）气相色谱-质谱联用

气-质联用（GC - MS）法是将气相色谱仪和质谱仪（MS）通过接口连接起来,GC 将复杂混合物分离成单组分后进入质谱仪进行分析检测,见图 4 - 15。

质谱法的基本原理是将样品分子置于高真空（$<10^{-3}$ Pa）的离子源中,使其受到高速电子流或强电场等作用,失去外层电子而生成分子离子,或化学键断裂生成各种碎片离子,经加速电场的作用形成离子束,进入质量分析器,再利用电场和磁场使其发生色散、聚焦,获得质谱图。根据质谱图提供的信息可进行有机物、无机物的定性、定量分析,复杂化合物的结构分析,同位素比的测定及固体表面的结构和组成等分析。

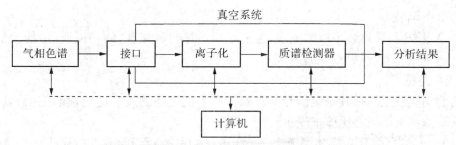

图 4 - 15　GC - MS 联用仪的组成示意图

气相色谱-质谱联用对载气的要求：① 必须是化学惰性的；② 必须不干扰质谱图；③ 必须不干扰总离子流的检测；④ 应具有使载气气流中的样品富集的某种特性。因此，目前多采用氦气(He)作为载气。

气相色谱具有极强的分离能力，但它对未知化合物的定性能力较差；质谱(MS)对未知化合物具有独特的鉴定能力，且灵敏度极高，但它要求被检测组分一般是纯化合物。将 GC 与 MS 联用，弥补了 GC 只凭保留时间难以对复杂化合物中未知组分做出准确定性鉴定的缺点，从而使气相色谱-质谱联用具有高分辨能力、高灵敏度和分析过程简便快速等特点，是分离和检测复杂化合物的最有力工具之一。

(7) 检测器的主要性能指标

气相色谱分析对检测器的要求是测量准确，灵敏度高，检出限低，稳定性好，线性范围宽。因此，评价检测器的性能有以下几种主要指标：

① 灵敏度

灵敏度指一定浓度或一定质量的组分通过检测器时产生信号的大小。

浓度型检测器灵敏度：$\qquad S_c = \Delta R/\Delta C$；

质量型检测器灵敏度：$\qquad S_m = \Delta R/\Delta m$。

② 噪音(R_n)

噪音指无给定样品通过检测器而由仪器本身和工作条件所造成的基线起伏信号，常以 mV 来表示。

③ 漂移(R_d)

漂移指在单位时间内，无给定样品通过检测器而由仪器本身和工作条件所造成的偏离基线之值，常以 mV/h 来表示。

④ 检出限(D)

检测限，又称敏感度，是指当检测信号为检测器噪声 3 倍时，单位体积或单位时间内进入检测器的最小物质量，其计算式为：$D = 3R_n/S$。

⑤ 最小检出量(Q_{min})和最小检出浓度(C_{min})

最小检出量，又称最小检测量，是指产生 3 倍噪声信号时被测物质的进样量，其计算式为：$Q_{min} = 1.065 Y_{1/2} D$。

最小检出浓度，又称最小检测浓度，为最小检出量与进样量（体积或质量）的比值，其计算式为：$C_{min} = Q_{min}/Q$，式中 Q 为进样量。

⑥ 线性范围

检测器的线性范围指其响应信号与被测物质浓度之间的关系呈线性的范围，以呈线性响应的样品浓度上下限之比值来表示。

气相色谱检测器类型较多，本书无法——详述。常用检测器主要性能指标见表 4-3。

表 4-3　气相色谱检测器基本性能

检测器名称	代号	适用范围	载气	线性范围	检测限,g
热导	TCD	普遍适用	He, H_2, N_2	10^5	10^{-8}
氢焰	FID	有机物	He, H_2, N_2	10^7	10^{-12}
电子捕获	ECD	含卤、氧、氮等电负性物质	N_2, Ar	10^4	10^{-13}
火焰光度	FPD	硫、磷有机化合物	He, N_2	硫(对数)10^2 磷 10^4	10^{-11}
热离子化	NPD	硫、磷、氮化合物	He, N_2	10^8	10^{-14}
氦离子化	HID	普遍适用	He	10^5	10^{-14}
氩离子化	AID	普遍适用	Ar	10^5	10^{-14}
微库仑	MCD	卤化物、硫、氮化合物	Ar, He, N_2	10^4	10^{-9}
微波等离子	MPD	可同时测 C、H、O、N、S、P、卤素等	Ar, He	10^4	10^{-10}
质谱仪	MS	与气相色谱仪联用	He, H_2	10^6	10^{-9}
红外光谱仪	IR	与气相色谱仪联用	He, N_2		10^{-6}

5. 温度控制系统

温度控制系统用来设定、控制和测量分离系统、进样系统和检测系统的温度，分离系统、进样系统和检测系统三部分在色谱仪操作时均需独立控制温度。进样系统的温度控制，主要是汽化室的温度控制，保证液体试样在瞬间汽化而不分解。控制检测系统的温度是为了保证被分离后的组分通过时不在此冷凝，同时检测器的温度变化将影响检测灵敏度和基线的稳定。分离过程中为达到满意的分离效果，可在某温度保持恒温，也可按一定的速率程序升温。

4.2.2　色谱定性和定量分析方法

1. 定性分析

色谱定性分析就是要确定色谱峰代表的化合物。由于各种物质在一定的色谱条件下均有确定的保留值，因此保留值可作为一种定性指标。但是不同物质在同一色谱条件下，可能具有相似的或者相同的保留值。因此仅仅根据保留值对一个完全未知的试样定性是很困难的,只能在一定程度上给出定性结果,需配合其他仪器分析方法进行定性分析。以下几种是在色谱定性分析中常用的分析方法。

(1) 与标准物质对照定性

当有标准物质时,可在相同色谱条件下,分别测定并比较标准物质和未知物的保留值,若两次测定所得的色谱图中的物质的保留值相同则可能是同一种物质。该方法不适用于不同仪器上获得的数据之间的对比。

当未知试样较复杂时,可用在未知试样中加入适量的标准物质,峰高增加而半峰宽不变的色谱峰(对比未知试样未加入标准物质测定时所得的色谱图),则可能该色谱峰对应的物质与加入的标准物质为同一化合物。

对于特别复杂的试样,可以采样两根或者多根性质不同的色谱柱进行分离分析,观察未知物与标准物质的保留值是否始终相同。

(2) 用文献值进行定性分析

① 利用相对保留值 r_{21}

由于保留值几乎受所有操作条件的影响,所以重现性差,用于定性时不太准确。而相对保留值 r_{21},它只是柱温、固定液性质的函数,完全由组分的热力学性质来决定。用相对保留值来定性只需控制柱温,与其他的操作条件无关。但前提是有合适的基准物质,它的保留值处于各待测组分的保留值之间。通常使用的基准物质有苯、对二甲苯、正丁烷、正戊烷、环己烷、环己醇、环己酮等等。在色谱手册中都列有各种物质在不同固定液上的相对保留值的数据,可以作为参考用来进行定性分析。

② 利用保留指数 I_x 定性

保留指数又称为柯瓦(Kovats)指数,是一种相比其他定性分析方法都好的定性参数,可根据所用的固定相和柱温直接与文献值对照,而不需标准试样。将正构烷烃作为标准,规定其保留指数为分子中碳原子个数乘以 100(如正己烷的保留指数为 600)。其他物质的保留指数(I_x)是通过选定两个相邻的正构烷烃,其分别具有 Z 和 $Z+1$ 个碳原子来确定。被测物质 X 的调整保留时间应在相邻两个正构烷烃的调整保留值之间,如图 4-16 所示。

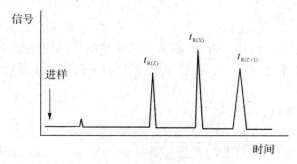

图 4-16 保留指数测定示意图

保留指数的计算公式如下：

$$t'_{R(Z+1)} > t'_{R(X)} > t'_{R(Z)}$$

$$I_X = 100\left(\frac{\lg t'_{R(X)} - \lg t'_{R(Z)}}{\lg t'_{R(Z+1)} - \lg t'_{R(Z)}} + Z\right) \tag{4-13}$$

利用上式计算求出未知物的保留指数，然后与文献值对照，即可实现对未知物的定性。由于保留指数仅与柱温和固定相有关，与其他色谱条件无关，因此对照时一定要实现文献值的实验条件。不同实验室测定的保留指数的重现性较好，用其定性有一定的可靠性。

2. 定量分析

在一定色谱条件下，组分 i 的质量 m_i 或其在流动相中的浓度，与检测器的响应信号即色谱的峰面积（A）成正比，这是色谱定量分析的依据。因此需要正确测量峰面积和比例系数即定量校正因子。

$$m_i = f_i \cdot A_i \tag{4-14}$$

式中：比例系数 f_i 为绝对校正因子；A_i 表示单位面积对应的物理量。

（1）色谱峰面积

现在的新型仪器多配计算机，可自动采集数据、自动积分获得峰面积进行数据计算处理。

（2）定量校正因子

由式（4-14）可得绝对校正因子：

$$f_i = \frac{m_i}{A_i}$$

可见，绝对校正因子是指某组分 i 通过检测器的量与检测器对该组分的响应信号之比。

但是，在定量时要精确求出 f_i 往往比较困难。因此引入相对校正因子 f'_i 来解决色谱定量分析中的计算问题。相对校正因子是指试样中某一组分 i 的绝对校正因子与标准物质 s 的绝对校正因子之比，即为 f'_i，即

$$f'_i = \frac{f_i}{f_s} = \frac{m_i/A_i}{m_s/A_s} = \frac{m_i}{m_s} \cdot \frac{A_s}{A_i} \tag{4-15}$$

在气相色谱中，f_i 可以从文献上查到。若需自己测定，则需准确称量一定质量的被测物质和标准物质，混合后多次进样分析，控制响应值在检测器的线性范围内，测得峰面积的平均值，按上式计算。由于绝对校正因子很少使用，所有一般文献中提到的校正因子为相对校正因子。

（3）常用的定量方法

① 归一化法

当试样中有 n 个组分，各组分的质量分别为 $m_1, m_2, m_3, \cdots, m_n$，则样品中组分的质量分数为：

$$w_i = \frac{m_i}{m_1 + m_2 + \cdots + m_n} = \frac{f'_i \cdot A_i}{\sum\limits_{i=1}^{n}(f'_i \cdot A_i)} \qquad (4-16)$$

式中的校正因子可以是质量校正因子,也可以是摩尔校正因子,若试样中各组分的校正因子接近(如沸点相近的同系物),可以略去。可简化为:

$$w_i = \frac{A_i}{\sum A_i} \qquad (4-17)$$

归一化的特点及要求:归一化法简便、准确;进样量的准确性和操作条件的变动对测定结果影响不大;但该法仅适用于试样中所有组分全出峰的情况。

② 外标法

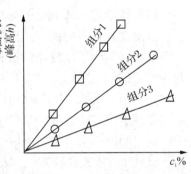

图 4-17 标准曲线

外标法也称为标准曲线法。配置一系列标准溶液进行色谱分析,在严格一致的条件下,以峰面积作为纵坐标、浓度作为横坐标作图,得到标准曲线,见图 4-17。由标准曲线图确定测定对象中该组分的浓度。

外标法的特点及要求:外标法不使用校正因子,准确性较高;操作条件变化对结果准确性影响较大,对进样量的准确性控制要求较高;适用于大批量试样的快速分析。

③ 内标法

内标法最关键的是选择一种与待测组分相近的物质作为内标物。内标物要满足以下要求:试样中不含有该物质;与被测组分性质比较接近;不与试样发生化学反应;出峰位置应位于被测组分附近,且无组分峰影响;加入的内标物的量适当。

准确称取一定量的试样 W,加入一定量内标物 m_s,则样品中组分的质量分数为:

$$\frac{m_i}{m_s} = \frac{f'_i A_i}{f'_s A_s}; \quad m_i = m_s \frac{f'_i A_i}{f'_s A_s}$$

$$w_i = \frac{m_i}{W} = \frac{m_s \frac{f'_i A_i}{f'_s A_s}}{W} = \frac{m_s}{W} \cdot \frac{f'_i A_i}{f'_s A_s} \qquad (4-18)$$

内标法特点:内标法的准确性较高,操作条件和进样量的稍许变动对定量结果的影响不大;每个试样的分析,都要进行两次称量,不适合大批量试样的快速分析;需要测量定量校正因子;当实验过程中无需测定试样中所有组分,或试样中某些组分不出峰时,可采用此法测出结果。

若将内标法中的试样取样量和内标物加入量固定,则

$$w_i = 常数 \times A_i / A_s$$

以 w_i 为纵坐标、A_i/A_s 为横坐标作图得内标标准曲线。内标标准法可用于大批量试样的快速检测。

4.2.3 气相色谱条件的选择

色谱条件包括分离条件和操作条件。分离条件是指色谱柱,操作条件是指载气流速、柱温、进样条件及检测器等。

1. 固定相的选择

混合物组分在气相色谱柱中能否得到完全分离,主要取决于所选的固定相是否合适。对于气体及低沸点试样,只有选用固体固定相才能更好地分离;对于大多数有机试样,还必须使用液体固定相才能完成分离任务。

目前文献报道的固定液已经有千余种。为完成分离任务,选择适当的固定液尤为重要。一般以"相似相溶"原理作为选择固定液的基本原则。即固定液的性质和被测组分有某些相似性时,其溶解度就大。如果组分与固定液分子性质(极性)相似,固定液和被测组分两种分子间的作用力就强,被测组分在固定液中的溶解度就大,分配系数就大,也就是说,被测组分在固定液中溶解度或分配系数的大小与被测组分和固定液两种分子之间相互作用的大小有关。分子间的作用力包括静电力、诱导力、色散力和氢键力等。

(1) 分离非极性物质,一般选用非极性固定液,试样中各组分按沸点次序先后流出色谱柱,沸点低的先出峰,沸点高的后出峰。

(2) 分离极性物质,选用极性固定液,这时试样中各组分主要按极性顺序分离,极性小的先流出色谱柱,极性大的后流出色谱柱。

(3) 分离非极性和极性混合物时,一般选用极性固定液,这时非极性组分先出峰,极性组分(或易被极化的组分)后出峰。

(4) 对于能形成氢键的试样,如醇、酚、胺和水等的分离。一般选择极性的或是氢键型的固定液,试样中各组分按与固定液分子形成氢键的能力大小先后流出,不易形成氢键的先流出,最易形成氢键的最后流出。

2. 柱长和柱内径的选择

增加柱长有利于提高分离度,但分析时间与柱长成正比,则组分的保留时间变大。因此在满足一定分离度的条件下,应尽可能选用较短的色谱柱。一般填充柱柱长 1~6 m,毛细管柱柱长 30~100 m。

柱内径增大可增加柱容量和有效分离的试样量,但径向扩散会随之增加从而导致柱效下降。柱内径小有利于提高柱效,但渗透性会下降,影响分析速度。因此对一般分离来说,填充柱内径为 3~6 mm,毛细管柱内径 0.1~0.5 mm。

3. 载气及载气流速的选择

载气种类的选择应考虑三个方面,即载气对柱效的影响、检测器的要求及载气性质。① 载气摩尔质量大,可抑制试样的纵向扩散,提高柱效。载气流速较大时,传质阻力项起主要作用,采用较小摩尔质量的载气(如 H_2、He),可减小传质阻力,提高柱效。② 热导检测器需要使用热导系数较大的氢气,有利于提高检测器的灵敏度。对氢火焰离子化检测器,氮气是其载气的首选。③ 在载气选择时,还需考虑载气的安全性、经济性及来源是否广泛等。

载气流速是提高柱效的重要操作参数。根据速率方程,最佳载气流速 $\mu_{opt} = (B/C)^{1/2}$。但在实际实验过程中,为了缩短分析时间,载气流速往往大于最佳载气流速。

4. 柱温的选择

柱温是一个重要的操作参数,直接影响柱的选择性、柱效和分析速度。当然,首先柱温不得低于固定相的最低使用温度,不得高于最高使用温度。

提高柱温,可以加速组分分子在气相和液相中的传质过程,减小传质阻力,提高柱效;同时也加剧了分子的纵向扩散,导致柱效下降;更重要的是使得容量因子变小,固定相选择性变差,降低了分离度。柱温升高,被测组分在气相中的浓度增加,K 变小,t_R 缩短,色谱峰变窄变高,低沸点组分峰易发生重叠,分离度下降。所以在分析过程中,若分离是主要矛盾,则选择较低的柱温;若分析速度是主要矛盾,则选择较高的柱温缩短保留时间,加快分析速度。

当然,选择柱温时一定要参考试样的沸点范围。柱温不能比试样沸点低得太多,一般选择在接近或略低于组分平均沸点时的温度。

对于组分复杂、沸程宽的试样,保持恒定柱温不能满足所有组分在合适的温度下分离,并可能造成低沸点组分出峰太快而高沸点组分出峰太慢甚至不出峰,在这种情况下通常需采样程序升温,即在分析过程中柱温按一定程序由低到高变化使各组分能在最适宜的温度下分离。

5. 进样条件的选择

汽化室的温度要保证试样瞬间汽化,同时不导致试样分解。因此,汽化室的温度一般比柱温高 20~30 ℃。

进样量与固定相总量及检测器灵敏度有关。对于填充色谱柱,液体试样进样量不超过 10 μL,气体试样不超过 10 mL。通常用热导检测器时,液体进样量为 1~5 μL,用氢火焰离子化检测器,进样量应小于 1 μL。

进样操作包括注射深度、位置、速度等方面,这些对峰面积都有影响。如试样挥发,影响更大。进样时间过长会造成试样扩散,使色谱峰变宽甚至变形。因此进样时,取样完毕立刻进样,进样时连续不停顿快速完成。

例如,气相色谱法测定水中有机氯农药。对测定对象进行分析,根据选择固定液的"相似相溶"原则,选择气相色谱柱 HP-5 ms(柱类型:30 m×0.25 mm× 0.25 μm),氦气作为载气(载气流速 42 cm/s),ECD 为检测器。由于该试样组分复杂、沸程宽,采用程序升温方式控制柱温(80 ℃保持 1 min,以 30 ℃/min,升温至 170 ℃,保持 4 min;6 ℃/min,升温至 215 ℃,保持 2 min;15 ℃/min,升温至 290 ℃,保持 5 min);进样系统温度要求使样品瞬间汽化,该样品组分复杂,控制进样系统温度,250 ℃,且不分流,吹扫延迟 1 min,进样量 1 μL;检测器 ECD,控制温度 300 ℃;尾吹气:氦气 60 mL/min。样品色谱图见图 4-18。

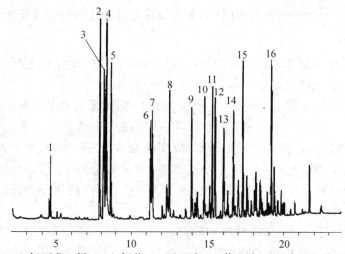

1-六氯环戊二烯;2-六氯苯;3-西玛津;4-莠去津 5-七氯;6-林丹;
7-甲草胺;8-艾氏剂;9-环氧七氯;10-δ-氯丹;11-α-氯丹;
12-反-九氯;13-狄氏剂;14-异狄氏剂;15-顺-九氯;16-甲氧氯

图 4-18 有机氯农药分析色谱图

§4.3　应　用

1. 工业化学品中芳香化合物的含量分析

选择气相色谱柱 DB-1(柱类型:30 m×0.53 mm×3 μm),氦气作为载气(载气流速 30 cm/s),FID 检测器。由于该试样组分复杂,采用程序升温方式控制柱温(40 ℃保持 5 min,以 10 ℃/min,升温至 260 ℃,保持 2 min);进样系统温度要求使样品瞬间气化,该样品组分复杂,控制进样系统温度,250 ℃,分流比 1:10,进样量 1 μL;检测器 FID,控制温度 300 ℃;尾吹气:氦气 30 mL/min。样品色谱图见图 4-19。

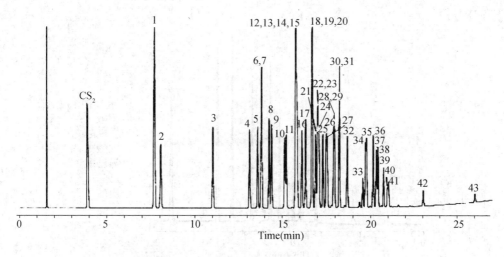

1-苯;2-氟苯;3-甲苯;4-氯苯;5-乙苯;6-间二甲苯;
7-对二甲苯;8-苯乙烯;9-邻二甲苯;10-异丙基苯(枯烯);
11-溴苯;12-丙苯;13-2-氯甲苯;14-3-氯甲苯;
15-4-氯甲苯;16-1,3,5-三甲苯(连三甲苯);
17-α-甲基苯乙烯;18-叔丁基苯;
19-1,2,4-三甲苯(假枯烯);20-4-甲基苯乙烯;
21-1,3-二氯苯;22-1,4-二氯苯;23-异丁基苯;
24-仲丁基苯;25-1,2,3-三甲苯(连三甲苯);
26-1,2-二氯苯;27-碘苯;28-氧化苯乙烯;29-丁苯;
30-4-氯苯乙烯;31-硝基苯;32-4-叔丁基甲苯;
33-1,3,5-三氯苯;34-2-硝基甲苯;35-1,3-二异丙基苯;
36-1,4-二异丙基苯;37-1,2,4-三氯苯;38-3-硝基甲苯;
39-4-硝基甲苯;40-1,2,3-三氯苯;41-1-氯-4-硝基苯;
42-1,2,4,5-四氯苯;43-五氯苯

图4-19 工业化学品中芳香化合物的含量分析

2. 有机酸分析

有机酸属于强极性物质,选择气相色谱柱:DB-WAXetr(柱类型:30 m×0.53 mm×1 μm);载气为氦气,载气流速37 cm/s,40 ℃;程序升温:125 ℃保持1 min,以15 ℃/min,升温至180 ℃,保持12 min;进样系统,分流比20:1,250 ℃;检测器为FID,控制温度300 ℃。所得色谱图见图4-20。

3. 欧洲红色名单挥发性物质分析

气相色谱柱:DB-5.625(柱类型:30 m×0.25 mm×0.5 μm);载气:氦气,35 cm/s,40 ℃;程序升温:40 ℃保持2 min,以12 ℃/min,升温至140 ℃,保持2 min;进样系统:分流

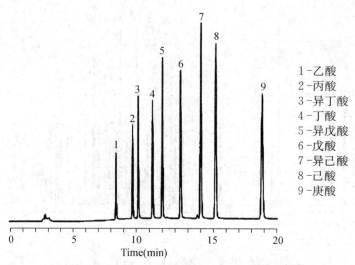

图 4-20 有机酸含量分析色谱图

1-乙酸
2-丙酸
3-异丁酸
4-丁酸
5-异戊酸
6-戊酸
7-异己酸
8-己酸
9-庚酸

比 50：1，控制温度 250 ℃，顶空进样 1 μL；检测器为 FID，控制温度 300 ℃，氮气尾吹气 30 mL/min。所得样品分析色谱图见图 4-21。

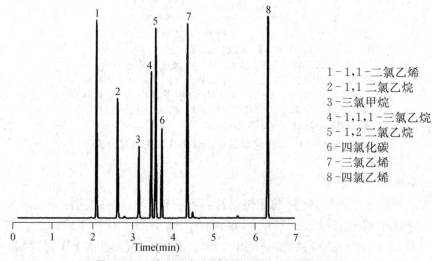

1-1,1-二氯乙烯
2-1,1 二氯乙烷
3-三氯甲烷
4-1,1,1-三氯乙烷
5-1,2 二氯乙烷
6-四氯化碳
7-三氯乙烯
8-四氯乙烯

图 4-21 欧洲红色名单挥发性物质测定色谱图

4. 改性燃料乙醇分析

改性燃料组分为非极性组分和极性组分的混合物(存在其他复杂成分)，选择的气相色谱柱为 HP-1(柱类型：100 m×0.25 mm×0.5 μm)；载气为氢气，60 cm/s，40 ℃；程序升温：15 ℃ 保持 12 min，以 19 ℃/min，升温至 250 ℃，保持 20 min；进样方式：分流 200：1，进样量 0.5 μL,控制温度 100 ℃;检测器为 FID,控制温度 250 ℃,氮气尾吹气,30 mL/min。所得色谱图见图 4-22。

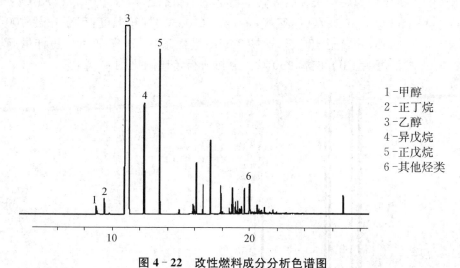

1-甲醇
2-正丁烷
3-乙醇
4-异戊烷
5-正戊烷
6-其他烃类

图 4-22　改性燃料成分分析色谱图

5. 稀有气体分析

稀有气体的样品分析,均为无机气体,选用气相色谱柱为 HP-PLOT 分子筛(柱类型:30 m×0.53 mm×50 μm);载气:氮气,4 mL/min,40 ℃;程序升温:35 ℃保持 3 min,以 25 ℃/min,升温至 120 ℃,保持 5 min;进样系统:分流比 50∶1,进样量 250 μL;检测器为 TCD,控制温度 120 ℃。所得色谱图见图 4-23。

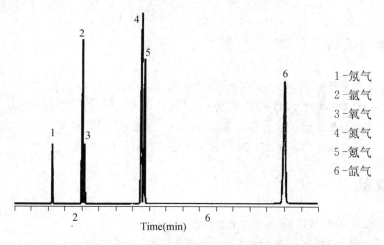

1-氖气
2-氩气
3-氧气
4-氮气
5-氪气
6-氙气

图 4-23　稀有气体成分分析色谱图

6. 天然气的分析

天然气的主要成分为烷烃类化合物,选择的气相色谱柱为 HP - PLOT/Al₂O₃ "S"(柱类型:30 m×0.53 mm×50 μm);载气:氦气,50 cm/s(100 ℃)柱箱温度:程序升温,100 ℃保持1.5 min,以 30 ℃/min,升温至 180 ℃,保持 2 min;进样系统:分流 50∶1,进样量 50 μL,控制温度 250 ℃;检测器为 FID,控温 250 ℃。分析所得色谱图见图 4 - 24。

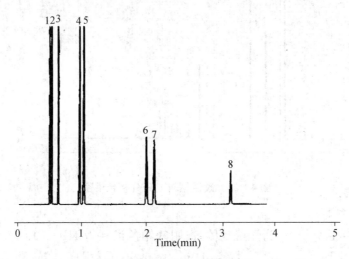

1-甲烷　2-乙烷　3-丙烷　4-异丁烷
5-正丁烷　6-异戊烷　7-正戊烷　8-正己烷

图 4 - 24　天然气成分分析色谱图

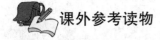

课外参考读物

[1] 傅若农. 色谱分析概论[M]. 北京:化学工业出版社,2000.

[2] 李克安. 分析化学教程.[M] 北京:北京大学出版社,2005.

[3] 杜一平. 现代仪器分析方法.[M] 上海:华东理工大学出版社,2008.

[4] 王瑞芬. 现代色谱分析法的应用[M]. 北京:冶金工业出版社,2006.

参考文献

[1] 刘志广. 仪器分析[M]. 北京:高等教育出版社,2007.

[2] 武汉大学主编. 分析化学[M]. 5 版. 北京:高等教育出版社,2007.

[3] 曾泳淮,林树昌. 分析化学:仪器分析部分[M]. 北京:高等教育出版社,2004.

[4] 吴性良,朱万森,马林. 分析化学原理[M]. 北京:化学工业出版社,2004.

习 题

1. 色谱分析方法主要类型有哪些？分别写出其特点。

2. 试分析某一色谱柱从理论上计算得到的理论塔板数 n 较大，塔板高度 H 较小，但实际上分离效果却很差的原因。

3. 为什么可用分离度 R 作为色谱柱的总分离效能指标？

4. 根据理论塔板数是否可以判断分离的可能性？

5. 简述气相色谱仪的主要组成。常用的检测器有哪些？

6. 色谱柱的固定液选择要求是什么？

7. 色谱法用面积归一法定量的优缺点是什么？

8. 色谱法采用内标法进行定量分析，所用内标物应如何选择？

9. 何种样品分析需要采用程序升温气相色谱法？通常适合采用何种类型色谱柱和检测器？对载气、固定液有何特殊要求？

10. 已知一色谱柱在某温度下的速率方程的 $A=0.08$ cm；$B=0.65$ cm^2/s；$C=0.003$ s，求最佳线速度 u 和最小塔板高 H。

11. 试述"相似相溶"原理应用于固定液选择的合理性及其存在的问题。

12. 色谱定性的依据是什么？主要有哪些定性方法？

13. 色谱定量分析中，为什么要用定量校正因子？在什么条件下可以不用校正因子？

14. 色谱定量分析有哪些常用的方法？

15. 在某色谱条件下，分析只含有对氯苯酚、邻氯苯酚和间氯苯酚三组分的样品，结果如下：

	对氯苯酚	邻氯苯酚	间氯苯酚
相对质量校正因子	1.00	1.65	1.75
峰面积/cm^2	1.50	1.01	2.82

试用归一化法求各组分的百分含量。

16. 热导检测器分析某样品，测定组分面积与相应校正因子如下，求各组分含量。

组分	A	B	C	D	E
校正因子	0.25	0.30	0.80	1.20	2.00
A/cm^2	5	6	2	3	25

17. 在 2 m 长的色谱柱上，测得某组分保留时间（t_R）6.6 min，峰底宽（Y）0.5 min，死时间（t_m）1.2 min，柱出口用皂膜流量计测得载气体积流速（F_c）40 mL/min，固定相（V_s）2.1 mL，求：

(1) 分配容量 k；(2) 死体积 V_m；(3) 调整保留时间；(4) 分配系数；(5) 有效塔板数 n_{eff}；(6) 有效塔板高度 H_{eff}。（提示：流动相体积，即为死体积）

18. 丙烯和丁烯的混合物进入气相色谱柱得到如下数据：

组分	保留时间/min	峰底宽/min
空气	0.5	0.2
丙烯(P)	3.5	0.8
丁烯(B)	4.8	1.0

计算:(1) 丁烯的分配比是多少? (2) 丙烯和丁烯的分离度是多少?

19. 从 40 cm 长的填充色谱柱上测得如下数据:

化合物	保留时间/min	峰底宽度/min
空气	2.5	
A	10.7	1.3
B	11.6	1.4

(1) 求有效塔板数 n_A、n_B;

(2) 求分离度 R,并根据求得的分离度计算 $n_{有效}$;为了使 A、B 两个峰完全分开,需要的理论塔板数是多少? 色谱柱至少该多长?

20. 用一理论塔板数 n 为 6 400 的柱子分离某混合物。从色谱图上测得组分 A 的 $t_{R,A}$ 为 14 min 40 s,组分 B 的 $t_{R,B}$ 为 15 min。求:

(1) 组分 A、B 的分离度 R_S;

(2) 假设保留时间不变,要使 A、B 两组分刚好完全分开,需要理论塔板数。

21. 在某一柱上分离一试样,得以下数据。组分 A、B 及非滞留组分 C 的保留时间分别为 2.0 min、5.0 min 和 1.0 min,求:

(1) B 停留在固定相中的时间是 A 的几倍?

(2) B 的分配系数是 A 的几倍?

(3) 当柱长增加一倍,峰宽增加多少倍?

22. 在一根 3 m 长的色谱柱上分析某样品,记录纸速为 0.50 cm/min,得如下数据:

	保留时间(t_R)min	半峰宽($W_{1/2}$)mm	峰高(h)mm	质量校正因子(以面积表示 f_i)
空气	1.0			
内标物	6.8	2.0	2.43	1.00
待测组分	8.3	2.5	3.21	1.15

计算:(1) 内标物与组分的分离度;

(2) 柱长为 2 m 时的分离度及内标物的半峰宽;

(3) 已知内标物在样品中的含量为 2.55%,组分的含量是多少?

23. 用一根柱长为 1 m 的色谱柱分离含有 A、B、C、D 四种组分的混合物,它们的保留时间分别为 6.4 min、14.4 min、15.4 min、20.7 min,其峰底宽 Y 分别为 0.45 min、1.07 min、1.16 min、1.45 min。试计算:

(1) 各谱峰的理论塔板数;

(2) 它们的平均塔板数;

(3) 平均塔板高度。

第5章 高效液相色谱法

☞ 码上学习

高效液相色谱法(HPLC)是指一种用液体为流动相的色谱分离分析方法。它在经典色谱理论的基础上,采用了高压泵、化学键合固定相高效分离柱、高灵敏专用检测器等新实验技术建立的一种液相色谱分析法。具有高压($150\times10^5\sim350\times10^5$ Pa)、高效(大于 30 000 塔板/米)、高灵敏[10^{-9}g(紫外检测)或 10^{-11}g(荧光检测)]等特点。

§5.1 高效液相色谱仪的组成

高效液相色谱仪由流动相输送系统、进样系统、柱系统、检测系统、数据处理和控制系统组成。分析流程采用高压泵将具有一定极性的单一溶剂或不同比例的混合溶剂泵入装有填充剂的色谱柱,经进样阀注入的样品被流动相带入色谱柱内进行分离后,依次进入检测器,由记录仪、数据处理系统记录色谱信号或进行数据处理而得到分析结果,如图 5-1 所示。

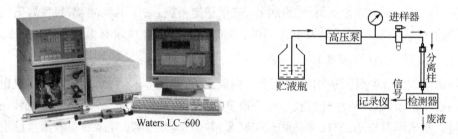

Waters LC-600

图 5-1 高效液相色谱仪及示意图

HPLC 可以用于绝大多数物质成分的分离分析,它和气相色谱都是应用最广泛的仪器分析技术之一。

5.1.1 流动相储液器

现代高效液相色谱仪配备一个或多个流动相储液器,其材料要耐腐性,对溶剂惰性,常用玻璃瓶,也可用耐腐蚀的不锈钢、氟塑料或聚醚醚酮特种塑料制成的容器。每个储液器容积为 500~2 000 mL。储液器应配有溶剂过滤器,以进一步除去溶剂中灰尘或微粒残渣,防止损坏泵、进样阀或堵塞色谱柱。

与 GC 中使用的气体流动相不同,在 HPLC 分析中使用液体流动相,它对分离有重要的影响。HPLC 对流动相的基本要求:

(1) 纯度高,溶剂不纯会增加检测器噪声,产生伪峰;

(2) 与固定相不相溶,以避免固定相的降解或塌陷;

(3) 对样品有足够的溶解度,以防在柱头产生沉淀,从而改善峰形和灵敏度;

(4) 黏度低,以降低传质阻力,提高柱效;

(5) 与检测器兼容,以降低背景信号和基线噪声;

(6) 毒性小,安全性好。

5.1.2　脱气器

流动相储液器常装有脱气器以脱除溶剂中溶解的氧、氮等气体,这些溶解气可能形成气泡引起谱带展宽,并干扰检测器正常工作。

溶剂脱气主要有两种方法:一种在搅拌下真空或超声波脱气;另一种通入氦气或氮气等惰性气体带出溶解在溶剂中的空气。

5.1.3　高压泵

高效液相色谱采用液体作为流动相,其黏度较气体大。同时为了获得高柱效,高效液相色谱使用粒度很小的固定相($<10~\mu m$),主内压降大,所以必须采用高压泵来保持流速恒定。采用的高压泵应具有压力平稳无脉动、脉冲小、流量稳定可调、耐压耐腐蚀、密封性好等特性。高压泵用于输送流动相,一般压力为 $150 \times 10^5 \sim 350 \times 10^5$ Pa。高压泵有恒流泵和恒压泵两类。

1. 往复式柱塞泵(恒流泵)

泵体由溶剂室、活塞杆、进出液的两个单向阀组成,如图 5-2 所示。通常由步进电机带动凸轮或偏心轮转动,驱动活塞杆往复运动。改变活塞冲程或往复频率,即改变电机转速以调节泵的流量。常采用双柱塞、三柱塞并联或串联泵,并附加阻尼器以提高输出液流量稳定性。

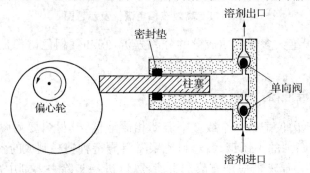

图 5-2　往复式柱塞泵

往复式柱塞泵流量与外界阻力无关,死体积小,非常适合于梯度洗脱。

2. 气动放大泵(恒压泵)

气动放大泵工作原理与水压机相似,以低压气体作用在大面积气缸活塞上,压力传递到小面积液缸活塞,利用压力放大获得高压,其结构如图 5-3 所示。

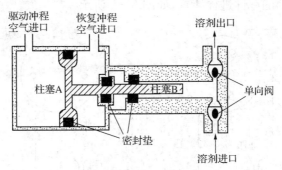

图 5-3　气动放大泵

气动放大泵缺点在于泵腔体积大,流量随外界阻力而变,不适合梯度洗脱,已被恒流泵所代替。

5.1.4　梯度洗脱装置

梯度洗脱就是在分离过程中,通过改变流动相组成增加洗脱能力以提高分离效率和速度的一种方法。通过梯度装置采用两种或三种、四种极性差别较大的溶剂按一定比例混合进行二元、三元或四元梯度洗脱。适用于组分保留值差别很大的复杂混合物分离。常分为高压梯度和低压梯度两种装置,如图 5-4 所示。

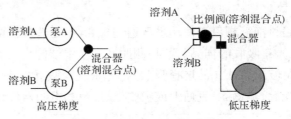

图 5-4　高压梯度和低压梯度

高压梯度是利用两台高压输液泵,将两种不同极性的溶剂按一定的比例送入梯度混合室,混合后进入色谱柱。

低压梯度是采用一台高压泵,通过比例调节阀,将两种或多种不同极性的溶剂按一定的比例抽入高压泵中混合。

梯度淋洗效果类似于气相色谱的程序升温技术,能够改善分离,加快分析速度;改善峰形，减少拖尾，提高柱效和减少分析时间等特点。

5.1.5 进样器

HPLC进样普遍使用高压进样阀。通过进样阀（常用六通阀），直接向压力系统内进样而不必停止流动相流动的一种进样装置，如图5-5所示。

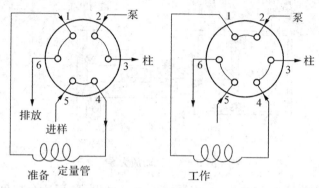

图 5-5 六通进样阀

5.1.6 色谱柱

柱体为直型不锈钢管，内径 1～6 mm，柱长 5～40 cm，填料粒度 5～10 μm，柱效以理论塔板数计大约 7 000～10 000。发展趋势是减小填料粒度和柱径以提高柱效。

5.1.7 检测器

1. 紫外吸收检测器

紫外吸收检测器是目前液相色谱使用最普遍的检测器，是选择性浓度型检测器，适用于检测对紫外和/或可见光有吸收的样品。其检测原理和基本结构与一般光分析仪相似，基于被分析试样组分对特定波长紫外光的选择吸收，组分浓度与吸光度关系遵守比尔定律。紫外吸收检测器主要由光源、单色器、流通池或吸收池、接收和电测器件组成，如图5-6所示。

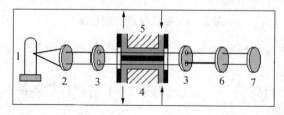

1-低压汞灯；2-透镜；3-遮光板；4-测量池；5-参比池；6-紫外滤光片；7-双紫外光敏电阻

图 5-6 紫外光度检测器

紫外检测器灵敏度高,精密度及线性范围较好,对温度和流速不敏感,可用于梯度洗脱。

2. 荧光检测器

荧光检测器是利用化合物具有光致发光性质,受紫外光激发后能发射荧光对组分进行检测。对不产生荧光的物质可通过与荧光试剂反应,生成可发生荧光的衍生物进行检测。对多环芳烃、维生素 B、黄曲霉素、卟啉类化合物、农药、药物、氨基酸、甾类化合物等有响应。灵敏度可比 UV 检测器高 2~3 个数量级,检测限可达 pg 量级或更低,是灵敏和选择性好的检测器,属于选择性浓度检测器。特别适用痕量组分测定,其线性范围较窄,可用于梯度淋洗。

荧光检测器示意图如图 5-7 所示,光源(氙灯)发出的光束通过透镜和激发滤光片,分离出特定波长激发光,再经聚焦透镜聚集于吸收池上,此时荧光组分被激发光激发,产生荧光。再通过发射滤光片,分离出发射波长,进入光电倍增管检测。荧光强度与组分浓度成比例。

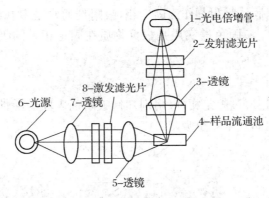

图 5-7　荧光检测器示意图

3. 电化学检测器

电导测量仪、安培仪、伏安计或库仑计可用作 HPLC 的电化学检测器,适用于测定具有电化学氧化还原性质及电导的化合物,广泛应用于生物、医药学及环境试样中酚类、胺类、微生物及各种药物及代谢产物。其中电导检测器和安培检测器是使用较多的两种检测器。

电导测量器是根据物质在某些介质中电离后所产生电导变化来测定电离含量,样品组分的浓度越高,电离产生的离子浓度越高,电导率变化越大。电导检测器响应受温度影响较大,因此要求严格控温,一般在电导池中放置热敏电阻器进行监测。不适合梯度淋洗分析,只能测量离子或在所用色谱流动相中可电离的化合物,是一个选择性检测器,在离子色谱中应用很广泛。其检出限可达到 10^{-11} mol/L,线性范围 $10^4 \sim 10^6$。

安培检测器是一个选择性检测器,适用于测定所有在工作电极的电压范围内发生氧化或还原的物质,在生化样品分析中应用非常广泛。检出限可达到 10^{-15} mol/L,线性范围 $10^4 \sim 10^5$。

4. 示差检测器

示差检测器是利用每种物质具有不同的折光指数来测定的。当参比池和样品池中流动相之间的折光指数存在差别时,示差检测器测定两者之间的差值,该差值与浓度呈正比。示差检测器是通用型检测器,对所有物质均有响应,但灵敏度一般低于紫外检测器,最低检出限为 $10^{-6}\sim10^{-7}$ g,对温度敏感,不能用于梯度洗脱。

§5.2 高效液相色谱法

5.2.1 液-固色谱法

液-固吸附色谱是以固体吸附剂作为固定相,吸附剂通常是多孔的固体颗粒物质,在它们的表面存在吸附中心。液固色谱实质是根据物质在固定相上的吸附作用不同来进行分离的。

1. 分离原理

当组分分子随流动相通过固定相(吸附剂)时,吸附剂表面的活性中心同时吸附流动相分子。于是,在固定相表面发生竞争吸附:

$$X+nS_{ad}\Longrightarrow X_{ad}+nS$$

达平衡时:

$$K_{ad}=\frac{[X_{ad}][S]^n}{[X][S_{ad}]^n}$$

其中 K_{ad} 为吸附平衡常数,K_{ad} 值大表示组分在吸附剂上保留强,难于洗脱;K_{ad} 值小,则保留值弱,易于洗脱;试样中各组分据此得以分离,K_{ad} 值可通过吸附等温线数据求出。

2. 固定相

吸附色谱所用固定相多是一些吸附活性强弱不等的吸附剂,如硅胶、氧化铝、聚酰胺等。由于硅胶的优点较多,如线性容量较高,机械性能好,不溶胀,与大多数试样不发生化学反应等,因此,应用最为广泛。

吸附色谱中的固定相按孔隙深度可分为表面多孔型和全多孔型。它们具有填料均匀、粒度小、孔穴浅的优点,能极大地提高柱效。但表面多孔型由于试样容量较小,目前最广泛使用的还是全多孔型微粒填料。

3. 流动相

一般把吸附色谱中流动相称作洗脱剂。在吸附色谱中对极性大的试样往往采用极性强的洗脱剂,对极性弱的试样宜用极性弱的洗脱剂。洗脱剂的极性强弱可用溶剂强度参数(ε^0)来衡量。ε^0 越大,表示洗脱剂的极性越强。表 5-1 列出一些常用溶剂在氧化铝吸附剂

中的 ε^0 值。在硅胶吸附剂中 ε^0 值的顺序相同,数值可换算(ε^0硅胶$=0.77\times\varepsilon^0$氧化铝)。

表 5-1 常用溶剂的溶剂强度参数

溶剂	ε^0	溶剂	ε^0	溶剂	ε^0	溶剂	ε^0
氟烷	−0.25	四氯化碳	0.18	丙酮	0.56	正丙醇	0.82
正戊烷	0.00	苯	0.32	二乙胺	0.63	乙醇	0.88
石油醚	0.01	氯仿	0.40	乙腈	0.65	甲醇	0.95
环己烷	0.04	甲乙酮	0.51	吡啶	0.71		

液-固色谱法适用于相对分子质量中等的油溶性试样。对具有不同官能团的化合物和异构体具有较高的选择性。

5.2.2 化学键合相色谱法

采用化学键合相的液相色谱称为化学键合相色谱法,简称键合相色谱法。由于键合固定相非常稳定,在使用中不易流失,适用于梯度淋洗,特别适用于分离分配系数 k 值范围宽的样品。由于键合到载体表面的官能团可以是各种极性的,因此它适用于种类繁多样品的分离。

1. 键合固定相类型

用来制备键合固定相的载体一般选用硅胶。利用硅胶表面的硅醇基(Si—OH)与有机基因成键,即可得到各种性能的固定相。一般可分三类:

(1)疏水基团,如不同链长的烷烃(C_8 和 C_{18})和苯基等。

(2)极性基团,如氨丙基、氰乙基、醚和醇等。

(3)离子交换基团,如作为阴离子交换基团的胺基、季铵盐;作为阳离子交换基团的磺酸基等。

2. 键合固定相的制备

(1)硅酸酯($\equiv$Si—OR)键合固定相,它是最先用于液相色谱的键合固定相。用醇与硅醇基发生酯化反应:

$$\equiv Si\text{—}OH + ROH \longrightarrow \equiv Si\text{—}OR + H_2O$$

由于这类键合固定相的有机表面是一些单体,具有良好的传质特性,但这些酯化过的硅胶填料易水解且受热不稳定,因此仅适用于不含水或醇的流动相。

(2)$\equiv$Si—C 或 Si—N 共价键合固定相

制备反应如下:

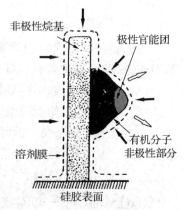

$$\equiv Si-OH + SOCl_2 \longrightarrow \equiv Si-Cl$$

（反应分支到上方生成含苯基硅键化合物，向下经 $H_2NCH_2CH_2NH_2$ 生成 $-Si-NH-CH_2CHNH_2$）

该共价键键合固定相不易水解，并且热稳定较硅酸酯好。缺点是格氏反应不方便，当使用水溶液时，必须限制 pH 在 4～8 范围内。

（3）硅烷化（$\equiv Si-O-Si-C$）键合固定相

制备反应如下：

$$\equiv Si-OH + ClSiR_3 \longrightarrow -Si-O-SiR_3 + HCl$$

这类键合固定相具有热稳定好、不易吸水、耐有机溶剂的优点，能在 70 ℃ 以下，pH 为 2～8 范围内正常工作，应用较广泛。

（4）反相键合相色谱法

反相键合相色谱的分离机理，可用疏溶剂作用理论来解释。这种理论把非极性的烷基键合相看作一层键合在硅胶表面上的十八烷基的"分子毛"，这种"分子毛"有较强的流水特性。当用极性溶剂为流动相来分离含有极性官能团的有机化合物时，一方面，分子中的非极性部分与固定相表面上的疏水烷基产生缔合作用，使它保留在固定相中；而另一方面，被分离物的极性部分受到极性流动相的作用，促使它离开固定相，并减小其保留作用。显然，两种作用力之差，决定了分子在色谱中的保留行为。如图 5-8 所示。

反相键合相色谱法的固定相是采用极性较小的键合固定相，如硅胶-$C_{18}H_{37}$、硅胶-苯基等。流动相是以水为底溶剂，再加入一种与水相混溶的有机溶剂组成。根据分离的需要，

图 5-8 有机分子在烷基键合相上的分离机制

溶剂强度可通过改变有机溶剂的含量来调节，如甲醇-水、乙腈-水、水和无机盐的缓冲溶液等。溶剂的极性越强，在反相色谱中的洗脱能力越弱。

反相键合相色谱法应用最为广泛，这是由于它以水为底溶剂，在水中可以加入各种添加剂，以改变流动相的离子强度、pH 和极性等，以提高选择性，同时可以利用二次化学平衡，使原来不易用反相色谱分析的样品也可以采用反相色谱进行。而且水的紫外截止波长低，有利于痕量组分的检测；反相键合相稳定性好，不易被强极性组分污染；水廉价易得，可用于

分离多环芳烃等低极性化合物、极性化合物、易离解的样品,如有机酸、有机碱、酚类等。

(5) 正相键合相色谱法

正相键合相色谱法是以极性的有机基团—CN、—NH$_2$、双羟基等键合在硅胶表面,作为固定相。以非极性或极性小的溶剂(如烃类)中加入适量的极性溶剂(如氯仿、醇、乙腈等)为流动相。分离时组分的分配系数 k 值随其极性的增加而增大,但随流动相极性的增加而降低。正相键合相色谱法主要用于分离异构体、极性不同的化合物,特别适用于分离不同类型的化合物。

5.2.3　离子交换色谱法

离子交换色谱法是利用离子交换原理和液相色谱技术的结合来测定溶液中阳离子和阴离子的一种分离分析方法。凡在溶液中能够电离的物质,通常都可用离子交换色谱法进行分离。它不仅适用无机离子混合物的分离,亦可用于有机物的分离,例如氨基酸、核酸、蛋白质等生物大分子。因此,应用范围较广。

1. 离子交换原理

离子交换色谱法是利用不同待测离子对固定相亲和力的差别来实现分离的。其固定相采用离子交换树脂,树脂上分布有固定的带电荷基团和可游离的平衡离子。当待分析物质电离后产生的离子可与树脂上可游离的平衡离子进行可逆交换,其交换反应通式如下:

阳离子交换:

$$R—SO_3^- H^+ + M^+ \rightleftharpoons R—SO_3^- M^+ + H^+$$

阴离子交换:

$$R—NR_3^+ Cl^- + X^- \rightleftharpoons R—NR_3^+ X^- + Cl^-$$

一般形式:

$$R—A + B \rightleftharpoons R—B + A$$

达平衡时,以浓度表示的平衡常数(离子交换反应的选择系数)为:

$$K_{B/A} = \frac{[B]_r [A]}{[B][A]_r}$$

式中[A]$_r$、[B]$_r$分别代表树脂相中洗脱剂离子(A)和试样离子(B)的浓度,[A]、[B]则代表它们在溶液中的浓度。离子交换反应的选择性系数表示试样离子 B 对于 A 型树脂亲和力的大小:$K_{B/A}$越大,说明 B 离子交换能力越大,越易保留而难于洗脱。一般说来,B 离子电荷越大,水合离子半径越小,$K_{B/A}$值就越大。

对于典型的磺酸型阳离子交换树脂,一价离子的 $K_{B/A}$ 值按以下顺序:

$$Cs^+ > Rb^+ > K^+ > NH_4^+ > Na^+ > H^+ > Li^+$$

二价离子的顺序为：

$$Ba^{2+}>Pb^{2+}>Sr^{2+}>Ca^{2+}>Cd^{2+}>Cu^{2+}>Zn^{2+}>Mg^{2+}$$

对于季铵盐型强碱阴离子交换树脂,各阴离子的选择性顺序为：

$$ClO_4^->I^->HSO_4^->SCN^->NO_2^->Br^->CN^->Cl^->$$
$$BrO_3^->OH^->HCO_3^->H_2PO_4^->IO_3^->CH_3COO^->F^-$$

2. 固定相

作为固定相的离子交换剂,其基质大致有三大类:合成树脂(聚苯乙烯)、纤维素和硅胶。离子交换剂有阳离子和阴离子之分,再根据官能团的离解度大小还有强弱之分,如表5-2所示。

表5-2 离子交换剂上的官能团

类型	官能团
强阳离子交换剂 SCX	—SO₃H
弱阳离子交换剂 WCX	—CO₂H
强阴离子交换剂 SAX	—N⁺R₃
弱阴离子交换剂 WAX	—NH₂

3. 流动相

离子交换色谱法所用流动相大都是一定 pH 和盐浓度(或离子强度)的缓冲溶液。通过改变流动相中盐离子的种类、浓度和 pH 可控制 k 值,改变选择性。如果增加盐离子的浓度,则可降低样品离子的竞争吸附能力,从而降低其在固定相上的保留值。

一般地,对于阴离子交换树脂来说,各种阴离子的滞留次序为：

$$柠檬酸根离子>SO_4^{2-}>C_2O_4^{2-}>I^->NO_3^->CrO_4^{2-}>$$
$$Br^->SCN^->Cl^->HCOO^->CH_3COO^->OH^->F^-$$

阳离子的滞留次序为：

$$Ba^{2+}>Pb^{2+}>Ca^{2+}>Ni^{2+}>Cd^{2+}>Cu^{2+}>Co^{2+}>Zn^{2+}>$$
$$Mg^{2+}>Ag^+>Cs^+>Rb^+>K^+>NH_4^+>Na^+>H^+>Li^+$$

但差别不如阴离子明显。关于 pH 的影响,要视不同情况而定。例如,分离有机酸和有机碱时,这些酸碱的离解程度可通过改变流动相的 pH 来控制。增大 pH 会使酸的电离度增加,使碱的电离度减少;降低 pH,其结果相反。但无论属于哪种情况,只要电离度增大,就会使样品的保留增大。

4. 离子色谱法

离子色谱法是由离子交换色谱法派生出来的一种分离方法。离子交换色谱法在无机离子的分析和应用受到限制,例如,对于那些不能采用紫外检测器的被测离子,如采用电导检测器,由于被测离子的电导信号被强电解质流动相的高背景电导信号掩没而无法检测。为了解决这一问题,1975 年 Small 等人提出一种能同时测定多种无机和有机离子的新技术。他们在离子交换分离后加一根抑制柱,抑制柱中装填与分离柱电荷相反的离子交换树脂。通过分离柱后的样品再经过抑制柱,使具有高背景电导的流动相转变成低背景电导的流动相,从而用电导检测器可直接检测各种离子的含量。这种色谱技术称为离子色谱。若样品为阳离子,用无机酸作流动相,抑制柱为高容量的强碱性阴离子交换剂。当试样经阳离子交换剂的分离后,随流动相进入抑制柱,在抑制柱中发生两个重要反应:

$$R^+\!-\!OH + H^+Cl^- \longrightarrow R^+\!-\!Cl + H_2O$$

$$R^+\!-\!OH^- + M^+Cl^- \longrightarrow M^+OH^- + R^+\!-\!Cl^-$$

由反应可见,经抑制柱后,一方面将大量酸转变为电导很小的水,消除了流动相本底电导的影响。同时,又将样品阳离子 M^+ 转变成相应的碱,由于 OH^- 的淌度为 Cl^- 的 2.6 倍,提高了所测阳离子电导的检测灵敏度。对于阴离子样品也有相似的作用机理。

在分离柱后加一个抑制柱的离子色谱亦称为抑制型离子色谱或称双柱离子色谱。由于抑制柱要定期再生,而且谱带在通过抑制柱后会加宽,降低了分离度。后来,Frits 等人提出采用抑制柱的离子色谱体系,而采用了电导率极低的溶液,例如 $1\times10^{-4}\sim5\times10^{-4}$ mol/L 苯甲酸盐或邻苯二甲酸盐的稀溶液作流动相,称为非抑制型离子色谱或单柱离子色谱。

5.2.4 尺寸排阻色谱法

尺寸排阻色谱法又称凝胶色谱法,主要用于较大分子的分离。与其他液相色谱方法原理不同,它不具有吸附、分配和离子交换作用机理,而是基于试样分子的尺寸和形状不同来实现分离的。

尺寸排阻色谱被广泛应用于大分子的分级,即用来分析大分子物质相对分子质量的分布。它具有其他液相色谱所没有的特点:① 保留时间是分子尺寸的函数,有可能提供分子结构的某些信息。② 保留时间短,谱峰窄,易检测,可采用灵敏度较低的检测器。③ 固定相与分子间作用力极弱,趋于零。由于柱子不能很强保留分子,因此柱寿命长。④ 不能分辨分子大小相近的化合物,相对分子质量差别必须大于 10% 才能得以分离。

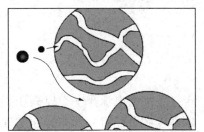

图 5-9 尺寸排阻色谱的分离机制

1. 分离原理

尺寸排阻色谱是按分子大小顺序进行分离的一种色谱方法。其固定相为化学惰性多孔物质——凝胶,它类似于分子筛,但孔径比分子筛大。凝胶内具有一定大小的孔穴,体积大的分子不能渗透到孔穴中去而被排阻,较早地被淋洗出来;中等体积的分子部分渗透;小分子可完全渗透入内,最后洗出色谱柱。这样,样品分子基本上按其分子大小,排阻先后由柱中流出。

2. 固定相

排阻色谱固定相种类很多,一般可分为软性、半刚性和刚性凝胶三类。

所谓凝胶,指含有大量液体(一般是水)的柔软而富于弹性的物质,它是一种经过交联而具有立体网状结构的多聚体。

(1)软性凝胶 如葡聚糖凝胶、琼脂糖凝胶都具有较小的交联结构,其微孔能吸入大量的溶剂,并能溶胀到它们干体的许多倍。它们适用以水溶性溶剂作流动相,一般用于小分子质量物质的分析,不适宜用在高效液相色谱中。

(2)半刚性凝胶 如高交联度的聚苯乙烯(Styragel)比软性凝胶稍耐压,溶胀性不如软性凝胶。常以有机溶剂作流动相,用于高效液相色谱时,流速不宜快。

(3)刚性凝胶 如多孔硅胶、多孔玻璃等,它们既可用水溶性溶剂,又可用有机溶剂作流动相,可在较高压强和较高流速下操作。一般控制压强小于 7 MPa,流速<1 cm^3 · s^{-1};否则将影响凝胶孔径,造成不良分离。

3. 流动相

排阻色谱所选用的流动相必须能溶解样品,并必须与凝胶本身非常相似,这样才能润湿凝胶。当采用软性凝胶时,溶剂也必须能溶胀凝胶。另外,溶剂的黏度要小,因为高黏度溶剂往往限制分子扩散作用而影响分离效果。这对于具有低扩散系数的大分子物质分离,尤需注意。选择溶剂还必须与检定器相匹配。常用的流动相有四氢呋喃、甲苯、氯仿、二甲基酰胺和水等。

以水溶液为流动相的凝胶色谱适用于水溶性样品,以有机溶剂为流动相的凝胶色谱适用于非水溶性样品。

§5.3 毛细管电泳

毛细管电泳是一类以高压直流电场为驱动力、毛细管为分离通道,依据试样中各组分之间淌度和分配行为的差异而实现分离的新型液相分离分析技术。在电解质溶液中,位于电场中的带电离子在电场力的作用下,以不同的速度向其所带电荷相反的电极方向迁移的现象,称之为电泳。由于不同离子所带电荷及性质的不同,迁移速率不同,可实现分离。

5.3.1 原理

1. 电泳淌度

电泳是指带电离子在电场中的定向移动,不同离子具有不同的迁移速度。当带电离子

以速度 ν 在电场中移动时,受到大小相等、方向相反的电场推动力和平动摩擦阻力的作用。

电场力：
$$F_E = qE$$

阻力：
$$F = f\nu$$

故
$$qE = f\nu$$

式中：q 为离子所带的有效电荷；E 为电场强度；ν 为离子在电场中的迁移速度；f 为平动摩擦系数(对于球形离子：$f = 6\pi\eta\gamma$；γ 为离子的表观液态动力学半径；η 为介质的黏度)。

迁移速度(球形离子)为：

$$\nu = \frac{qE}{f} = \frac{q}{6\pi\gamma\eta}E$$

物质离子在电场中迁移速率的差别是电泳分离的基础。

淌度 μ 是指单位电场强度下的平均电泳速度。

$$\mu = \frac{\nu}{E} = \frac{q}{6\pi\gamma\eta}$$

因此,离子的电泳淌度与其带电量呈正比,与其半径及介质黏度呈反比。带相反电荷的离子其电泳淌度的方向也相反。

2. 电渗现象与电渗流

当固体与液体接触时,固体表面由于某种原因带一种电荷,则因静电引力使其周围液体带有相反电荷,在液-固界面形成双电层,两者之间存在电位差。当液体两端施加电压时,就会发生液体相对于固体表面的移动,这种液体相对于固体表面的移动的现象叫做电渗现象。电渗现象中整体移动着的液体叫做电渗流。

石英毛细管柱,内充液 pH＞3 时,表面电离成 —SiO^-,管内壁带负电荷,形成双电层。在高电场的作用下,带正电荷的溶液表面及扩散层向阴极移动,由于这些阳离子实际上是溶剂化的,故将引起柱中的溶液整体向负极移动,形成电渗流。

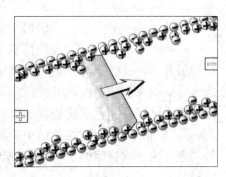

图 5-10　毛细管电泳中的电渗流

电渗流的大小用电渗流速度 $\nu_{电渗流}$ 表示,其取决于电渗淌度 μ 和电场强度 E。

$$\nu_{电渗流} = \mu E$$

式中 μ 为电渗淌度,其取决于电泳介质及双电层的 Zeta 电势,即

$$\mu = \varepsilon_0 \varepsilon \xi$$

式中：ε_0 为真空介电常数；ε 为介电常数；ξ 为毛细管壁的 Zeta 电势。所以电渗流的大小

可表示为：

$$\nu_{电渗流} = \varepsilon_0 \varepsilon \xi E$$

实际电泳分析，可在实验测定相应参数后，按下式计算：

$$\nu_{电渗流} = L_{ef}/t_{eo}$$

式中：L_{ef}为毛细管有效长度；t_{eo}为电渗流标记物（中性物质）的迁移时间。

电渗流的方向取决于毛细管内表面电荷的性质：内表面带负电荷，溶液带正电荷，电渗流流向阴极；内表面带正电荷，溶液带负电荷，电渗流流向阳极。石英毛细管带负电荷，电渗流流向阴极。如需改变电渗流方向，可有以下方法：

（1）毛细管改性

表面键合阳离子基团。

（2）加电渗流反转剂

内充液中加入大量的阳离子表面活性剂，将使石英毛细管壁带正电荷，溶液表面带负电荷。电渗流流向阳极。

电渗流的速度约等于一般离子电泳速度的5～7倍，所以各种电性离子在毛细管柱中的迁移速度为：

$$\nu_+ = \nu_{电渗流} + \nu_{+,ef} \qquad 阳离子运动方向与电渗流一致。$$

$$\nu_- = \nu_{电渗流} - \nu_{-,ef} \qquad 阴离子运动方向与电渗流相反；$$

$$\nu_0 = \nu_{电渗流} \qquad 中性粒子运动方向与电渗流一致。$$

因此，可一次完成阳离子、阴离子、中性粒子的分离。同时改变电渗流的大小和方向可改变分离效率和选择性，如同改变 LC 中的流速。电渗流的微小变化将影响结果的重现性。毛细管电泳较液相色谱优势在于电荷均匀分布，整体移动，电渗流的流动为平流，塞式流动（谱带展宽很小）。而液相色谱中的溶液流动为层流，抛物线流型，管壁处流速为零，管中心处的速度为平均速度的 2 倍（引起谱带展宽较大）。

5.3.2　毛细管电泳法

1. 毛细管区带电泳

毛细管区带电泳是在电场的作用下，样品组分以不同的速率在独立的区带内进行迁移而被分离。由于电渗流的作用，正负离子均可以实现分离。在正极进样的情况下，正离子首先流出毛细管，负离子最后流出。中性物质在电场中不迁移，只是随电渗流一起流出毛细管，故得不到分离。

毛细管区带电泳的应用很广，分析对象包括氨基酸、多肽、蛋白质、无机离子和有机酸等，特别在药物对映异构体的分离分析方面也具有特色。

2. 毛细管凝胶电泳

毛细管凝胶电泳是聚丙烯酰胺等在毛细管柱内交联生成凝胶,当带电的被分析物在电场作用下进入毛细管后,聚合物起着类似"分子筛"的作用,小的分子容易进入凝胶而首先通过凝胶柱,大分子则受到较大的阻碍而流出凝胶柱,能够有效减小组分扩散,所得峰型尖锐,分离效率高。有抗对流性好、散热性好、分离度极高等特点。

3. 胶束电动力学毛细管色谱

胶束电动力学毛细管色谱是将高于临界胶束浓度的离子型表面活性剂加入缓冲剂中形成胶束,被分析物在胶束(固定相)和水相中进行分配,中性化合物根据其分配系数的差异进行分离,带电组分的分离机理则是电泳和色谱的结合。最常见的胶束相是阴离子表面活性剂十二烷基硫酸钠,有时也用阳离子表面活性剂。可以通过改变缓冲液种类、pH 和离子强度、胶束的浓度来调节选择性,进而对被分析物的保留值产生影响。

4. 毛细管电渗色谱

毛细管电渗色谱是在毛细管壁上键合或涂渍高效液相色谱的固定液,在毛细管的两端加高直流电压,以电渗流为流动相,试样组分在两相间的分配为分离机理的电动色谱过程。它是一种具有发展前景的微柱分离技术,可用于分析有机和无机化合物。

§5.4 超临界流体色谱

5.4.1 概述

超临界流体是在高于临界压力与临界温度时物质的一种状态,性质介于液体和气体之间。超临界流体色谱(SFC)在 20 世纪 80 年代快速发展,具有液相、气相色谱难以具备的优点,可处理高沸点、不挥发试样,比 LC 有更高的柱效和分离效率。

超临界流体的性质如表 5-3 所示。

表 5-3 一些超临界流体的性质

流体	超临界温度 /℃	超临界压力 /$\times 10^6$ Pa	超临界点的密度 /g·cm⁻¹	在 4×10^2 Pa 下的密度 /g·cm⁻³
CO_2	31.1	7 209	0.47	0.97
N_2O	36.5	71.7	0.45	0.94
NH_3	13 205	11.28	0.24	0.40
$n-C_4H_{10}$	152.0	37.5	0.23	0.50

(1) 性质介于液体和气体之间,具有气体的低黏度、液体的高密度,扩散系数位于两者之间。

（2）可通过改变超临界流体的密度（程序改变）调节组分分离（类似于气相色谱的程序升温，液相色谱中的梯度淋洗）。

5.4.2 超临界流体色谱

超临界流体色谱的流动相为超临界流体，如 CO_2、N_2O、NH_3；其固定相为固体吸附剂（硅胶）或键合到载体（或毛细管壁）上的高聚物，也可使用液相色谱的柱填料。通过吸附与脱附组分在两相间的分配系数不同而被分离的分离机理，通过调节流动相的压力（调节流动相的密度）来调整组分保留值。

§5.5　应　用

5.5.1 高效液相色谱分析水中痕量多环芳烃

水中痕量多环芳烃（PAHs）用高效液相色谱法测定，是以等体积的二氯甲烷作溶剂，超声提取痕量的 PAHs；以 Lichrospher PAH（3.0×250 mm，5 μm）为液相色谱柱；以水-乙腈作流动相，梯度淋洗初始为水/乙腈 $50/50$（V/V），10 min 时改为 $30/70$，13 min 时为 $0/100$；用紫外 UV220 nm 检测，流速为 0.6 mL/min，温度：25 ℃，进样体积为 1 μL。色谱图见图 5 - 11。

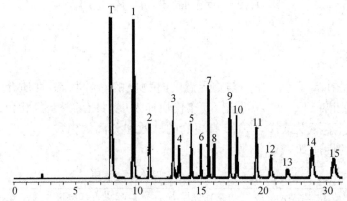

T-甲苯；1-奈；2-苊烯；3-苊；4-芴；5-菲；6-蒽；7-荧蒽；8-芘；9-屈；
10-苯并（a）蒽；11-苯并（b）荧蒽；12-苯并（k）荧蒽；13-苯并（a）芘；
14-二苯并（a，n）蒽；15-苯并（g，h，f）；16-茚苯（1，2，3-cd）芘

图 5 - 11　水中多环芳烃混合物

5.5.2 固相萃取-高效液相色谱分析饮用水中痕量杀虫剂

水样经孔径为 0.45 μm 的过滤膜过滤，依次用 3.0 mL 乙腈和流动相（乙酸钠/乙腈清

洗和活化 SPE 萃取小柱(250 mg C18)，流速为 3.0 mL/min；然后 10～50 mL 水样以流速为 5.0 mL/min 流速通过 SPE 柱进行富集。以 Zorbax StableBond－C18(3.0×250 mm，5 μm)为液相色谱柱；以乙酸钠、乙腈作流动相，梯度淋洗(2 min)为乙酸钠/乙腈 90/10(V/V)，70 min 时改为 55/45，用紫外 UV245 nm 检测，流速为 0.35 mL/min，温度：40 ℃，进样体积为 1 μL。色谱图见图 5－12。

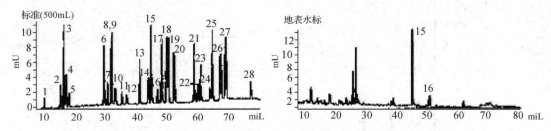

1－去异丙基莠去津；2－嗪草酮；3－非草隆；4－氯草敏；5－去乙基莠去津；6－甲氧隆；
7－双酰草胺；8－除草定；9－环嗪酮；10－西玛津；11－嗪草酮；12－Desethylterbutylazine；
13－Carbutilat；14－甲基苯噻隆；15－绿麦隆；16－莠去津；17－绿谷隆；18－敌草隆；
19－异丙隆；20－溴谷隆；21－吡唑草胺；22－炔草隆；23－扑灭津；24－恶唑隆；
25－特丁津；26－利谷隆；27－氯溴隆；28－枯草隆

图 5－12　饮用水中杀虫剂

5.5.3　绿茶提取物中的表没食子儿茶素 3－O－没食子酸酯的分析

绿茶经过提取后，以 Zorbax Stable Bond－C8(4.6×150 mm，3.5 μm)为液相色谱柱；以含 0.1％三氟乙酸的水：甲醇为 75：25 比例作为流动相，用紫外 UV280 nm 检测，流速为 1 mL/min，温度：40 ℃，进样体积为 5 μL。色谱图见图 5－13。

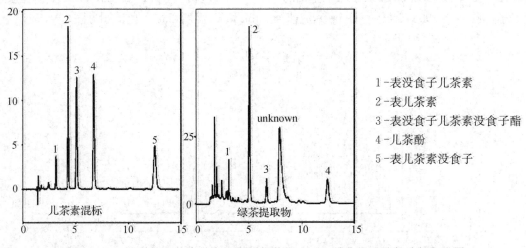

1－表没食子儿茶素
2－表儿茶素
3－表没食子儿茶素没食子酯
4－儿茶酚
5－表儿茶素没食子

图 5－13　绿茶提取物中的表没食子儿茶素 3－O－没食子酸酯的液相色谱图

5.5.4 三环类抗抑郁剂的分析

10 μL 抗抑郁剂化合物(10 μg/mL),以 Zorbax Eclipse XDB - C8(4.6×150 mm,5 μm)为液相色谱柱;以含 38/62 四氢呋喃/25 mM 磷酸钾(pH＝7)作为流动相,用紫外 UV 254 nm检测,流速为 1 mL/min,温度:23 ℃,色谱图见图 5 - 14。

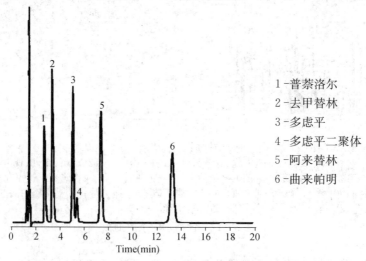

1-普萘洛尔
2-去甲替林
3-多虑平
4-多虑平二聚体
5-阿来替林
6-曲来帕明

图 5 - 14　三环类抗抑郁剂的液相色谱图

5.5.5 血清中的氧氟沙星的液相色谱分析

10 μL 氧氟沙星(115 ng/mL),以 Zorbax Stable Bond - CN(4.6×150 mm,5 μm)为液相色谱柱;以含 24％乙腈和 2 mmol/L 磺酸辛基钠的 116 mmol/L 磷酸钠(pH=2.8)作为流动相,用荧光检测器检测(E_x＝290 nm,E_m＝500 nm),流速为 1 mL/min,温度:23 ℃,色谱图见图 5 - 15。

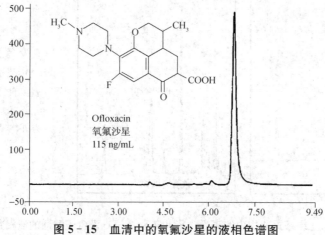

图 5 - 15　血清中的氧氟沙星的液相色谱图

5.5.6 超高效液相色谱技术及应用

超高效液相色谱技术是一种采用超高压系和小颗粒填料色谱柱的新型的液相色谱技术,可以显著改善检测灵敏度以及色谱峰的分离度,还能够大大缩短样品分析的周期。

超高效液相色谱技术比高效液相色谱技术具有更高的分析速度、检测灵敏度以及分离度。超高效液相色谱技术可以在高压下、更宽的线速度和流速下进行超高效的样品分离,可取得较好的成果。① 分离度的提高:分离度与微粒的粒径的平方根成反比,所以微粒的粒径小于 2 μm 甚至到 1.7 μm 时,超高效液相色谱技术使颗粒的柱效增高,发挥了 1.7 μm 颗粒的全部优越性。研究表明径度为 1.7 μm 的颗粒的色谱柱效比径度为 5 μm 的颗粒的色谱效柱提高了 3 倍,其分离度对应地提高了 70%。② 分析速度的提高:超高效液相色谱技术系统采用粒径为 1.7 μm 的颗粒,其色谱效柱柱长比粒径为 5 μm 的颗粒的柱长缩短了 3 倍,但其还保持柱效不变,这样就使样品的分离是在提高 3 倍的流速下进行,缩短了分离时间,但保持分离度不变。③ 检测灵敏度的提高:以往的样品应用各种高灵敏度的检测器进行检测可以提高其检测的灵敏度,而在超高效液相色谱技术领域主要是通过减少微粒的颗粒粒径,让微粒的色谱峰更加窄,使检测灵敏度得到相应的快速提高;超高效液相色谱技术也比高效液相色谱技术的分离度有很大提高,更加有利于样品化合物进行离子化,有助于与其样品的基质杂质进行分离,通过降低基质效应,提高检测灵敏度。

目前超高效液相色谱技术广泛应用于食品安全、动植物体成分分析、环境分析、药物开发、代谢组学等领域。

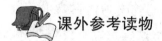
课外参考读物

[1] 蔡亚岐,江桂斌,牟世芬. 色谱在环境分析中的应用[M]. 北京:化学工业出版社,2009.

[2] 盛龙生,汤坚. 液相色谱质谱联用技术在食品和药品分析中的应用[M]. 北京:化学工业出版社,2008.

[3] 胡净宇,梅一飞,刘杰民. 色谱在材料分析中的应用[M]. 北京:化学工业出版社,2011.

参考文献

[1] 方惠群,余晓冬,史坚.仪器分析学习指导[M].北京:科学出版社,2003.

[2] 夏之宁.色谱分析法[M].重庆:重庆出版社,2012.

[3] 李克安.分析化学教程[M].北京:北京大学出版社,2009.

[4] 冯玉红.现代仪器分析实用教程[M].北京:北京大学出版社,2007.

[5] 田颂久.色谱在药物分析中的应用[M].北京:科学出版社,2006.

[6] 汪正范.色谱定性与定量[M].北京:化学工业出版社,2000.

[7] 韦进宝.环境分析化学[M].北京:化学工业出版社,2002.

[8] 杜一平.现代仪器分析方法[M].上海:华东理工大学出版社,2008.

[9] 张文清. 分离分析化学[M]. 上海:华东理工大学出版社,2006.
[10] 陈恒武. 分析化学简明教程[M]. 北京:高等教育出版社,2010.

习 题

1. 说明气相色谱与液相色谱在分离原理、仪器构造及应用范围上的异同点。

2. 说明高效液相色谱仪的流动相在使用前需过滤、脱气的原因。

3. 作为 HPLC 法中的流动相应具有哪些基本要求?

4. 高效液相色谱与气相色谱在进样技术上有何区别?

5. 说明高效液相色谱中梯度洗脱与气相色谱中程序升温的相异性。

6. 液相色谱的色谱柱为什么可在室温而非恒温条件下工作?

7. 色谱峰峰宽在液相色谱和气相色谱中受哪些因素影响?

8. 液相色谱有哪几种类型? 其保留机理是什么? 各适宜分离的物质是什么?

9. 液-液分配色谱采用正相色谱或反相色谱的目的是什么?

10. 何谓化学键合固定相? 其突出的优点是什么?

11. 何谓化学抑制型离子色谱及非抑制型离子色谱? 试述它们的基本原理。

12. 用液相色谱进行制备样品具有哪些优点?

13. 在毛细管中实现电泳分离有什么优点?

14. 采用高效液相色谱进行定量分析时哪种是比较精确的定量方法?

15. 用反相离子对色谱分离分析样品中的碘离子,你认为可行吗?

16. 在液-液色谱法中,何为正相液相色谱法? 何为反相液相色谱法?

17. 以 HPLC 法测定某妥布霉素地塞米松滴眼液中样品中妥布霉素和地塞米松的含量。称取内标物、妥布霉素和地塞米松对照品各 $0.200\ 0$ g,配成混合溶液,测得各色谱峰面积分别为 $3.60\ cm^2$、$3.43\ cm^2$ 和 $4.04\ cm^2$,再称取内标物 $0.240\ 0$ g 和样品 $0.856\ 0$ g,配成溶液,在相同条件下测得色谱峰面积分别为 $4.16\ cm^2$、$3.71\ cm^2$ 和 $4.54\ cm^2$。计算样品中妥布霉素和地塞米松的含量。

18. 用一根 2 m 长色谱柱将正柴胡饮颗粒中升麻素苷(A)和 $5-O$-甲基维斯阿米醇苷(B)组分分离,实验结果如下:

空气保留时间: 30 s　　　　　　　升麻素苷峰(A)保留时间: 230 s

$5-O$-甲基维斯阿米醇苷(B)峰保留时间: 250 s　　　　峰底宽: 25 s

求:色谱柱的理论塔板数 n;升麻素苷与 $5-O$-甲基维斯阿米醇苷各自的分配比;相对保留值 $r_{B,A}$;两峰的分离度 R;若将两峰完全分离,柱长应该是多少?

19. 有一液相色谱柱长 25 cm,流动相速度为 0.5 mL/min,流动相体积为 0.45 mL,固定相体积为 1.25 mL,现测得苯酚、对氯苯酚、邻氯苯酚、间氯苯酚芘四个组分(以 A、B、C、D 表示)的保留值及峰宽见下表。

组分	t_R(min)	W(min)
非滞留组分	4.0	
A	6.5	0.41
B	13.5	0.97

（续表）

组分	t_R(min)	W(min)
C	14.6	1.10
D	20.1	1.38

根据已知条件,试计算:

(1) 各组分容量因子;(2) 各组分 n、n_{eff} 值。

20. 分析对硝基苯酚中邻硝基苯酚含量时,采用内标法定量,已知样品量为 1.025 0 g,内标的量为 0.350 0 g,测量数据见下表。计算邻硝基苯酚含量。

组分	峰面积 A(cm²)	校正因子 f
邻硝基苯酚	2.5	1.0
内标	20.0	0.83

21. 液相色谱测定某奶粉中三聚氰胺的含量,称取 0.018 6 g 内标物加到 3.125 g 试样中进行色谱分析,测得三聚氰胺和内标物的峰面积分别是 135 mm² 和 162 mm²。已知三聚氰胺和内标物的相对校正因子分别为 0.55 和 0.58,计算试样中三聚氰胺的含量。

第6章 原子发射光谱法

☞ 码上学习

原子发射光谱法(atomic emission spectrometry,AES)是依据处于激发态的待测元素原子跃迁回到基态时发射的特征谱线对待测元素进行分析的方法。

原子发射光谱法可对约 70 种元素(金属元素及磷、硅、砷、碳、硼等非金属元素)进行分析。在一般情况下,用于 1% 以下含量的组分测定,检出限可达 $\mu g/g$ 级,精密度为 $\pm 10\%$ 左右,线性范围约 2 个数量级。随着电感耦合等离子体(ICP)光源、电荷耦合器件(CCD)等检测器件引入光谱仪器,可使某些元素的检出限降低至 $10^{-3}\sim 10^{-4}\mu g/g$,精密度达到 $\pm 1\%$ 以下,线性范围可达约 7 个数量级。

原子发射光谱法具有灵敏度高,选择性好,分析速度快,用样量少,能同时进行多元素的定性和定量分析等优点,原子发射光谱法已成为元素分析的最常用的手段之一,广泛应用于地质、冶金、生物、医药、食品、化工、核工业及环保等众多领域。

§6.1 原子发射光谱分析的基本原理

6.1.1 原子发射光谱的产生

当原子的外层电子受到外界热能、电能或光能等激发源的激发,将从基态跃迁到较高的能级上而处于激发态。处于激发态的外层电子不稳定,在极短的时间内(10^{-8}s)跃迁回基态或其他较低的能级上。以光的形式释放出多余的能量,从而产生发射光谱。谱线的波长可以表示为:

$$\lambda = hc/\Delta E \tag{6-1}$$

式中:ΔE 为跃迁前后两个能级的能量差;h 为普朗克常量;c 为光在真空中的速度。

在一定条件下,一种原子的电子可能在多种能级间跃迁,能辐射出不同波长或不同频率的光。利用分光仪将原子发射的特征光按频率排列,形成光谱,这就是原子发射光谱。

原子发射光谱具有以下基本特点:

(1)原子中外层电子在核外的能量分布是量子化的值,不是连续的,所以 ΔE 也是不连续的,因此,原子光谱是线光谱。

(2)同一原子中,电子能级很多,有各种不同的能级跃迁,所以有各种不同的 ΔE 值,即可以发射出许多不同频率 ν 或波长 λ 的辐射线。

（3）各种元素都有其特征光谱线,识别各元素的特征光谱线可以鉴定样品中元素的存在,这是光谱定性分析的基础。

（4）元素特征谱线的强度与样品中该元素的含量有确定的关系,所以可通过谱线的强度来确定元素在样品中的含量,这是光谱定量分析的基础。

6.1.2 谱线强度

谱线的强度是原子发射光谱的定量分析依据,因此,必须了解谱线强度与各影响因素之间的关系。

原子由某一激发态 j 返回基态或较低能级态 i 时,发射谱线的强度 I_{ij} 与激发态原子数成正比,即

$$I_{ij} = N_j A_{ij} h \nu_{ij} \qquad (6-2)$$

式中: A_{ij} 为两个能级间的跃迁几率; ν_{ij} 为发射线的频率; h 为普朗克常数; N_j 为单位体积内激发原子数。

若激发是处于热力学平衡状态下,单位体积内激发原子数 N_j 与基态原子数 N_0 之间遵守波尔兹曼(Boltzmann)分布定律:

$$N_j = N_0 \frac{g_j}{g_0} \mathrm{e}^{\frac{E_j}{kT}} \qquad (6-3)$$

式中: E_j 为激发电位; k 为波尔兹曼常数, $k = 1.38 \times 10^{-23} \mathrm{J \cdot K^{-1}}$; T 为激发温度(K); g_j/g_0 为激发态和基态统计权重之比。

将式(6-3)代入式(6-2)中,得到谱线强度为:

$$I_{ij} = \frac{g_j}{g_0} A_{ij} h \nu_{ij} N_0 \mathrm{e}^{\frac{E_j}{kT}} \qquad (6-4)$$

由式(6-4)可以看出,影响原子发射光谱强度的因素有:

（1）统计权重:谱线强度与激发态和基态的统计权重之比成正比。

（2）跃迁概率:谱线强度与跃迁概率成正比。跃迁概率是一个原子在单位时间内两个能级之间跃迁的概率,可通过实验数据计算。

（3）激发温度:温度升高,谱线强度增大。但温度升高,电离的原子数目也会增多,而相应的原子数减少,致使原子谱线强度减弱,离子的谱线强度增大。

（4）激发电位:不同元素的原子激发电位不同,是该元素发射谱线强度不同的内因,谱线强度与激发电位成负指数关系。在温度一定时,激发电位越高,处于该能量状态的原子数越少,谱线强度越小。激发电位最低的共振线通常是强度最大的线。

（5）基态原子数:原子谱线强度与基态原子数成正比。在一定的条件下,基态原子数与

试样中该元素浓度成正比。当激发能和激发温度一定,谱线强度 I 与试样中被测元素的浓度 c 的关系为:

$$I = ac^b$$

式中,a 是与谱线性质、实验条件有关的常数。低浓度时,$b=1$ 无自吸现象,谱线强度 I 与试样中被测元素的浓度 c 成正比;浓度较大时,由于自吸现象的存在,$b \neq 1$。

6.1.3　原子发射光谱的基本概念

1. 激发能和电离能

原子外层电子由低能级跃迁到高能级所需要的能量称为激发能,以电子伏特(eV)表示。

如果原子的外层电子获得足够大的能量,将会脱离原子,此现象称为电离。原子失去一个电子称为一级电离,失去两个电子称为二级电离,以此类推。使原子电离所需要的最小能量称为电离能,以 eV 表示。

2. 原子线和离子线

原子外层电子吸收激发能后产生的线称为原子线,用罗马数字 Ⅰ 表示。如 Ca(Ⅰ)422.67 nm 为钙的原子线。

离子的外层电子从高能级跃迁到低能级时所发射的谱线称为离子线,每条离子线都有相应的激发能,离子线激发能的大小与离子的电离能无关。同样道理,原子的激发能大小与原子的电离能也不同。通常用 Ⅱ 表示一级电离线,用 Ⅲ 表示二级电离线,如 Ca(Ⅱ)396.85 nm 和 Ca(Ⅲ)376.16 nm 分别为钙的一级电离线和二级电离线。

3. 共振线

原子中外层电子从基态被激发到激发态后,由该激发态跃迁回基态所发射出来的辐射线,称为共振线。而由最低激发态(第一激发态)跃迁回基态所发射的辐射线,称为第一共振线,也叫主谱线。有时也把第一共振线称为共振线。共振线具有最小的激发电位,因此最容易被激发,一般是该元素最强的谱线。

4. 灵敏线和分析线

光谱图上出现谱线的数目与样品中被测元素的含量有关系。样品中元素含量逐渐减少,谱线强度将逐渐降低。当元素含量很少时,最后消失的谱线称为最后线或最灵敏线。最后线通常是元素谱线中最易激发或激发能较低的谱线,如元素的第一共振线。各元素最后谱线的波长,可从专门的元素光谱波长表中查得。由于工作条件不同和存在自吸收,元素的最后线不一定就是最强的线。

对于每种元素,可选择一条或几条谱线作为定性或定量测定所用的谱线,这种谱线称为分析线。

5. 自吸和自蚀

从光源中辐射出来的谱线,主要从温度较高的发光区域的中心发射出来。在发光蒸气云的一定体积内,温度和原子密度分布不均匀,一般边缘部分温度较低,原子多处于较低能级,当由光源中心某元素发射出的特征光向外辐射通过温度较低的边缘部分时,就会被处于低能级的同种原子所吸收,使谱线中心发射强度减弱,称为自吸现象。在自吸很严重的情况下,会使原来表现为一条的谱线变成双线形状,这种严重的自吸也称作自蚀。如图 6-1 所示为发生自吸和自蚀时的谱线轮廓变化。因此,有时最后线

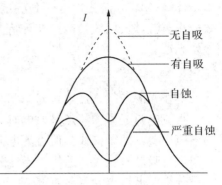

图 6-1　自吸和自蚀谱线的示意图

不一定是实际的灵敏线,只有在元素含量较低时,自吸效应很小,最后线才是灵敏线。

【例 6-1】　Pb 的某些分析线及激发能如下表。若测定水中痕量 Pb 应选用哪条谱线? 当水试样中 Pb 含量为 1‰左右时,是否仍选用此谱线? 说明理由。

谱线波长/nm	283.31	280.20	287.32	266.32	239.38
激发能/eV	4.37	5.47	563	5.97	6.50

解　从上列数据可知,谱线波长为 283.31 nm 的谱线激发能最低,由此判断此谱线为共振线和灵敏线,若测定水中痕量 Pb 应选用谱线波长为 283.31 nm 的谱线作为分析线。

当水试样中 Pb 含量为 1‰左右时,不能选用此谱线。这是因为当被测元素 Pb 的含量为 1‰时,元素浓度较大,此谱线自吸和自蚀严重,灵敏度降低,不宜作分析线。

§6.2　光谱分析仪

原子发射光谱仪主要由光源和光谱仪两部分组成。

6.2.1　光源

在原子发射光谱仪中,光源对试样具有两个作用过程。首先将试样中的组分蒸发解离为气态原子,然后使这些气态原子激发,使之产生特征光谱。因此光源的主要作用是提供试样蒸发、原子化和激发所需的能量,它的性能影响着谱线的数目和强度。因此,通常要求光源的灵敏度高,稳定性和再现性强,谱线背景低,适应范围广。在分析具体试样时,应根据分析的元素和对灵敏度及精确度的要求选择适当的光源。

目前常用的光源是直流电弧、交流电弧、高压火花、电感耦合等离子体(ICP)、微波诱导离子体等(MIP)、辉光放电(GD)和激光光源等。与其他光源相比,ICP 具有稳定性好、基体效应小、检出限低、线性范围宽等特点而被广泛应用,目前已被公认为最有活力、前途广阔的激发光源。

1. 电弧光源

电弧光源包括直流电弧光源和交流电弧光源,它们的工作原理基本上相同。

直流电弧光源的特点是放电时电极温度高,有利于试样蒸发,分析的灵敏度高,所产生的谱线主要是原子谱线。但直流电弧激发时,放电不稳定,弧光游移不定,再现性差,谱线容易产生自吸。直流电弧适用于定性分析及矿物难熔物中低含量组分的半定量测定,不适应定量分析及低熔点元素分析。

交流电弧电流具有脉冲性,电流密度比直流电弧大,因此电弧温度高,激发能力强,电弧稳定性好,分析的重现性与精密度比较好,适于定量分析。不过交流电弧放电的间隙性导致电极温度较低,蒸发能力略低。

电弧系统使用两支上下相对的碳电极对(图 6-2),电极对间具有一定的分析间隙(或放电间隙),将供电电源施加在电极对上,一般在下电极上车一个凹槽放置待测样品,用专门设计的电路引燃电弧,产生热电子发射,在电场作用下电子高速通过分析间隙射向两极。在分析间隙里,电子又会和分子、原子、离子等碰撞,使气体电离。电离产生的阳离子高速射向两极,又会引起两极间二次电子发射,同时也可使气体电离。这样反复进行,电流持续,电弧不灭。

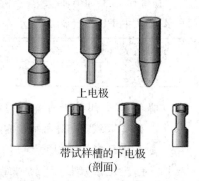

上电极

带试样槽的下电极
(剖面)

图 6-2 电极的形状(剖面)

电弧光源引入样品的方法依样品的性质而定。对于固体试样、金属与合金本身能导电,可直接做成电极,称为自电极,如炼钢厂的钢铁分析。对于金属箔或丝,可将其置于石墨或碳电极中。对于粉末试样,通常放入制成各种形状的小孔或杯形电极中,作为下电极。

2. 火花光源

火花光源工作原理是在通常气压下,利用电容的充放电在两电极间周期性地加上高电压,达到击穿电压时,在两极间尖端迅速放电,产生电火花。放电沿着狭窄的发光通道进行,并伴随着有爆裂声。火花光源的供电输入为 220 V 交流电压,经变压器升压至 8 000～12 000 V 高压,通过扼流圈向电容器充电。由此火花光源又称为高压火花光源。高压火花光源的特点是,在放电一瞬间释放出很大的能量,放电间隙电流密度很高,因此温度很高,可达 10 000 K 以上,具有很强的激发能力,一些难激发的元素可被激发,但大多为离子线。放电稳定性好,因此重现性好,适宜做定量分析。但是由于放电瞬间完成,有明显充电间歇,所以电极温度较低,放电通道窄,不利于样品蒸发和原子化,灵敏度较差。适宜做较高含量的分析。但间歇放电、放电通道窄有利于试样的导入。

3. 电感耦合高频等离子体(ICP)光源

等离子体是一种电离度大于 0.1% 的电离气体,由电子、离子、原子和分子组成而整体呈现电中性。电感耦合等离子体(ICP)光源是指高频电能通过电感(感应线圈)耦合到等离子体所得到的外观上类似火焰的高频放电光源。等离子体光源除电感耦合高频等离子体外,还有直流等离子体(DCP)和微波诱导等离子体(MIP)等。

(1) ICP 的结构

ICP 装置原理见图 6-3。它是由高频发生器和高频感应线圈、等离子体炬管和供气系统、雾化器及试样引入系统三部分组成。

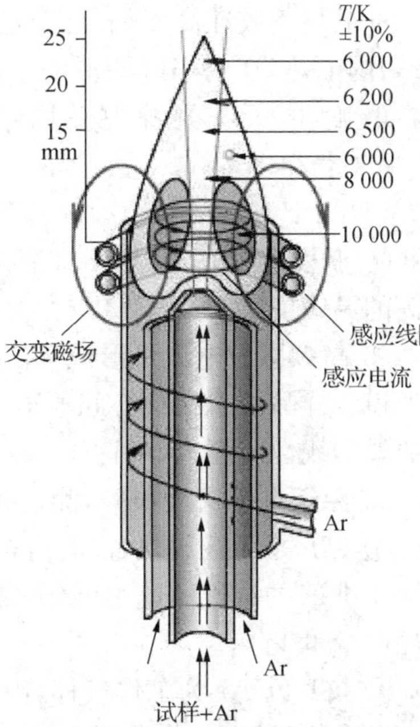

高频发生器的作用是产生高频磁场以供给等离子体能量,频率大多在 27 MHz～50 MHz,最大输出功率通常是 2 kW～4 kW。感应圈一般是以圆形或方形铜管绕成的 2～5 匝水冷线圈。

等离子体炬管由三层同轴石英管组成,最外层石英管通冷却气(Ar 气),沿切线方向引入,并螺旋上升,目的是将等离子体吹离外层石英管的内壁,可保护石英管不被烧毁;利用离心作用在炬管中心产生低气压通道,以利于引入样品溶液。同时,这部分 Ar 气也参与放电过程。中层石英管做成喇叭形,通入 Ar 气(工作气体),起维持等离子体的作用。内层石英管内径为 1～2 mm 左右,以 Ar 为载气,把经过雾化器的试样溶液以气溶胶形式引入等离子体中。

三层同轴石英炬管放在高频感应线圈内,感应线圈与高频发生器连接。

图 6-3　ICP 装置示意图

(2) ICP 的形成

当感应线圈与高频发生器接通时,高频电流通过负载线圈,并在炬管的轴线方向产生一个高频磁场,管外的磁场方向为椭圆形。此时向矩管外管的内切线方向通入冷却气 Ar,中层管内轴向通入辅助气体 Ar,并用一感应线圈产生电火花引燃,管内气体就会有少量电离而产生电离粒子。当这些电离粒子多至足以使气体有足够的导电率时,在垂直于磁场方向的截面上产生环形涡电流。这股几百安培的环形涡流瞬间就将气体加热到近万度的高温,并在管口形成一个火炬状的稳定的等离子炬。

（3）ICP 的温度分布

电感耦合高频等离子体（ICP）光源外观像火焰，但它不是化学燃烧火焰而是气体放电。它分为馅心区、内焰区和尾焰区三个区域，如图 6-4 所示。焰心区温度最高达 10 000 K，试样气溶胶在此区域被预热和蒸发。内焰区温度为 6 000 ～8 000 K，试样在此被原子化和激发发射光谱。尾焰区温度低于 6 000 K，只能发射激发电位较低的谱线。

样品气溶胶在高温焰心区经历了较长时间（约 2 ms）的加热，在内焰区的平均停留时间约为 1 ms。比在电弧、电火花光源中平均停留时间（10^{-2} ～ 10^{-3} ms）长得多。

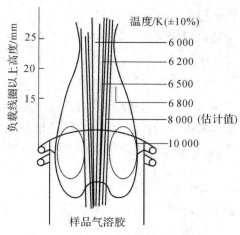

图 6-4 ICP 光源不同部位的温度

（4）ICP 光源的特点

① 激发温度高，有利于难溶化合物的分解和难激发元素的激发，因此对大多数元素有很高的灵敏度。

② 高频感应电流可形成环流，进而形成一个环形加热区，其中心是一个温度较低的中心通道。样品集中在中心间通道，外围没有低温的吸收层，因此自吸和自蚀效应小，分析校正曲线的线性范围大，可达 4～6 个数量级。

③ 由于电子密度很高，测定碱金属时，电离干扰很小。

④ ICP 是无极放电，没有电极污染。

⑤ ICP 的载气流速很低（通常 0.5～2 L/min），有利于试样在中央通道中充分激发，而且耗样量也少。

⑥ ICP 以 Ar 为工作气体，由此产生的光谱背景干扰较少。

以上这些特点，使得 ICP 具有灵敏度高，检测限低（10^{-9} ～ 10^{-11} g/L），精密度好（相对标准偏差一般为 0.5％～2％），工作曲线线性范围宽。此光源可用于测定周期表中绝大多数元素（70 多种），并可对高含量（百分之几十）元素进行测定。

4. 激光微探针

激光是一种高强度、高单色性的光。以它作为光源照射到试样表面时，其局部温度可达到 10 000 K 以上，足以把微小区域内任何物质蒸发，使微克量级的物质原子化，形成（微区）等离子体，如图 6-5 所示。

蒸发的试样通过两电极间隙时，电极放电将试样激发，产生的光谱由光谱仪测定。显微镜将一束高强度的脉冲激光束聚焦在一个直径约 10～50 μm 的微小区域内，激光照射在两电极之间，电极放在试

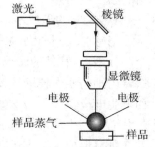

图 6-5 激光微探针

样表面上方约 25 μm 处。

5. 光源的选择

光源的选择应根据试样的性质(如挥发性、电离电位等)、试样的形状(如块状、粉末状等)、含量以及不同类型光源的蒸发温度、激发温度和放电稳定性来进行。几种常见光源的性质和应用见表 6 - 1。

表 6 - 1 常见光源性能比较

光源	蒸发温度/K	激发温度/K	放电稳定性	应用范围
直流电弧	800～3 800	4 000～7 000	较差	难挥发元素的定性、半定量及低含量杂质的定量分析
交流电弧	比直流电弧低	4 000～7 000	较好	矿物、低含量金属定性、定量分析
高压电火花	比交流电弧低	瞬间 10 000	好	易熔金属合金试样的分析、高含量元素的定量分析、难激发元素的测定
ICP	很高	6 000～8 000	很好	溶液定量分析

6.2.2 光谱仪

光谱仪包括分光系统和检测系统。它将光源发射的电磁辐射经色散后,得到按波长顺序排列的光谱,并对不同波长的辐射进行检测与记录。

光谱仪按照分光系统使用的色散元件不同,分为棱镜光谱仪和光栅光谱仪。按照光谱检测与记录方法的不同,主要分为摄谱法和光电检测法。摄谱法是原子发射光谱分析中较早使用的一种方法。近年来,由于光二极管阵列检测器的出现,使光电检测法也得到快速发展。直接利用光电检测系统将谱线的光信号转换为电信号,并通过计算机处理、打印分析结果的光谱仪器称为光电直读光谱仪。摄谱法正逐步被光电直读光谱仪所取代。

1. 分光系统

分光系统的作用是将试样中待测元素的激发态原子(或离子)所发射的特征光经分光后,得到按波长顺序排列的光谱,以便进行定性和定量分析。目前常用的分光系统有棱镜和光栅分光系统两种。

(1) 棱镜分光系统

棱镜分光系统以棱镜为色散元件。利用棱镜对不同波长的光有不同的折射率,这样复合光便被分解为各种单色光,从而达到分光的目的。其光学系统是由照明系统、准光系统、色散系统及记录系统四部分组成,如图 6 - 6 所示。

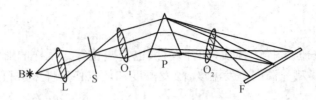

图6-6 棱镜分光系统的光路图

由光源 B 来的光经透镜 L 聚焦在入射狭缝 S 上。狭缝的宽度可以调节,经狭缝入射的光由准光镜 O_1 变成平行光束,然后投射到棱镜 P 上。波长短的光折射率大,波长长的光折射率小,经棱镜色散以后按波长顺序分开,不同波长的光由物镜 O_2 分别聚焦在感光板 F 上的不同部位,于是便得到按波长展开的光谱。

棱镜的色散能力可用色散率、分辨率两个指标来表征:

色散率——指把不同波长的光分散开的能力,通常以倒线色散率来表示: $d\lambda/dl$,即谱片上每 1 mm 的距离内相应波长数(单位为 nm)。$d\lambda/dl$ 值越大,色散率越小。

分辨率——指摄谱仪的光学系统能够正确分辨出紧邻两条谱线的能力。用两条恰好可以分辨开的光谱波长的平均值 λ 与其波长差 $\Delta\lambda$ 之比值来表示,即

$$R = \lambda/\Delta\lambda$$

通常,检查仪器的分辨率以能否分开 Fe 310.067 nm、310.037 nm 和 309.997 nm 的三条谱线来评价:

$$R = \lambda/\Delta\lambda = 310.0/0.030 > 10\ 000$$

即分辨率大于 10 000 时才能将此三条线分开。

(2) 光栅分光系统

光栅分光系统以光栅作为色散元件,利用光的衍射现象进行分光。光栅可分为平面光栅和凹面光栅,凹面光栅常用于光电直读式光谱仪,而在摄谱仪中常用平面光栅。图 6-7 是平面光栅分光系统光路示意图。

试样被光源 B 激发后发射的光,经过三透镜 L 由狭缝 S 经平面反射镜 P_1 折向球面反射镜 M 下方的准直镜 O_1,经准直镜 O_1 反射以平行光束投射到光栅 G 上,由光栅分光后的光束经球面反射镜 M 上方的成像物镜 O_2,最后按波长排列聚焦于感光板 F 上,旋转光栅转台 D 改变光栅的入射角,便可改变所需的波段范围和光谱级次,P_2 为二次衍射反射镜,衍射(由光栅 G)到它表面上的光线被反射回

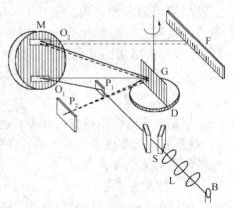

图6-7 平面光栅分光系统光路图

光栅,被光栅再分光一次,然后到成像物镜 O$_2$,最后聚焦成像在一次衍射光谱下面 5 mm 处。这样经过两次衍射的光谱,其色散率和分辨率比一次衍射的大一倍。为了避免一次衍射光谱与二次衍射光谱相互干扰,在暗盒前设有光阑,可将一次衍射光谱滤掉。在不用二次衍射时,可在仪器面板上转动手轮,使挡板将二次衍射反射镜挡住。

光栅的色散率常用线色散率 dl/dλ 来表示:

$$dl/d\lambda = \frac{Kf}{d\cos\beta}$$

式中:f 为投影物镜的焦距;K 为光谱级数;d 为光栅常数;β 为衍射角。

光栅光谱仪的分辨率 R 为:

$$R = \lambda/\Delta\lambda = KN$$

式中:K 为光谱级数;N 为光栅的总刻数。

光栅的线色散率和分辨率都比棱镜高得多,并且在同一级光谱中,不同波长光的线色散率几乎是相等的,因此光栅光谱是匀排光谱。光栅和棱镜的分光特征如图 6-8 所示。

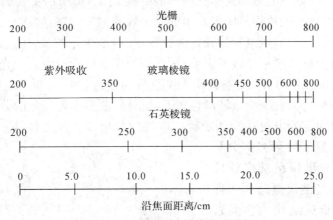

图 6-8　光栅和棱镜的分光特征

2. 检测系统

检测系统的作用是将原子的发射光谱记录或检测出来,以进行定性或定量分析。原子发射光谱的检测方法主要分为摄谱法和光电检测法两类。

(1) 摄谱法

摄谱法是把感光板作为检测器,置于分光系统的焦平面处,通过摄谱、显影、定影等一系列操作,把分光后得到的光谱记录和显示在感光板上,然后通过映谱仪放大,同标准图谱比较或通过比长计测定待测谱线的波长,进行定性分析;通过测微光度计测量谱线强度(黑度),进行定量分析。

（2）光电检测法

光电检测法是将光电转化器件作为检测器,利用光电效应将光能转化为电信号进行检测。该检测器主要有两类:一类是光电发射器件,如光电管和光电倍增管;另一类是半导体光电器件,如光电二极管阵列检测器、电荷注入器件(CID)、电荷耦合器件(CCD)。

① 光电倍增管

光电倍增管既是光电转换元件,又是电流放大元件,其结构见图6-9。

光电倍增管的外壳由玻璃或石英制成,内部抽真空,阴极涂有能发射电子的光敏物质,如Sb-Cs 或 Ag-O-Cs 等,在阴极 C 和阳极 A 间装有一系列次级电子发射极,即电子倍增极 D_1、D_2 等。阴极 C 和阳极 A 之间加有约 1 000 V 的直流电压,当辐射光子撞击光阴极 C

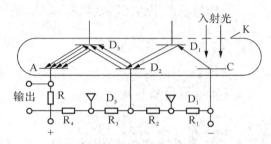

图 6-9　光电倍增管的工作原理

时发射光电子,该光电子被电场加速落在第一倍增极 D_1 上,撞击出更多的二次电子,依次类推,阳极最后收集到的电子数将是阴极发出的电子数的 $10^5 \sim 10^8$ 倍。

利用光电倍增管一类的光电转换器作为检测器,连接在分光系统的出口狭缝处(代替感光板),通过一套电子系统测量谱线的强度,所使用的仪器称为光电直读光谱仪。

按照出射狭缝的工作方式,光电直读光谱仪分为单道扫描式和多道固定狭缝式两类。单道扫描式仪器用移动出射狭缝或转动色散元件扫描,测定不定数量的分析线;多道固定狭缝式仪器带有多个固定的出射狭缝测定确定数量的分析线。这类仪器主要使用 ICP 作为激发光源。目前在原子发射光谱分析中,ICP 光电直读光谱仪已被广泛使用。多道光电直读光谱仪更适用于样品数量大、要求分析速度快的多元素同时测定。一般多通光电直读光谱仪采用凹面光栅。

多通光电直读光谱仪安装多个(20~70 个)固定的出射狭缝和光电管,可接收多种元素的谱线进行多元素测定。图 6-10 为多通光电直读光谱仪示意图。从光源 ICP 炬管(电弧/火花光源)发出的待测元素光辐射经入射狭缝投射到凹面光栅(既起色散作用,又起聚焦作用)上,经色散后不

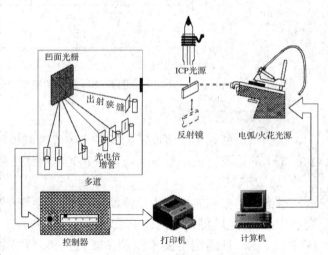

图 6-10　多通道光度直读光谱仪示意图

同波长的光分别聚焦在预先设定的、排在罗兰(Rowland)圆上的不同的出射狭缝上,然后由反射镜反射至各自对应的光电倍增管上进行检测。全部过程除进样外都由计算机自动控制。

光电检测系统的优点是检测速度快、灵敏度高、准确度高(相对误差约为 1%),适用于较宽的波长范围;光电倍增管对信号放大能力强,对强弱不同的谱线可用不同的放大倍率,线性范围宽,特别适用于样品中多种含量范围差别很大的元素同时进行分析。缺点是出射狭缝和能分析的元素固定,改换分析线和增加分析元素都有困难;仪器昂贵,对环境的要求较高,运转维护费用高。

② 半导体光电器件

在半导体光电器件中,光电二极管阵列检测器应用较多。

光电二极管阵列检测器是将光电二极管阵列(按线性排列的光电二极管的集合)与扫描驱动电路(按一定规律断通的多路开关)集成在同一硅片上的多通道光谱检测器。每个光电二极管和一个电容并联。当光照射到阵列上时,受光照射的二极管产生光电流贮存在电容器中,产生的光电流与光强度成正比。通过集成的数字移位寄存器,扫描电路顺序读出各个电容器上产生的电荷。与光电倍增管相比,光电二极管阵列的优越性不仅是测量速度快,而且可以同时测量多个光信号。

与二极管阵列一样,电荷注入阵列和电荷耦合阵列检测器都是固态检测器,当它受到光照射时,通过光电效应产生电荷,在芯片表面产生电荷,在芯片表面施加一定电位使其产生可贮存电荷的分立势阱,这些势阱在半导体芯片上由几十万个点阵构成一个检测阵列,每个点阵(感光点)相当一个光电倍增管,可在电荷积累的同时不经转变地进行电荷测量。这个点阵在将试样中所有元素在 165~800 nm 波长范围内的谱线记录下来并同时进行测定。用这种检测器的光谱仪,可获得二维光学信息,因此具有特别的价值和发展潜力。

图 6-11 是光电直读等离子体发射光谱仪示意图。该仪器采用电荷注入阵列检测器,它的工作原理是光电效应。在 28 mm×28 mm 硅型金属-氧化物-半导体(MOS)芯片上共有 512×512(26.2万)个感光点构成一个检查阵列,将这个阵列放在单色仪的焦面上,每个点阵对应于相应的波长,不必转动单色仪便可将试样中所有元素的全谱记录下来并同时进行测定。

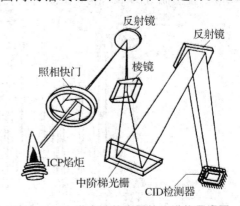

图 6-11　全谱直读等离子体光谱仪示意图

§6.3 光谱分析方法

6.3.1 光谱定性分析方法

光谱定性分析就是根据试样中各元素原子所发射的特征光谱是否出现,来判断试样中该元素存在与否。

定性分析的主要方法有标准光谱比较法、铁光谱比较法。用光电直读法可直接确定元素的含量及存在。

1. 标准光谱比较法

若只需鉴定少数几种元素,且这几种元素的纯物质比较容易获得,可采用标准光谱比较法。将待查的纯物质、样品与铁一并摄谱于同一感光板上,用这些元素纯物质所出现的谱线与样品中所出现的谱线对比,如果样品中有谱线与元素纯物质光谱的谱线在同一波长位置,表明样品中存在此元素。

2. 铁光谱比较法

铁元素的光谱谱线很多,在 $210\sim660$ nm 波长范围内,大约有 4 600 条谱线,其中每条谱线的波长,都已做了精确的测定,载于谱线表内。所以用铁的光谱线作为波长的标尺是很适宜的。

元素标准光谱图就是将各个元素的分析线按波长位置标插在放大 20 倍的铁光谱图的相应位置上制成的。标准光谱图由波长标尺、铁光谱和元素灵敏线及特征谱线三部分组成,如图 6-12 所示。

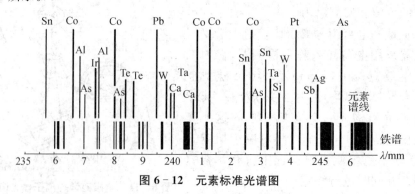

图 6-12 元素标准光谱图

在进行定性分析时,将试样和纯铁并列摄谱。只要在映谱仪上观察所得谱片,使元素标准光谱图上的铁光谱谱线与谱片上摄取的铁谱线相重合,如果试样中未知元素的谱线与标准光谱图中已标明的某元素谱线出现的位置相重合,则该元素就有存在的可能。

6.3.2　光谱半定量分析方法

当分析准确度要求不高,又要求简便快速时(如矿石品位的估计、钢材和合金的分类、为化学分析提供被测元素的大致含量等),可进行光谱定性分析的同时指出所含元素的大致含量(半定量分析)。

光谱半定量分析主要用于摄谱法,通常采用谱线强度比较法。在相同的实验条件下,把试样与一系列不同含量的标准样品摄谱在同一感光板上,然后将摄得的谱片置于光谱投影仪上,目测两者的灵敏线的黑度,由此得出试样中被测成分的含量。

6.3.3　光谱定量分析方法

原子发射光谱定量分析是根据被测元素谱线强度,来确定元素的浓度。在摄谱法中是用测微光度计测量谱线的黑度来测定谱线强度。光电直读法可用于直接测量谱线的强度,也可由计算机直接给出元素的含量。

1. 定量分析原理

(1) 赛伯-罗马金公式

实验证明,在大多数情况下,谱线强度 I 与元素含量 c 符合赛伯-罗马金公式,即

$$I = ac^b \tag{6-5}$$

式中 a 和 b 是两个常数。a 是与试样蒸发、激发过程以及试样组成有关的一个参数。b 为自吸系数,与谱线的自吸收现象有关。b 随浓度 c 增加而减小,当浓度较高时,$b<1$;而当浓度很小无自吸时,$b=1$。

对式(6-5)取对数,得:

$$\lg I = b\lg c + \lg a \tag{6-6}$$

式(6-6)为原子发射光谱法定量分析的基本关系式。它表明,以 $\lg I$ 对 $\lg c$ 作图,所得的曲线在一定范围内为一直线,如图 6-13 所示。图中曲线的斜率为 b,在纵轴上的截距为 $\lg a$。由图可见,当试样浓度较高时,由于 b 不是常数,所以工作曲线发生弯曲。

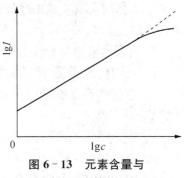

图 6-13　元素含量与谱线强度的关系

由于 a 和 b 随被测元素含量和实验条件(蒸发、激发条件,取样量,感光板特性,显影条件等)的改变而变化,这种变化在光谱分析中往往是难以避免的。因此,要根据谱线的绝对强度进行定量分析,往往得不到准确的结果。所以,实际光谱分析中,常采用一种相对的方法,即内标法,来消除工作条件的变化对测定的影响。

（2）内标法

内标法是以测量谱线的相对强度来进行光谱定量分析的方法。测量时,选择一条分析线和一条内标线组成分析线对,以分析线和内标线的强度比（即相对强度）对被测元素的含量绘制工作曲线进行光谱定量。提供内标线的元素称为内标元素。内标元素可以是基体元素,也可以是外加一定量的其他元素。这种方法可以很大程度上消除上述不稳定因素对测量结果的影响。

设被测元素浓度与内标元素浓度分别为 c_1 和 c_2,对应的分析线和内标线强度分别为 I_1 和 I_2,分析线和内标线的自吸系数分别为 b_1 和 b_2,根据式（6-5）可得:

$$I_1 = a_1 c_1^{b_1}$$

$$I_2 = a_2 c_2^{b_2}$$

分析线与内标线强度之比 R 称为相对强度,则

$$R = \frac{I_1}{I_2} = \frac{a_1 c_1^{b_1}}{a_2 c_2^{b_2}} \tag{6-7}$$

当内标元素含量为一定值,且无自吸,则 c_2 和 b_2 为常数;此时,若实验条件一定时,令 $\frac{a_1}{a_2 c_2^{b_2}} = A$ 为常数,则

$$R = \frac{I_1}{I_2} = A c_1^{b_1} \tag{6-8}$$

将 c_1 改写为 c,并取对数得:

$$\lg R = \lg \frac{I_1}{I_2} = b \lg c + \lg A \tag{6-9}$$

式（6-9）为内标法的基本公式。以 $\lg R$ 对 $\lg c$ 所作的曲线即为相应的工作曲线,其形状与图 6-13 相同。只要测出谱线的相对强度 R,便可从相应的工作曲线上求得试样中欲测元素的含量。

对内标元素和分析线对的选择应遵循以下原则:

① 若内标元素是外加的,在分析试样中,该元素的含量极微或不存在;

② 要选择激发电位相同或接近的分析线对,若选用离子线组成分析线对,还要求电离电位也相同;

③ 两条谱线的波长和强度应接近;

④ 所选用的谱线应不受其他元素谱线的干扰,也不应是自吸收严重的谱线;

⑤ 内标元素与分析元素的挥发率（沸点、化学活性及相对原子质量）应相近。

2. 光谱定量分析方法

在原子发射光谱分析中,常用的定量分析方法有三标准试样法和标准加入法。

（1）三标准试样法

三标准试样法，即工作曲线法。在确定的分析条件下，用三个或三个以上含有不同浓度被测元素的标准样品与试样，在相同条件下激发产生光谱，以分析线对强度 R 或 $\lg R$ 对浓度 c 或 $\lg c$ 作标准曲线。

如摄谱法以各试样中分析线对的黑度差 ΔS 对各标样浓度的 $\lg c$ 绘制工作曲线：

$$\Delta S = \gamma b \lg c + \gamma \lg A \tag{6-10}$$

再由试样的分析线对的黑度差值，从标准曲线上查出试样中被测元素的含量。

采用光电直读法时，测定分析线和内标线的电压值 U 和 U_r，绘制 $\lg(U/U_r)$-$\lg c$ 的标准曲线，求得被测元素含量。这些工作由计算机自动完成。

三标准试样法在很大程度上消除了测定条件的影响，因此实际工作中应用较多。

【例 6-2】　铜合金中锌的测定。选取 4 个已知锌含量的标准样品，每个样品摄谱三次。选 Zn 330.3 nm 为分析线，Cu 330.8 nm 为内标线，测得下列数值：

标准样品编号	Zn 含量/%	$\Delta S = S_{Zn} - S_{Cu}$	ΔS 平均值
1	3.8	$-0.52, -0.54, -0.56$	-0.54
2	4.9	$-0.43, -0.43, -0.45$	-0.44
3	6.9	$-0.25, -0.25, -0.32$	-0.27
4	8.9	$-0.18, -0.12, -0.12$	-0.14

在相同的实验条件下，测得未知样品的 ΔS 平均值为 -0.2。计算铜合金中锌的含量。

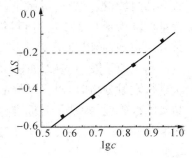

解　根据题给实验条件，以 ΔS 平均值对 $\lg c$ 作图，得校正曲线，见右图。从校正曲线上查得未知样品对应的 $\lg c = 0.90$，即铜合金中锌的含量为 7.9%。

（2）标准加入法

标准加入法，又称增量法。当测定低含量元素时，找不到合适的基体来配制标准试样时，可以在试样中加入不同浓度的被测元素的标准溶液来测定试样中的被测元素的含量，这种方法称为标准加入法。

设试样中被测元素含量为 c_x，在几份试样中分别加入不同浓度 $c_1, c_2, c_3, \cdots, c_i$ 的被测元素；在同一实验条件下，激发光谱，然后测量试样与不同加入量样品分析线对的强度比 R。在被测元素浓度低时，自吸系数 $b=1$，分析线对强度比 R-c 图为一直线，如图 6-14，将直线外推，与横坐

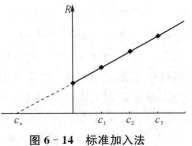

图 6-14　标准加入法

标相交,横坐标截距的绝对值即为试样中待测元素含量 c_x。

根据内标法的基本公式:

$$R = I/I_1 = Ac^b$$

当 $b=1$ 时,$R=A(c_x+c_i)$;

当 $R=0$ 时,有 $c_x=-c_i$。

§6.4 应 用

原子发射光谱分析包括定性分析和定量分析。在合适的实验条件,利用元素的特征谱线可以确定试样中存在何种元素,光谱定性分析速度快,操作简便,灵敏度高,它是一种很可靠的方法。在元素周期表中,有 70 余种元素可被不同类型的激发光源所激发,许多元素还可以同时被激发。因此,利用原子发射光谱分析进行定性鉴定是比较容易的,这也正是发射光谱分析的突出应用。

原子发射光谱进行定量分析,在许多情况下,不需要把欲分析元素从基体元素中分离出来,而且一次可以在一份试样中同时测定多种元素的含量。对于一些化学性质相近的元素,特别是稀土元素之间,用一般化学分析很难对其分别测定,往往只能测定其总量,而利用发射光谱分析能比较容易地进行各元素的单独测定。另外,发射光谱定量分析时,试样消耗量很小,并具有很高分析灵敏度,这对某些部门的特殊需要是很合适的。发射光谱分析可测的含量范围为从 0.000 1% 到百分之几十,但含量超过 10% 时,要使分析结果具有足够准确度是有困难的,所以原子发射光谱分析更适宜于做低含量及微量元素的分析。

利用原子发射光谱法还不能分析有机物和大部分非金属元素。在采用电弧光源、摄谱法进行定量分析时,对标准样品、感光板、显影条件等都有严格的要求,否则会严重影响分析结果的准确性,特别是对标准样品的要求很高,分析不同的样品时,必须有与之严格配套的标准样品。因此,这类发射光谱定量分析不宜用来分析个别试样,而适用于经常性的批量的试样分析。

原子发射光谱分析应用广泛。在冶金工业中,它可以分析矿物原料、半成品和成品等试样,为控制冶炼过程、鉴定产品质量提供数据。在核工业中,对于铀矿的普查勘探,发射光谱分析是一种不可缺少的手段。它可以解决地质调查、普查找矿和勘探评价阶段的许多分析问题。在环境保护工作中,利用发射光谱分析可以准确提供工业污染的有关资料,为整治环境提供依据。近年来,由于 ICP 等新型激发源的普及和发展,以及计算机技术的广泛应用,使得原子发射光谱分析更加广泛地应用于各个领域。

(1) 火花放电原子发射光谱法测定不锈钢中碳、硅、锰、磷、铁、铬、镍、钼、铝、铜、钨、钛、铌、钒、钴、硼、砷、锡、铅等多种元素的含量(GB/T 11170—2008)。

不锈钢不容易生锈与其成分有很大的关系。不锈钢的成分中除了铁外,还有铬、镍、铝、硅等。测定不锈钢成分含量时,将制备好的块状样品(厚度不小于 3 mm)作为一个电极,控制分析间隙为 3~6 mm,用光源发生器使样品与对电极之间激发发光,并将该光束引入分光计,通过色散元件将光束色散后,对选定的内标线和分析线的强度进行测量。在选定的工作条件下,激发一系列标准样品,以每种元素的相对强度对标准样品中该元素与内标元素的浓度比绘制标准曲线,根据制作的标准曲线,求出分析样品中待测元素含量。

(2)电感耦合等离子体发射光谱法测定水样中镉、铬的含量。

精确称取一定量试样于微波消解罐内,依次加入硝酸、过氧化氢。按升温程序进行消解,消解后配制成溶液,转移至容量瓶中待测。调整电感耦合等离子体原子发射光谱仪参考操作条件,然后用镉和铬标准样品溶液系列分别测量,利用仪器软件,分别将镉和铬的光强度对质量浓度进行线性回归,绘制标准曲线。在与标准曲线相同的测定条件下对水样进行测定,同时做空白实验。从标准曲线查得对应镉和铬的浓度,即可求出水样中镉和铬的含量。

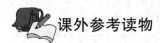
课外参考读物

[1] 孙汉文.原子光谱分析[M].北京:高等教育出版社,2002.

[2] 邱德仁.原子光谱分析[M].上海:复旦大学出版社,2002.

[3] 江祖成,田笠卿,陈新坤.现代原子发射光谱分析[M].北京:科学出版社,1999.

[4] 郑国经,计子华,余兴.原子发射光谱分析技术及应用[M].北京:化学工业出版社,2010.

[5] 辛仁轩.等离子体原子发射光谱分析[M].北京:化学工业出版社,2005.

参考文献

[1] 朱明华,胡坪.仪器分析[M].4 版.北京:高等教育出版社,2008.

[2] 孙延一,吴灵.仪器分析[M].湖北:华中科技大学出版社,2012.

[3] 方惠群,于俊生,史坚.仪器分析[M].北京:科学出版社,2002.

[4] 袁存光,祝优珍,田晶.现代仪器分析[M].北京:化学工业出版社,2012.

[5] 刘约权.现代仪器分析[M].北京:高等教育出版社,2001.

[6] 朱良漪.分析仪器手册[M].北京:化学工业出版社,1997.

习题

1. 原子发射光谱是如何产生的? 为什么各种元素的原子都有其特征谱线?

2. 解释下列名词:共振线、原子线、离子线、灵敏线、最后线、分析线。

3. 原子发射光谱分析所用仪器由哪几部分组成? 其主要作用是什么?

4. 试比较原子发射光谱中几种常用激发光源的工作原理、特性及适用范围。

5. 简述等离子体光源(ICP)的优点。

6. 分析下列试样时应选用何种激发光源?

(1) 矿石的定性、半定量分析;

(2) 不锈钢中铬的定量分析;

(3) 食品中有害金属元素的定量分析;

(4) 水质调查中 Cr、Mn、Cu、Fe、Zn、Pb 的定量分析。

7. 何谓光谱自吸现象? 它对光谱分析产生怎样的影响? 严重自蚀的谱线有什么特征?

8. 光谱定量分析的依据是什么? 为什么要采用内标法? 内标元素和分析线对应具哪些条件?

9. 已知 Zn 元素的主共振线波长为 481.05 nm,试求其相应的主共振电位。

10. 用原子发射光谱法测定 Zr 合金中的 Ti,选用的分析线对 Ti 334.9 nm/Zr 332.7 nm。测定 ω_{Ti} = 0.004 5% 的标样时,强度比为 0.126;测定 ω_{Ti} = 0.070% 的标样时,强度比为 1.29;测定某试样时,强度比为 0.598,求试样中 ω_{Ti}。

11. 用原子发射光谱法测定锡合金中铅的含量,以基体锡作为内标元素,分析线对为 Pb 283.3 nm/Sn 276.1 nm,每个样品平行摄谱三次,测得黑度平均值如下表,求试样中铅的含量(作图法)。

样品号	ω_{Pb}/%	黑度 S	
		Sn 276.1 nm	Pb 283.3 nm
1	0.126	1.567	0.259
2	0.316	1.571	1.013
3	0.706	1.443	1.541
4	1.334	0.825	1.427
5	2.512	0.793	1.927
未知样	x	0.920	0.669

☞ 码上学习

第 7 章　原子吸收光谱法

原子吸收光谱法(atomic absorption spectrometry, AAS)是基于试样中待测元素的基态原子蒸气对同种元素发射的特征谱线进行吸收,依据吸光度来测定试样中该元素含量的方法。早在 1802 年,人们就观察到原子吸收现象,经过一个半世纪的探索,直到 1955 年澳大利亚物理学家瓦尔西(Walsh A)发表了著名论文"原子吸收光谱在化学分析中的应用",解决了原子吸收光谱的光源问题,才奠定了原子吸收光谱法的理论基础。尽管原子吸收光谱法的应用比发射光谱法晚了约 80 年,但人们在实践和理论上不断总结和研究,使原子吸收光谱法得到了飞速发展。原子吸收光谱法已成为一种重要的痕量分析方法。它可测定70 多种元素,且准确、快速、应用广泛。

§7.1　原子吸收光谱法的基本原理

7.1.1　原子吸收线

1. 原子吸收光谱的产生

当被测液以雾状进入原子吸收光谱分析的仪器装置后,在高温或还原条件下进行一系列蒸发、气化、原子化(使被测物质解离为气态原子的过程称为原子化)过程,被测元素转化为原子蒸气,并其中,基态原子是产生原子吸收光谱的主要粒子。

当有辐射通过基态原子蒸气时,如果入射辐射的频率等于原子中外层电子由基态跃迁至激发态(一般情况下都是第一激发态)所需要的能量频率,原子就会从辐射场中吸收能量产生共振吸收,电子从基态跃迁至激发态,同时使入射辐射减弱,产生原子吸收光谱。

使电子从基态跃迁至第一激发态时所产生的吸收谱线称为共振吸收线;反之,当它再返回基态时,会发射出相同频率的谱线,称为共振发射线,统称为共振线。由于共振线激发时所需的能量最低,跃迁概率最大,因此对大多数元素来说,共振线是元素的灵敏线,也是原子吸收光谱法中最主要的分析线。

在原子吸收光谱分析中,必须将被测元素转变成气态的基态原子蒸气,并研究气态基态原子对特征光谱线的吸收。图 7-1 为火焰原子吸收分析示意图。

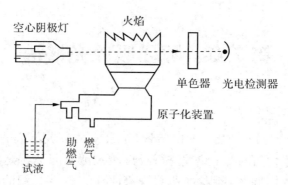

图 7 - 1　原子吸收分析示意图

2. 基态原子数与待测元素含量的关系

在原子吸收光谱分析中,一般将试样在 2 000～3 000 K 的温度下进行原子化,其中大多数化合物被蒸发、解离,使元素变为原子状态,其中可能有部分原子被激发,即在火焰中既有基态原子,也有部分激发态原子。根据热力学原理,在温度 T 一定,并达到平衡时,激发态原子数 N_j 与基态原子数 N_0 的比值服从波尔兹曼(Boltzmann)分布定律:

$$\frac{N_j}{N_0} = \frac{g_j}{g_0} e^{\frac{-\Delta E}{kT}} \tag{7 - 1}$$

式中,符号意义与式(6 - 4)相同。

在原子光谱中,由元素谱线的波长可知道相应的 g_j/g_0 和 ΔE,由此可以计算出一定温度下的 N_j/N_0 比值。表 7 - 1 列出了几种元素的 N_j/N_0 值。

表 7 - 1　几种元素共振线的 N_j/N_0 值

$\lambda_{共振线}$ /nm	g_j/g_0	激发能/eV	N_j/N_0			
			2 000 K	2 500 K	3 000 K	4 000 K
Cs 852.11	2	1.455	4.31×10^{-4}	2.33×10^{-3}	7.19×10^{-3}	2.98×10^{-2}
K 766.49	2	1.617	1.68×10^{-4}	1.10×10^{-3}	3.84×10^{-3}	—
Na 589.0	2	2.104	0.99×10^{-5}	1.14×10^{-4}	5.83×10^{-4}	4.44×10^{-3}
Ba 553.56	3	2.239	6.83×10^{-6}	3.19×10^{-5}	5.19×10^{-4}	—
Ca 422.67	3	2.932	1.22×10^{-7}	3.67×10^{-6}	3.55×10^{-5}	6.03×10^{-4}
Fe 371.99	—	3.332	2.29×10^{-9}	1.04×10^{-7}	1.31×10^{-6}	—
Ag 328.07	2	3.778	6.03×10^{-10}	4.84×10^{-8}	8.99×10^{-7}	
Cu 324.75	2	3.817	4.82×10^{-10}	4.04×10^{-8}	6.65×10^{-7}	

（续表）

$\lambda_{共振线}$/nm	g_j/g_0	激发能/eV	N_j/N_0			
			2 000 K	2 500 K	3 000 K	4 000 K
Mg 285.21	3	4.346	3.35×10^{-11}	5.20×10^{-9}	1.50×10^{-7}	—
Zn 213.86	3	5.795	7.45×10^{-15}	6.22×10^{-12}	5.50×10^{-10}	1.48×10^{-7}

从公式(7-1)和表(7-1)可以看出,温度越低,N_j/N_0 越小。常用的火焰温度一般低于 3 000 K,大多数的共振线波长都小于 600 nm,因此对大多数元素来说,N_j/N_0 值一般在 10^{-3} 以下,即激发态原子数不足 0.1%,因此可以把基态原子数 N_0 看作吸收光辐射的原子总数。如果待测元素的原子化效率保持不变,则在一定温度范围内基态原子数 N_0 即与试样中待测元素的含量 c 呈线性关系,即

$$N_0 = Kc \tag{7-2}$$

7.1.2　原子吸收谱线的轮廓与变宽

1. 谱线的轮廓

从理论上讲,吸收线与发射线应是一条严格的无宽度几何线,但实际上是有一定宽度,大约 10^{-3} nm。所谓谱线轮廓是谱线强度随波长(或频率)的分布曲线。描述谱线轮廓特征的物理量是中心频率 ν_0 和半宽度 $\Delta\nu$,如图 7-2 所示。中心频率是最大吸收系数 K_0 所对应的频率,其能量等于产生吸收两量子能级间真实的能量差。半宽度 $\Delta\nu$ 是峰值辐射强度 1/2 处所对应的频率范围,用以表征谱线轮廓变宽的程度。

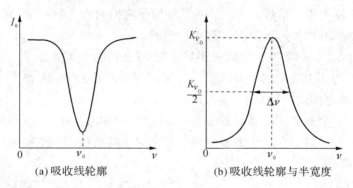

(a) 吸收线轮廓　　　　(b) 吸收线轮廓与半宽度

图 7-2　谱线轮廓

表征吸收线轮廓特征的值是中心频率 ν_0 和半宽度 $\Delta\nu$,前者由原子的能级分布特征决定,后者除谱线本身具有的自然宽度外,还受多种因素的影响。

2. 谱线变宽的影响因素

(1) 自然变宽

在无外界影响下,谱线所具有的宽度称为自然宽度,用 $\Delta\nu_N$ 表示。自然宽度与激发态原子的平均寿命有关,平均寿命愈短,谱线宽度愈宽。不同元素原子发射的谱线具有不同的自然宽度。在多数情况下 $\Delta\nu_N$ 约相当于 10^{-5} nm 数量级。

(2) 多普勒变宽

这是由于原子在空间作无规则热运动所导致的,故又称为热变宽。用 $\Delta\nu_D$ 表示。多普勒效应是自然界的一个普遍规律。在原子吸收光谱中,原子蒸气中的原子做无规则的热运动,对观测者(检测器),有的基态原子向着检测器运动,有的基态原子背离检测器运动,相对于中心吸收频率,既有升高,又有降低(多普勒效应)。因此,原子的无规则运动就使该吸收谱线变宽。当处于热力学平衡时,多普勒变宽可表示为:

$$\Delta\nu_D = \frac{2\nu_0}{c}\sqrt{\frac{2\ln 2RT}{M}} = 7.162 \times 10^{-7}\nu_0\sqrt{\frac{T}{M}} \qquad (7-3)$$

式中:T 为热力学温度;M 为吸光原子的相对原子量;ν_0 为谱线的中心频率。

从式(7-3)可以看出,$\Delta\nu_D$ 随着温度升高及摩尔质量的减小而变大。对大多数元素来说,$\Delta\nu_D$ 一般在 10^{-3} nm 数量级,它是影响谱线变宽的主要因素。

(3) 压力变宽

压力变宽是指吸光原子与蒸气中原子或分子相互碰撞而引起的谱线变宽。它随着压力增大而增大。原子之间相互碰撞导致激发态原子平均寿命缩短,引起谱线变宽,根据与之碰撞的粒子不同,可分为两类。

① 赫鲁兹马克变宽 指被元素原子和同种原子碰撞而产生的变宽,又称共振变宽。只有在被测元素浓度很高时才起作用,一般可以忽略。

② 劳伦兹变宽 $\Delta\nu_L$ 指被元素原子和其他粒子(如待测元素的原子与火焰气体粒子)碰撞而产生的变宽,为压力变宽的主要因素。通常,在 2 000～3 000 K 和 1 atm 下,劳伦兹变宽和多普勒变宽具有相同的数量级,也可达 10^{-3} nm。

应该注意的是,碰撞除了导致谱线变宽外,还将引起中心频率发生位移和谱线轮廓不对称,从而使光源(空心阴极灯)发射的发射线和基态原子的吸收线产生错位,导致原子吸收光谱法的灵敏度下降。

(4) 自吸变宽

自吸变宽是指由自吸现象而引起的谱线变宽。光源空心阴极灯发射的共振线被灯内同种基态原子所吸收产生自吸现象。灯电流越大,自吸现象越严重。

此外,外界电场、带电粒子、离子形成的电场及磁场的作用引起谱线的场致变宽的现象,影响较小,可以忽略。

7.1.3　原子吸收的测量

1. 积分吸收

原子的发射线与吸收线本身都是具有一定宽度（频率）范围的谱线。要对其吸收进行准确测量，人们最初想到的就是求算吸收曲线所包含的整个吸收峰的面积的方法，即求积分吸收 $\int K_\nu \mathrm{d}\nu$ 的方法。

根据爱因斯坦经典的色散理论，积分吸收与基态原子数目的关系为：

$$\int K_\nu \mathrm{d}\nu = kN_0 \tag{7-4}$$

对于一定的元素，k 为一常数。式（7-4）表明，积分吸收与单位体积原子蒸气中吸收辐射的基态原子数 N_0 呈线性关系，而与频率无关，只要测得积分吸收即可求得 N_0，再根据 N_0 与待测物中原子总数 N 以及待测物浓度 c 的关系，即可求出待测物的绝对含量，无需与标准比较。

事实上，普通分光光度计采用传统光源（氘灯、钨灯等连续光源）能提供的光源最小光谱通带约为 0.2 nm，而原子吸收线的宽度仅有 10^{-3} nm，如图 7-3，要在这么狭窄的范围内准确测量积分吸收，需要分辨率高达 50 万以上的单色器（如对于波长为 500 nm 的谱线，分辨率 $R = \lambda/\Delta\lambda = 500/10^{-3} = 5 \times 10^5$），这在目前的条件下还难以达到，这也是原子吸收现象发现后，经过近一个半世纪才实现这种方法的应用的原因。

2. 峰值吸收

1955 年，澳大利亚物理学家瓦尔西（Walsh A）提出以锐线光源为激发光源，用测量峰值吸收的方法代替积分吸收，解决了原子吸收测量的难题，使原子吸收光谱法得到广泛应用。

锐线光源是指能发射出谱线半宽度很窄的发射线的光源，一般来说它只有吸收线半宽度的 1/5，吸收线可覆盖整条发射线。在原子吸收光谱法中，采用待测元素制成的空心阴极灯作为锐线光源，发射的发射线比吸收线半宽度小得多且中心频率一致，如图 7-4 所示。在这种条件下，峰值吸收系数 K_0 与原子化器中待

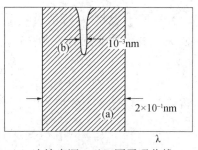

（a）连续光源　（b）原子吸收线

图 7-3　连续光源与原子吸收线的相互关系

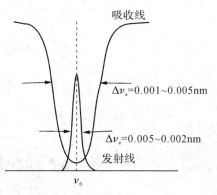

图 7-4　峰值吸收测量示意图

测元素的基态原子数 N_0 之间存在简单的线性关系,这样 N_0 值可由测定 K_0 值而得到,这种方法称为峰值吸收法。

3. 原子吸收的测量

当频率为 ν、强度为 I_0 的平行光,通过厚度为 L 的基态原子蒸气时,基态原子就会对其产生吸收,使透射光 I 的强度减弱。根据朗伯定律:

$$I = I_0 e^{-K_\nu L} \tag{7-5}$$

式中: K_ν 为吸收系数,与入射光的频率、火焰温度及外界压力有关。

根据吸光度的定义,并将式(7-5)代入,得

$$A = \lg \frac{I_0}{I} = K_\nu L \lg e = 0.434\,3 K_\nu L \tag{7-6}$$

当发射线的半宽度远小于吸收线的半宽度 $\Delta \nu_e \leqslant \Delta \nu_a$ 时,在积分界限内可以认为 K_ν 为常数,并近似等于峰值吸收系数 K_0,此时

$$A = 0.434\,3 K_\nu L = 0.434\,3 K_0 L \tag{7-7}$$

在原子吸收中,峰值吸收系数 K_0 与谱线的宽度有关,通常情况下,原子吸收线的宽度仅取决于多普勒变宽 $\Delta \nu_D$,则

$$K_0 = b \frac{2}{\Delta \nu_D} \int K_\nu \mathrm{d}\nu \tag{7-8}$$

将式(7-4)代入上式(7-8),变换后得

$$K_0 = b \frac{2}{\Delta \nu_D} k N_0 \tag{7-9}$$

式中 b 为与谱线变宽过程有关的常数。

将式(7-9)代入式(7-7)得:

$$A = 0.434\,3 bk \frac{2}{\Delta \nu_D} N_0 L \tag{7-10}$$

将式(7-2)代入式(7-10)得:

$$A = 0.434\,3 bkKL \frac{2}{\Delta \nu_D} \cdot c \tag{7-11}$$

在具体的测量过程中,式(7-11)右边除浓度 c 以外各项均为定值,故

$$A = K'c \tag{7-12}$$

式(7-12)是原子吸收光谱法的定量分析依据。

§7.2　原子吸收分光光度计

原子吸收分光光度计又称原子吸收光谱仪,是用于记录和测量待测物质在一定条件下形成的基态原子蒸气对其特征光谱线的吸收程度并进行分析测定的仪器。原子吸收分光光度计由光源、原子化器、单色器、检测器等四个主要部分组成。如图 7-5 所示,原子吸收分光光度计有单光束型和双光束型两种。

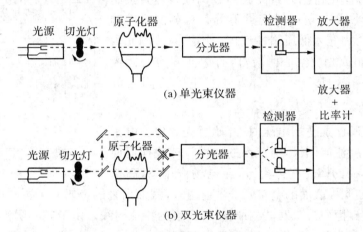

图 7-5　原子吸收分光光度计示意图

图 7-5(a)为单光束型仪器。这种仪器结构简单,但它会因光源不稳定而引起基漂移。由于原子化器中被测原子对辐射的吸收与发射同时存在,同时火焰组分也会发射带状光谱。这些来自原子化器的辐射都是直流信号,干扰检测结果。为了消除辐射的发射干扰,必须对光源进行调制。可用机械调制,在光源后加一扇形板(切光器),将光源发出的辐射调制成具有一定频率的辐射,就会使检测器接收到交流信号,采用交流放大器将发射的直流信号分离掉;还有对空心阴极灯光源采用脉冲供电,不仅可消除发射的干扰,还可提高光源发射光的强度与稳定性,降低噪声等,因而光源多用这种供电方式。

图 7-5(b)为双光束型仪器,光源发出经过调制的光被切光器分成两束光:一束为测量光,一束为参比光(不经过原子化器)。两束光交替进入单色器,然后进行检测。由于两束光来自同一光源,可以通过参比光束的作用,克服光源不稳定造成基线漂移的影响。

7.2.1　光源

原子吸收光谱光源的作用是提供待测元素的特征谱线——共振线。为了实现峰值吸收测量,必须使用待测元素制成的锐线光源。对光源的基本要求是:发射线的半宽度要明显小于吸收线的半宽度,辐射强度应足够大、稳定性好、背景低和使用寿命长等。蒸气放电灯、无极放电灯和空心阴极灯都能符合上述要求。其中空心阴极灯的光谱区域比较宽广,从红外、紫外到真空紫外区均有谱线,且锐线明晰,发光强度大,输出光谱稳定,结构简单,操作方便获得了广泛的应用。

1. 空心阴极灯的构造

空心阴极灯是一种气体放电管,其结构如图7-6所示。它包括一个钨棒阳极,末端焊有钛丝或钽片,作用是吸收有害气体;一个由待测元素的高纯金属或合金直接制成的空心圆柱形阴极。两电极密封于带有石英窗或玻璃窗的玻璃管内,管内充入低压惰性气体。用不同待测元素作阴极材料,可制成相应空心阴极灯,有单元素空心阴极灯和多元素空心阴极灯。

2. 空心阴极灯的工作原理

当正负电极间施加适当电压时,开始辉光放电。电子将从空心阴极内壁流向阳极,与充入的惰性气体碰撞而使之电离。带正电荷的惰性气体离子,在电场作用下,高速撞向阴极内壁,使阴极表面的金属原子溅射出来,溅射出来的金属原子再与电子、惰性气体原子及离子发生碰撞而被激发,发射出对应元素的特征谱线。由于空心阴极灯放电时的温度和被溅射的原子浓度均较低,因此多普勒变宽较小,另外,空心阴极灯内压力很低,劳伦兹变宽也基本消除。

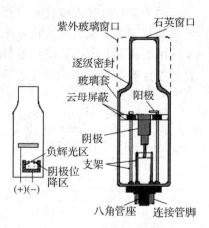

图7-6　空心阴极灯

空心阴极灯的辐射强度与灯的工作电流有关。灯电流过低,发射不稳定,且发射强度降低,信噪比下降;但灯电流过大,溅射增强,灯内原子密度增加,压力增大,谱线变宽,甚至引起自吸收,导致测定的灵敏度下降,且灯的寿命缩短。因此在实际工作中要选择合适的灯电流。

7.2.2　原子化系统

原子化系统的作用是将试样中的待测元素转变成气态的基态原子蒸气。使试样原子化的方法有火焰原子化法和非火焰原子化法。火焰原子化法利用火焰热能使试样转化为气态原子。非火焰原子化法利用电加热或化学还原等方式使试样转化为气态原子。

1. 火焰原子化装置

火焰原子化装置包括雾化器和燃烧器两部分。燃烧器有全消耗型(试液直接喷入火焰)和预混合型(在雾化室将试液雾化,然后导入火焰)两类。目前预混合型火焰原子化装置应用较为普及,它由喷雾器、雾化室与燃烧器三部分组成,如图7-7所示。

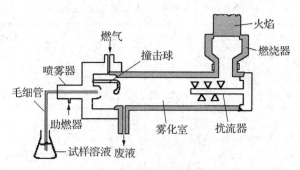

图 7-7 预混合型火焰原子化装置

（1）喷雾器

喷雾器的作用是将试样溶液分散为极微细的雾滴进入雾化室。如图 7-7 所示，当高压助燃气体由外管高速喷出时，在内管管口形成负压，试液由毛细管吸入并被高速气流分散成雾滴，喷出的雾滴再撞击到撞击球上，进一步分散成细雾（气溶胶）。要求喷雾器喷雾稳定，而且喷出的雾滴细小、均匀，雾化效率直接影响分析的灵敏度。实际上预混合型原子化器的雾化效率在 5%~15%。

（2）雾化室

雾化室的作用是使燃气、助燃气与试液微细的雾滴在雾化室内充分混合均匀，以保证得到稳定的火焰；同时也使未被细化的较大雾滴在雾化室内凝结为液珠，沿室壁流入泄漏管内排走，这是导致火焰原子吸收光谱法的灵敏度无法进一步提高的主要原因。

（3）燃烧器

燃烧器的作用是形成火焰，使进入火焰的待测元素的化合物经过干燥、熔化、蒸发、解离及原子化过程转变成基态原子蒸气。要求燃烧器的原子化程度高，火焰稳定，吸收光程长及噪声小。

燃烧器可分为："单缝燃烧器"（喷口是一条长狭缝，一种是缝长 10 cm，缝宽 0.5~0.6 cm，适应空气-乙炔火焰；另一种是缝长 5 cm，缝宽 0.46 cm，适应 N_2O-乙炔火焰）、"三缝燃烧器"（喷口是三条平行的狭缝）和"多孔燃烧器"（喷口排在一条线上小孔）。

（4）火焰

火焰的作用是使待测化合物分解形成基态原子。温度过高，则激发态原子增加，电离度增大，基态原子减少，这对原子吸收很不利的。温度过低，试样中盐类不能离解，产生分子吸收，干扰测定。因此，必须根据实际情况，选择合适的火焰温度。在确保待测元素能充分原子化的前提下，使用较低温度的火焰比使用较高温度火焰具有较高的灵敏度。适用于原子吸收分析的各种火焰列于表 7-2，其中最常用的是空气-乙炔火焰。

表 7-2　几种常用火焰的燃烧特性

燃气	助燃气	着火温度/K	最高温度/K	燃烧速率/(cm·s⁻¹)
乙炔	空气	623	2 500	158
	氧气	608	3 160	1 140
	氧化亚氮		2 990	160
氢气	空气	803	2 318	310
	氧气	723	2 933	1 400
	氧化亚氮		2 880	390
丙烷	空气	510	2 198	82
	氧气	490	3 123	

燃烧速率是指气体点燃后,火焰在单位时间内传播的距离,它与火焰气体的组成有关(表 7-2),它影响火焰的安全性和稳定性。要使火焰稳定,可燃混合气体供气速率应大于燃烧速率,但供气速率过大,会使火焰不稳定,甚至吹灭火焰,过小则会引起回火。根据燃气和助燃气比例不同,可将火焰分为三类:

① 化学计量性火焰。这种火焰的燃气与助燃气的比与它们之间化学反应的化学计量关系相近。它具有温度高、稳定性好、干扰少及背景低等特点。适用于大多数元素的测定。

② 富燃性火焰。当燃气与助燃气的比大于化学计量关系时,就形成富燃性火焰。这种火焰由于燃烧不完全,火焰呈黄色,温度稍低,火焰具有较高的还原性,背景高,干扰较多,不如化学计量性火焰稳定。它适用于易形成难解离氧化物的元素(如铍、钽、铅)的测定。

③ 贫燃性火焰。当燃气与助燃气的比小于化学计量关系时,就形成贫燃性火焰。这种火焰燃烧完全,火焰呈蓝色,温度较低,火焰具有较强的氧化性。它适用于测定易解离、易电离的元素,如碱金属等。

火焰原子化器的优点是重现性好、精密度高,易于操作,已成为原子吸收分析的标准方法。但它的主要缺点是雾化效率、原子化效率低,仅有约 10% 的试液被原子化,因此测定灵敏度很低。另外,只能用于液体样品的测定,因而发展了非火焰原子吸收法。

2. 非火焰原子化装置

非火焰原子化装置是利用电热、阴极溅射、等离子体或激光等方法使试样中待测元素形成基态自由原子。目前广泛使用的是电热高温石墨炉原子化法。

(1) 石墨炉原子器的结构

石墨炉原子化器由石墨炉电源、炉体和石墨管三部分组成,如图 7-8 所示。将石墨管固定在两个电极之间,管的两端开口,安装时使其长轴与原子吸收分析光束的通路重合,炉体两端是两个石英窗。石墨炉电源是能提供低电压(10 V)、大电流(500 A)的供电设备。当其与石墨管接通时,能使石墨管迅速加热到 2 000~3 000 ℃ 的高温,以使试样蒸发、原子化和激发。炉体具有冷却水外套(水冷装置),用于保护炉体。当电源切断时,炉子很快冷却至室温。石墨管中心有一进样口,试样由此注入。

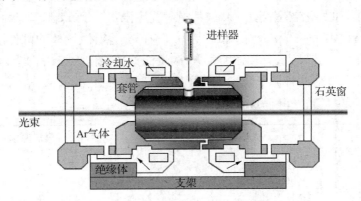

图 7-8　石墨炉原子化器结构

炉体内通有惰性气体(Ar、N₂),其作用是:① 防止石墨管在高温下被氧化;② 保护原子化了的原子不再被氧化;③ 排除在分析过程中形成的烟气。

(2) 石墨炉原子化器的升温程序

石墨炉原子化过程一般需要经四步程序升温完成,如图 7-9 所示。

① 干燥　在低温(溶剂沸点)下蒸发掉样品中溶剂。通常干燥的温度稍高于溶剂的沸点。对水溶液,干燥温度一般在 105 ℃左右。干燥时间与样品的体积有关,对水溶液,一般为 1.5 s/μL。

② 灰化　在较高温度(350～1 200 ℃)下除去比待测元素容易挥发的低沸点无机物及有机物,减少基体干扰灰化时间视样品量而定,通常选择 10～60 s。

③ 原子化　使以各种形式存在的分析物挥发并离解为中性原子。原子化的温度一般在 2 400～3 000 ℃(因被测元素而异),时间一般为 5～10 s。在原子化过程中,应停止 Ar 气通过,以保证基态原子在光路中的停留时间。

④ 净化(高温除残)　升至更高的温度,除去石墨管中的残留分析物,以减少和避免记忆效应。除残温度一般

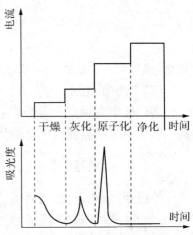

图 7-9　石墨炉程序升温示意图

高于原子化温度 10 %左右,时间通常为 3～5 s。石墨炉原子化器的升温程序由计算机控制自动进行。

(3) 石墨炉原子化器的特点

石墨炉原子化器的主要优点是绝对灵敏度高,试样原子化是在惰性气体中和强还原性

介质内进行的,有利于难熔氧化物的原子化。自由原子在石墨炉吸收区内停留时间长,约可达火焰法的 1×10^3 倍;不像火焰原子化器必须提升雾化率,不需要与大量的燃气和助燃气混合,稀释效应小,原子化效率高达 90%,其绝对检出限可达到 $1 \times 10^{-12} \sim 1 \times 10^{-14}$ g;取样量少,液体试样量仅需 $1 \sim 50~\mu L$,固体试样为 $0.1 \sim 1$ mg,液体、固体均可直接进样。主要缺点是基体效应、化学干扰较大,有较强的背景,测量的重现性比火焰法差,另外其操作也不如火焰法简便。表 7 - 3 对两种原子化器进行了比较。

表 7 - 3   火焰原子化器与石墨炉原子化器的性能比较

	火焰原子化器	石墨炉原子化器
原子化原理	火焰热	电热
最高温度	2 990 ℃(乙炔-氧化亚氮火焰)	3 000 ℃
原子化效率	约 10%,低	约 90%,高
试液体积	约 $1 \sim 5$ mL	$5 \sim 100~\mu L$
灵敏度	低,对 Cd 0.5 ng/g 对 Al 20 ng/g	高,对 Cd 0.002 ng/g 对 Al 0.1 ng/g
重现性	$0.5\% \sim 1.0\%$精密度好	$1.5\% \sim 5\%$精密度差
基体效应	小	大

3. 其他原子化法

(1) 氢化物原子化法

对 As、Sb、Bi、Sn、Ge、Se、Pb 和 Ti 等元素,将待测试样在专门的氢化物生成器中产生氢化物,然后引入加热的石英吸收管内,使氢化物分解成气态原子,并测定其吸光度。

(2) 冷原子化法

将试样中的汞离子用 $SnCl_2$ 或盐酸羟胺完全还原为金属汞后,在室温下,用空气流将汞蒸气带入具有石英窗的气体测量管中进行吸光度测量。

7.2.3   单色器

单色器(分光系统)主要由色散元件(光栅或棱镜)、反射镜、狭缝等组成,其作用是将待测元素的共振线与邻近谱线分开。

由于原子吸收光谱法选用的吸收线为锐线光源发出的特征谱线,并用峰值吸收法进行测量,加之原子光谱本身比较简单,故对单色器的色散率和分辨率的要求均不太高,只要能分辨出 Mn 279.5 nm 和 279.8 nm 两条线即可。但是为了一定的测量灵敏度,必须具有一定的出射光强度。

在实际工作中,往往通过选择适当的光谱通带来满足上述要求。光谱通带与狭缝宽度的关系表示为:

$$W = DS \qquad\qquad (7-13)$$

式中：W 为光谱通带(nm)；D 为倒线色散率(nm/mm)；S 为出射狭缝宽度(mm)。

增大光谱通带需增大狭缝宽度，出射光强度增大，可使测定灵敏度提高，但仪器的分辨率降低；反之，减小狭缝宽度，可提高仪器的分辨率，但出射光的强度减弱，测定灵敏度降低。因此，应该根据共振线的谱线强度和仪器分辨率的要求，选择适当的光谱通带。在共振线无邻近干扰线的前提下，尽可能选择较大的光谱通带，以增大信噪比，提高测定的灵敏度。

【例 7-1】 如图 7-10 所示，若以 Si 251.61 nm 特征谱线作为分析线时，为获得高灵敏度并消除邻近谱线的干扰，问如何调节狭缝宽度？已知在 251 nm 处，单色器的倒线色散率为 1.5 nm/mm。

解　以 Si 251.61 nm 特征谱线作为分析线，要消除邻近谱线的干扰，则硅的光谱通带为：

$$W = (251.61 - 251.43) \text{ nm} = 0.18 \text{ nm}$$

已知 $D = 1.5$ nm/mm，则狭缝宽度 S 为：

$$S = \frac{W}{D} = \frac{0.18 \text{ nm}}{1.5 \text{ nm/mm}} = 0.12 \text{ mm}$$

当狭缝宽度小于 0.12 mm 时才能满足要求。

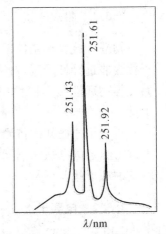

图 7-10　硅共振线 251.61 nm 邻近的两条共振线

7.2.4　检测系统

检测系统主要由检测器、放大器、对数变换器、显示记录装置组成，其作用是将待侧光信号转换成电信号，经放大后显示结果。

原子吸收分光光度计中的检测器通常使用光电倍增管，将单色器分出的光信号进行光转换。

放大器是将光电倍增管检出的低电流信号进一步放大的装置，目前多采用相敏放大器，这种放大器可有效地消除干扰信号，提高信噪比。

对数转换器的作用是将测量所得的光强度变化转换成与浓度呈线性关系的吸光度。为消除一般分光光度计的吸光度读数因疏密不均匀造成的误差，原子吸收分光光度计利用电学特性，在信号输入仪表前进行对数转换。

显示装置是显示测定值的显示仪表，一般仪器采用放大和对数转换后，对微量组分利用量程扩展进行浓度直读。现代一些高级原子吸收分光光度计中还设置了计算机处理装置，既设置测量参数，又能作为显示装置。可直接从测量系统采集数据，自动绘制校准曲线，快速处理大量测定数据，并可将分析结果打印出来。

§7.3　干扰及其抑制

由于原子吸收分光光度法中采用锐线光源和共振吸收线,干扰相对较少。但是在实际工作中有些干扰不予以抑制和消除,有时会严重影响测定结果。原子吸收分析中的干扰主要有物理干扰、电离干扰、化学干扰和光谱干扰四种类型。

7.3.1　物理干扰

物理干扰又称基体干扰,是由于溶质或溶剂的物理化学性质改变而引起的干扰。这类干扰为非选择性干扰,对待测试样中各元素的干扰作用基本相同,如溶液的表面张力、密度、黏度等物理性质不同而引起进样速度、进样量、雾化效率和原子化效率的变化而带来的干扰。

对于组成已知的待测试样,可用配制与待测试液组成相似的标准溶液并在相同的条件下进行测定的办法来消除物理干扰。对于组成不明的试样,可采用标准加入法或稀释法消除其物理干扰。

7.3.2　电离干扰

某些易电离的元素在高温火焰中发生电离,使基态原子数减少,灵敏度降低,这种现象称为电离干扰。电离干扰在碱金属和碱土金属的测定中较为严重,且火焰温度越高,电离干扰越严重。一般可以加入消电离剂来抗干扰,例如测定钡时(Ba 的电离能为 5.12 eV),加入消电离剂——2 g/L KCl(K 的电离能 4.3 eV),由于钾先电离,产生的大量电子可以抑制 Ba 的电离。即

$$K \longrightarrow K^+ + e^-$$
$$Ba^+ + e^- \longrightarrow Ba$$

另外,采用低温火焰也可以减少电离干扰的影响。

7.3.3　化学干扰

化学干扰是指待测元素与其他组分之间的化学反应,生成了更稳定的化合物,从而降低了待测元素的原子化效率,形成干扰。这类干扰具有选择性,它对试样中各种元素的影响是各不相同的,并随火焰温度、火焰状态和部位、其他组分的存在、雾滴的大小等条件而变化。化学干扰是原子吸收分光光度法中的主要干扰来源。产生化学干扰的主要原因包括:① 待测元素与干扰组分形成更稳定的化合物。这是产生化学干扰的主要原

因。如磷酸根干扰钙的测定;② 待测元素在火焰中形成稳定的氧化物、氮化物、氢氧化物、碳化物等。如用空气-乙炔火焰测定 Al、Si 等时,由于形成稳定的氧化物,原子化效率低,测定的灵敏度很低。

事实上,化学干扰的机理非常复杂,所以消除或抑制化学干扰时应根据具体情况选择适当的方式。消除化学干扰的方法有:

1. 选择合适的原子化方法

提高原子化温度,化学干扰会减小。使用高温火焰或提高石墨炉原子化温度,可使难分解的化合物分解。乙炔-氧化二氮高温火焰中,PO_4^{3-} 不干扰 Ca 的测定。采用还原性强的火焰或石墨炉原子化法,可以使难离解的氧化物还原、分解。

2. 加入干扰抑制剂

(1) 释放剂

加入释放剂与干扰物质能生成比被测元素更稳定的化合物,使被测元素释放出来。例如,磷酸根干扰钙的测定,可在试液中加入镧、锶盐,镧、锶与磷酸根首先生成比钙更稳定的磷酸盐,就相当于把钙释放出来。

(2) 保护剂

保护剂的加入可与被测元素生成易分解的或更稳定的配合物,防止被测元素与干扰组分生成难离解的化合物。保护剂一般是有机配位体。例如,EDTA、8-羟基喹啉。如磷酸根干扰钙的测定,可在试液中加入 EDTA,此时 Ca 转化为 Ca-EDTA 络合物,它在火焰中容易原子化,就消除了磷酸根的干扰。

(3) 缓冲剂

在试样和标准溶液中均加入大大过量的干扰元素,使干扰达到饱和并趋于稳定。如用乙炔-N_2O 火焰测定 Ti 时,Al 抑制 Ti 的吸收有干扰,但如果在试样和标准溶液中均加入 $200\ \mu g/g$ 的 Al 盐,可让 Al 对 Ti 的干扰趋于稳定,从而消除其干扰。

3. 基体改进剂

用石墨炉原子化时,在试样中加入某些化学试剂,使其在干燥或灰化阶段与试样发生化学变化,改变基体元素或待测元素化合物的热稳定性和挥发性,使基体元素挥发以消除其干扰,防止待测元素的挥发损失,导致测定灵敏度降低。这些化学试剂称为基体性改进剂。例如,测定含基体为氯化钠的海水中的 Cd,可加入基体改进剂 NH_4NO_3,使 NaCl 变成易挥发的 NH_4Cl 和 $NaNO_3$,基体在灰化阶段完全除去。

4. 化学分离法

如果上述抑制化学干扰的方法达不到目的,只能采用萃取、离子交换、沉淀等化学分离方法来消除干扰。化学分离方法将待测定元素与干扰元素分离,不仅可以消除基体元素的干扰,还可以富集待测定元素,有利于提高测定的灵敏度,但化学分离手续较为复杂。

7.3.4 光谱干扰

光谱干扰是指与光谱发射和吸收有关的干扰,它主要来自光源和原子化器,也与共存元素有关。包括谱线干扰和背景干扰两种。

1. 谱线干扰

谱线干扰包括吸收线重叠、非吸收线干扰和原子化系统内直流发射干扰等三种。

(1) 吸收线重叠

吸收线重叠是指待测元素的吸收线与共存元素的谱线分不开,例如测定铁中的锌时,若选用锌的分析线 213.856 nm,则铁的 213.859 nm 谱线与之相邻,会产生谱线重叠。可选用其他分析线消除干扰,若不奏效,就只好进行试样的分离。

(2) 非吸收线干扰

这种情况多见于多谱线元素发射的非测量线,也可能是光源的灯内杂质所发射的谱线。例如硅空心阴极灯的发射光谱,硅的共振吸收线 251.61 nm 附近还有多条硅的发射线,如251.43 nm、251.92 nm 等。可用减小狭缝宽度,或降低灯电流的方法消除干扰。

(3) 原子化系统内直流发射干扰

由于火焰本身或原子蒸气中待测元素发射的直流信号的存在,也将被放大并检测,使测定产生误差而形成的干扰。消除干扰的方法可把光源发射与火焰发射区分开来,采用仪器调制方式把光源发射信号变为交流信号,被相应检测器接收。调制方法包括机械斩光器调制和光源的电源调制两种方法,近代仪器多使用后一种调制方法。

2. 背景干扰

背景干扰是指原子化过程中生成的气体分子、氧化物及盐类等分子或固体微粒对光源辐射吸收或散射引起的干扰。

(1) 火焰成分的吸收

指燃烧过程中的分解产物如 OH、CH、CO 等分子或基团对光源辐射吸收。波长越短,吸收越强烈。对大多数元素测定结果影响不大,一般可通过调零来消除,但影响信号的稳定性。如测定 As(193.7 nm)、Se(196.0 nm)、Zn(213.8 nm)、Cd(228.8 nm)等短波吸收元素时,可选用空气-氢气火焰。图 7-11 所示为不同火焰的背景吸收。

(2) 分子吸收

分子吸收干扰是指在原子化过程中生成的气态分子或氧化物、氢氧化物及盐类等分子对光的吸收而引起的干扰,它是一种宽频带吸收。例如碱金属的卤化物在紫外区的大部分波段均有吸收,如图 7-12。分子吸收与干扰元素的浓度有关,浓度越大,分子吸收越强烈。它还与火焰的温度和种类有关。

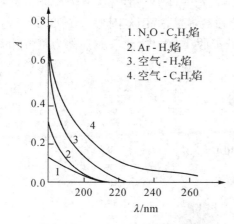

图 7 - 11　不同火焰的背景吸收

图中图例：
1. N_2O - C_2H_2焰
2. Ar - H_2焰
3. 空气 - H_2焰
4. 空气 - C_2H_2焰

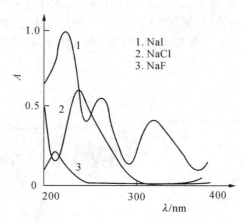

图 7 - 12　钠化合物的分子吸收

图中图例：
1. NaI
2. NaCl
3. NaF

（3）光散射

原子化过程中形成的固体微粒,在光通过原子化器时,对光产生散射,被散射的光偏离光路,不能被检测器检测,导致测得的 A 偏高（假吸收）。

背景干扰都是使吸光度增大,产生正误差。严重影响痕量元素测定的灵敏度。非火焰法的背景吸收比火焰法高得多,因此,必须设法扣除。

3. 背景吸收的抑制和校正

常用的消除或减小背景吸收的方法有空白校正、邻近线背景校正、连续光源背景校正和塞曼效应校正几种方法。

（1）空白校正法

空白溶液是指不含被测元素并与待测试液组成、含量相同的基体。这种方法只适用于基体较为简单的样品,故应用不广。

（2）邻近线背景校正法

背景吸收是宽带吸收,用分析线测量原子吸收与背景吸收的总吸光度 A_T,在分析线邻近选一条非共振线,非共振线不会产生共振吸收,此时测出的吸收为背景吸收 A_B。两次测量吸光度相减,所得吸光度值即为扣除背景后的原子吸收吸光度值 A。本法适用于分析线附近背景吸收变化不大的情况,否则准确度较差。

（3）连续光源背景校正法

这种方法同时使用空心阴极灯和氘灯两个光源,让两灯发出的光辐射交替通过原子化器。火焰中的分子可吸收连续辐射,但原子对这种连续辐射的吸收是可以忽略不计的。先用锐线光源测定分析线的原子吸收和背景吸收的总吸光度,再用氘灯（紫外区）或碘钨灯、氙灯（可见区）在同一波长测定背景吸收（这时原子吸收可以忽略不计）,计算两次测定吸光度之差,即可使背景吸收得到校正。目前原子吸收分光光度计上一般都配有连续光自动扣除背景的装置(见图 7-13),多采用氘灯为连续光源扣除背景,适用范围为 190~350 nm,且只能在背景吸收不大($A<1.2$)时才能完全消除背景吸收干扰。故此法亦常称为氘灯扣除背景法。

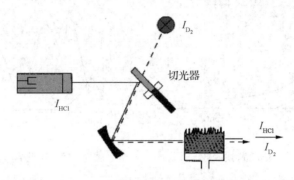

图 7-13 氘灯背景校正原理图

(4) 塞曼效应校正法

此法是 1969 年由 M. Prugger 和 R. Torge 提出来的。Zeeman 效应是荷兰物理学家 Zeeman 在 1896 年发现的,光源在几千高斯的外磁场作用下,一条谱线分裂成若干条偏振光谱线的现象。Zeeman 效应背景校正法是磁场将吸收线分裂为有不同偏振方向的组分,利用这些分裂的偏振成分来区分被测元素和背景的吸收。Zeeman 效应校正背景法分为两大类:光源调制法与吸收线调制法。光源调制法是将强磁场加在光上,吸收线调制法是将磁场加在原子化器上,后者应用较广。调制吸收线有两种方式,即定磁场调制方式和可变磁场调制方式。

塞曼效应校正背景可在全波段进行,可校正吸光度高达 1.5~2.0 的背景,背景校正的准确度较高。此种校正背景法的缺点是,校正曲线有返转现象。采用恒定磁场调制方式,测定灵敏度比常规原子吸收法有所降低,可变磁场调制方式的测定灵敏度已接近常规原子吸收法。

§7.4 分析方法

7.4.1 测量条件的选择

原子吸收光谱分析方法的灵敏度、检出限和准确度除了受仪器的性能影响以外,还与测定条件的最优化选择密切相关。因此,在实际测量中必须予以重视。

1. 分析线的选择

通常选择元素的共振线作分析线,可使测定具有较高的灵敏度。但并非在任何情况下都是如此。在分析被测元素浓度较高试样时,可选用灵敏度较低的非共振线作为分析线,否则,A 值太大。此外,还要考虑谱线的自吸收和干扰等问题。

2. 灯电流

空心阴极灯的发射特性取决于工作电流。灯电流过小,放电不稳定,光输出的强度小;灯电流过大,发射谱线变宽,导致灵敏度下降,灯寿命缩短。选择灯电流时,应在保持稳定和有合适的光强输出的情况下,尽量选用较低的工作电流。

3. 狭缝宽度

狭缝宽度影响光谱通带与检测器接收辐射的能量。狭缝宽度的选择要能使吸收线与邻近干扰线分开。当有干扰线进入光谱通带内时,吸光度值将立即减小。不引起吸光度减小的最大狭缝宽度为应选择的合适的狭缝宽。

4. 原子化条件

(1) 火焰原子化法

调整喷雾器至最佳雾化状态;选择火焰类型;改变助燃比,选择最佳火焰燃烧状态;调节燃烧器高度以控制光束通过的火焰区域,使光束穿行基态原子密度最大区域,以提高分析的灵敏度。

(2) 石墨炉原子吸收光谱法

石墨炉原子吸收光谱法的升温程序经过干燥、灰化、原子化和除残四个阶段,各阶段的温度及持续时间需通过实验选择。

5. 进样量

进样量过大或过小对测定都不利。进样量可通过实验由吸光度与进样量关系来选择。

7.4.2　定量分析方法

1. 标准曲线法

原子吸收光谱法的标准曲线法与分光光度法中的标准曲线法一样。即首先配制与试样溶液相同或相近基体的含有不同浓度的待测元素的标准溶液,分别测定 A 值,作 A-c 曲线,测定试样溶液的 A_x,从标准曲线上查得 c_x 值。在应用本法时应注意以下几点:

(1) 标准系列的组成与待测试样组成应尽可能相似,必要时加入与试样相同的基体成分,在测定时应该进行背景校正。

(2) 所配制的试样浓度应该在标准曲线的线性范围内,标准溶液的吸光度最好在

0.15～0.6,因为此时的测量准确度较高。通常根据被测元素的特征浓度估计试样的合适浓度范围。

（3）在整个分析过程中,测定条件始终保持不变。在大量试样测定过程中,应该经常用标准溶液校正仪器和检查测定条件。

2. 标准加入法

在原子吸收光谱法中,一般来说,被测试样的组成是完全未知的,当试样组成复杂,难以配制与试样组成接近的标准样品时,或待测元素含量很低时,这就给标准试样的配制带来困难。在这种情况下,可采用标准加入法进行定量分析。

标准加入法有计算法和作图法两种。

（1）计算法

计算法是取两份相同浓度（c_x）和体积（V_x）的未知样品溶液,分别移入相同体积（V）的容量瓶 A 和 B 中,在 B 中加入已知浓度（c_s）和体积（V_s）的标准溶液,并将两份溶液在同样条件下稀释至刻度。然后将 A 和 B 溶液在同一原子吸收条件下测定它们吸光度,分别记为 A_x 和 A_0,由比尔定律可得

$$A_x = k \frac{c_x V_x}{V} \tag{7-14}$$

$$A_0 = k \frac{c_x V_x + c_s V_s}{V} \tag{7-15}$$

联立式（7-14）和式（7-15）,可得

$$c_x = \frac{A_x V_s}{(A_0 - A_x) V_x} \cdot c_s \tag{7-16}$$

这种方法要求加入的标准溶液的浓度 $c_s \geqslant 10 c_x$,而 $V_s \leqslant 10 V_x$,否则会使被测试液条件引起较大变化而产生误差。

【例 7-2】 用原子吸收光谱法测定试液中的 Pb,准确移取 50 mL 试液二份。用铅空心阴极灯在波长 283.3 nm 处,测得一份试液的吸光度为 0.325,在另一份试液中加入浓度为 50.0 mg/L 铅标准溶液 300 μL,测得吸光度为 0.670。计算试液中铅的浓度（mg/L）。

解 根据题意,此法为标准加入法,由比尔定律得：

$$A_x = k \frac{c_x V_x}{V}$$

$$A_0 = k \frac{c_x V_x + c_s V_s}{V}$$

整理以上两式,得

$$c_x = \frac{A_x V_s}{(A_0 - A_x)V_x} \cdot c_s$$

将已知实验数据代入,算出铅的浓度为:

$$c_x = \frac{0.325 \times 300~\mu L \times 10^{-6}}{(0.670 - 0.325) \times 50~mL \times 10^{-3}} \times 50.0~mg/L = 0.283~mg/L$$

即试液中铅的浓度为 0.283 mg/L。

(2) 作图法

取四份或五份相同体积的试样,从第二份开始分别按比例加入不同量待测元素的标准溶液,并稀释至相同体积,然后分别测 c_x、c_x+c_s、c_x+2c_s、c_x+3c_s、c_x+4c_s 吸光度。以加入待测元素的标准量为横坐标,相应的吸光度为纵坐标作图可得图 7-14 所示的直线,此直线的延长线与横坐标轴相交,相应于交点到原点的距离,即为原始试样中待测元素的浓度 c_x。

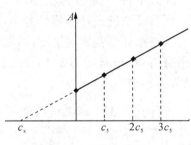

图 7-14 标准加入法

在应用本法时应注意以下几点:

① 待测元素的浓度与其对应 A 呈线性关系。

② 至少应采用四个点来做外推曲线,加入标准溶液的增量要合适。使第一个加入量产生的吸光度约为试样原吸光度的 1/2。

③ 本法能消除基体效应,但不能消除背景吸收的影响。

④ 对于斜率太小的曲线,容易引起较大误差。

当试样基体影响较大,且又没有纯净的基体空白,或测定纯物质中极微量的元素时采用。

7.4.3 灵敏度和检出限

在原子光谱分析中,灵敏度和检出限是评价分析方法和分析仪器的两个重要指标。

1. 灵敏度

在原子吸收光谱分析中,灵敏度 S 定义为校正曲线的斜率,其表达式为:

$$S = \frac{dA}{dc} \quad 或 \quad S = \frac{dA}{dm}$$

即被测元素单位浓度或质量的变化所引起的吸光度的变化。斜率越大,灵敏度越高。

在火焰原子吸收法中,常用特征浓度 c_0 这个概念来表征仪器对某一元素在一定条件下的分析灵敏度。所谓特征浓度是指产生 1% 净吸收(即吸光度为 0.004 4)的待测元素浓度(单位为 $\mu g/mL/1\%$)。

$$c_0 = \frac{c_s \times 0.004\ 4}{A} \ (\mu g/mL/1\%) \tag{7-17}$$

式中：c_s 为被测元素标准溶液的质量浓度（$\mu g/mL$）；A 为标准溶液的吸光度。

在石墨炉原子吸收法中，常用特征质量 m_0（单位 $\mu g/1\%$）来表征分析灵敏度。所谓特征质量即产生 1% 净吸收（吸光度为 0.004 4）的待测元素质量。

$$m_0 = \frac{c_s V \times 0.004\ 4}{A} \ (\mu g/1\%) \tag{7-18}$$

式中：V 为进样体积。

特征浓度或特征质量愈小，测定的灵敏度愈高。

根据元素测定灵敏度，可估算出被测元素最适宜的浓度范围或进样量。在原子吸收光谱分析中，吸光度为 0.15~0.6 时，测量准确度较高，此时，被测元素的浓度约为灵敏度的 25~120 倍。

【例 7-3】 球墨铸铁试样中 Mg 的质量分数为 0.010%，采用原子吸收法测定时，求其最适宜的浓度范围为多少？制备 25 mL 试液，应称取多少克试样？（已知 Mg 的灵敏度为 0.005 0 mg/L/1%）

解 最适宜的浓度范围为：0.005 0×25~0.005 0×120，即 0.12~0.60 mg/L。

应称试样的范围为：

$$\frac{25 \times 0.12 \times 10^{-6}}{0.010\%} \ g = 0.030 \ g$$

$$\frac{25 \times 0.6 \times 10^{-6}}{0.010\%} \ g = 0.15 \ g$$

一般称量试样 0.10~0.15 g 为宜。

2. 检出限

检出限（D）是指能产生一个能够确证在试样中存在某元素的分析信号所需的该元素的最小含量。即待测元素产生的信号强度等于其噪声强度标准偏差 3 倍时所相应的质量浓度或质量，用 $\mu g/mL$ 或 g 表示。

因此，原子吸收光谱法相对检出限为：

$$D_c = \frac{c_s \times 3\sigma}{A} \ \mu g/mL \tag{7-19}$$

同理，原子吸收光谱法绝对检出限为：

$$D_m = \frac{m \times 3\sigma}{A} \ g \tag{7-20}$$

式中：m 为被测元素的质量（g）；c_s 为被测元素标准溶液的质量浓度（$\mu g/mL$）；A 为多次

测量的吸光度的平均值;σ 为空白溶液吸光度的标准偏差,对空白溶液,至少连续测定 10 次而求得。

灵敏度和检测限是衡量分析方法和仪器性能的重要指标,检测限考虑了噪声的影响,其意义比灵敏度更明确。同一元素在不同仪器上有时灵敏度相同,但由于两台仪器的噪声水平不同,检测限可相差一个数量级以上。因此,降低噪声,如将仪器预热及选择合适的空心阴极灯的工作电流、光电倍增管的工作电压等等,有利于改进检测限。

§7.5 原子光谱联用技术

原子光谱分析技术是高灵敏度和高选择性的元素分析技术。但是,单独的原子光谱分析技术只能应用于痕量元素的总量测定。色谱是一种很好的分离手段,可以将复杂的混合物中的各个组分分离开,但它的定性、定结构的能力较差。将原子光谱分析技术与色谱分离技术联用,充分利用前者的高灵敏度和高选择性以及后者的高分离性能的优点,实现优势互补,是解决复杂基体(环境、生物样品、中草药、食品等)中痕量元素形态分析的重要途径。

7.5.1 色谱-原子吸收光谱联用技术

火焰原子吸收检测器操作容易、成本低、连接简单。目前原子吸收和色谱仪在我国各分析部门已经普及,色谱-原子吸收光谱联用技术也得到了快速发展。

色谱-火焰原子吸收系统联用系统通常由气相色谱仪、火焰原子吸收分光光度计及其连接装置三个基本部件组成,如图 7-15 所示。

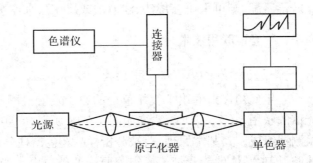

图 7-15 色谱-火焰原子吸收系统联用系统

一般说来,常规的气相色谱仪和液相色谱仪可不经任何改动即可与各种火焰原子吸收分光光度计相连。常规火焰原子化器由雾化器、雾化室和燃烧器组成。也可不经改动即可用作液相色谱的检测器。

1. 气相色谱(GC)-原子吸收光谱(AAS)联用

气相色谱-火焰原子吸收光谱联用(GC-FAAS)的基本原理是由气相色谱分离后的组分通过连接装置直接导入火焰原子吸收光谱的火焰原子化器进行原子化,测定吸光度进行定量分析。

由于色谱柱的气流速度不大,因此可以把色谱柱的气流直接引入火焰原子吸收分光光度计的雾化室、燃烧室或火焰中。气相色谱与原子吸收分光光度计之间的连接通常有引入雾化室、引入燃烧室和引入火焰三种方式,如图7-16和图7-17。通常应根据试样的浓度及测量灵敏度等情况选择适当的引入方式。

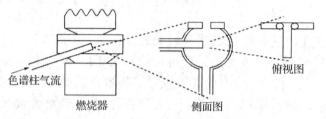

图7-16　色谱柱与燃烧器之间的连接

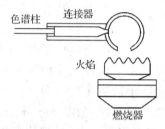

图7-17　引入火焰式连接法

2. 液相色谱(LC)-原子吸收光谱(AAS)联用

由于气相色谱分析的对象仅限于易挥发的化合物,因此气相色谱-火焰原子吸收联用系统的应用范围必然受到一些限制,而液相色谱-火焰原子吸收联用系统则可弥补这一不足。在液相色谱-火焰原子吸收联用系统中,输送泵和梯度洗脱装置是必不可少的部件。由于来自色谱柱流出液之流速与原子吸收雾化器的提升速率比较接近,因此色谱柱与原子化器的连接也比较容易。如果色谱柱流速与雾化器提升速率相匹配,色谱柱和雾化器可通过雾化器毛细管直接相连。若不匹配,则可采用补偿法、注射法或反压法来连接。

7.5.2　色谱-原子发射光谱联用技术

1. 气相色谱(GC)-原子发射光谱(AES)联用

惠普公司20世纪90年代初推出的用于气相色谱的原子发射检测器(AED),方便了气相色谱与原子发射光谱的联用。GC-AED系统如图7-18所示,它主要由气相色谱柱系统和微波等离子体检测器组成。其基本原理是:被分析样品经色谱柱分离后,被分离组分依次进入微波等离子体腔,等离子体的能量把流入组分原子的外层电子激发至较高能级的电子激发态,被激发的电子跃迁至较低的电子能级时就发射出特征光。用分光光度计测量原子特征波长处的发射光谱的强度,从而对被分离组分进行定性和定量分析。

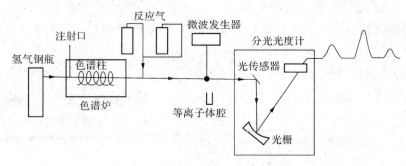

图 7 - 18 GC - AED 系统示意图

2. 液相色谱(LC)-原子发射光谱(AES)联用

在液相色谱-原子发射光谱联用技术中,液相色谱-等离子体原子发射光谱联用(LC-ICP-AES)是解决元素化学形态分析的最有效的方法之一,而且 LC-ICP-AES 具有同时多元素选择性检测的能力,这是 LC-AAS 等联用方法所无法相比的,所以,在这方面的研究报道较多,所使用的接口种类也较多。但是,不论"接口"的类型如何,其基本原理都是将液相色谱分离后的流出物雾化或直接气化后引入等离子体原子化器(ICP)。也有通过氢化物发生器,将生成的氢化物直接引入等离子体原子化器。

§7.6 应用

原子吸收光谱法广泛应用于环保、材料、临床、医药、食品、冶金、地质、法医、交通和能源等多个领域,可对近 80 种元素进行直接测量,加上间接测量元素,总量可达百余种。在农业、林业、水利、轻工等学科中,它主要用于土壤、动植物、食品、饲料、肥料、大气、水体等样品中金属元素和部分非金属元素的定量分析。

7.6.1 直接原子吸收法

直接原子吸收分析,指试祥经适当前处理后,直接测定其中的待测元素,金属元素和少数非金属元素可直接测定,达 70 多种元素。

7.6.2 间接原子吸收法

间接原子吸收法指对于不能直接测定的物质,有时可以通过另外的化学反应间接地进行测定。例如,试液中的氯与已知过量的 $AgNO_3$ 反应生成 AgCl 沉淀,用原子吸收法测定沉淀上部清液中过量的 Ag,即可间接定量氯。在碱性条件下,用糖还原 Cu(Ⅱ)生成 Cu_2O

沉淀,过滤后,用原子吸收光谱法测定溶液中未参加反应的 Cu^{2+},从而间接地沉淀糖的含量。间接法的应用,有效地扩大了原子吸收法的使用范围,同时也是提高某些元素分析灵敏度的途径之一。

1. 土壤以及各类农林作物样品中 Zn 的测定

样品用湿消化法或干灰化法处理,制成试液备用。原子吸收分光光度计测定条件:燃助比 1:4,波长 213.9 nm,以锌空心阴极灯为光源,灯电流 3 mA,光谱通带 0.2 nm。测定的吸光度按标准曲线法确定锌含量。本方法可用于人和动物毛发、土壤、玉米、柑橘和油桐等样品中锌的测定。

2. 自来水中镁的测定

直接取样待测。原子吸收分光光度计测定条件:燃助比 1:4,波长 285.2 nm 或 202.5 nm,以镁空心阴极灯为光源,灯电流 2 mA,光谱通带 0.2 nm。测定的吸光度按标准曲线法确定镁含量。

3. 菜叶中铅的测定

取菜叶,干燥,研细后,准确称取 10 mg,用水 5 mL 调成浆状,备用。用石墨炉原子吸收光谱法测定痕量铅。基本参数:铅空心阴极灯电流 10 mA,波长 283.3 nm,高纯氩气流量 500 mL/min,进样量 10 μL。采用标准曲线法测定菜叶中的铅含量。

课外参考读物

[1] 孙汉文.原子光谱分析[M].北京:高等教育出版社,2002.

[2] 邱德仁.原子光谱分析[M].上海:复旦大学出版社,2002.

[3] 邓勃.应用原子吸收与原子荧光光谱分析[M].北京:化学工业出版社,2007.

参考文献

[1] 孙汉文.原子光谱分析[M].北京:高等教育出版社,2002.

[2] 邱德仁.原子光谱分析[M].上海:复旦大学出版社,2002.

[3] 马怡载,何华焜,杨啸涛.石墨炉原子吸收分光光度法[M].北京:原子能出版社,1989.

[4] 邓勃主.应用原子吸收与原子荧光光谱分析[M].北京:化学工业出版社,2007.

[5] 章诒学,何华焜,陈江韩.原子吸收光谱仪[M].北京:化学工业出版社,2007.

[6] 朱明华,胡坪.仪器分析[M].4 版.北京:高等教育出版社,2008.

[7] 孙延一,吴灵主.仪器分析[M].湖北:华中科技大学出版社,2012.

[8] 方惠群,于俊生,史坚.仪器分析[M].北京:科学出版社,2002.

[9] 袁存光,祝优珍,田晶.现代仪器分析[M].北京:化学工业出版社,2012.

[10] 刘约权.现代仪器分析[M].北京:高等教育出版社,2001.

[11] 朱良漪.分析仪器手册[M].北京:化学工业出版社,1997.

1. 解释下列名词:

(1) 积分吸收和峰值吸收;

(2) 谱线的自然宽度和变宽;

(3) 谱线的热变宽和压力变宽;

(4) 特征浓度和特征质量。

2. 在原子吸收光谱法中,为什么要使用锐线光源?

3. 表征谱线轮廓的物理量有哪些?引起谱线变宽的主要因素有哪些?

4. 石墨炉原子化法的工作原理是什么?与火焰原子化法相比有什么优缺点?

5. 原子吸收光谱法中,光谱干扰有哪些?如何消除?

6. 在原子吸收分析中,火焰按燃料气与助燃气的比值可分为几类?其特点各是什么?

7. 原子吸收分光光度计的倒线色散率为 2 nm/mm,欲将 K 404.4 nm 和 K 404.7 nm 两条线分开,所用狭缝应是多少?

8. 将 0.20 μg/mL 的 Mg^{2+} 标准溶液在一定条件下进行原子吸收实验,选择 285.2 nm 为吸收线,测得吸光度为 0.150,求原子吸收光谱法测定镁的灵敏度。

9. 选择 Zn 213.9 nm 为分析线,原子吸收光谱法测定 Zn 的特征浓度为 0.015 μg/mL/1%,试样中锌的含量约为 0.01%,问:配制试液时最适宜的质量浓度范围为多少?若制备 50 mL 试液时,应该称取多少克试样?

10. 用标准加入法测定血浆中锂的含量,取 4 份 0.50 mL 血浆试样分别加入浓度为 200 mg/L 的 LiCl 标准溶液 0.0 μL、10.0 μL、20.0 μL、30.0 μL 稀释至 5.00 mL,并用 Li 670.8 nm 分析线测得吸光度依次为 0.115、0.238、0.358、0.481。计算血浆中锂的含量,以 μg/mL 表示。

11. 测定水样中 Mg 的含量,移取水样 20.00 mL 置于 50 mL 容量瓶中,加入 HCl 溶液酸化后,稀释至刻度,选择原子吸收光谱法最佳条件,测得其吸光度为 0.200;若另取 20.00 mL 水样于 50 mL 容量瓶中,再加入含 Mg 为 2.00 μg/mL 的标准溶液 1.00 mL 并用 HCl 溶液酸化后,稀至刻度。在同样条件下,测得吸光度为 0.225,试求水样中含镁量,以 μg/L 表示。

12. 用 Ca 422.7 nm 为分析线,火焰原子吸收光谱法测定血清中的钙。配制钙离子标准系列溶液的浓度分别为 0.00 μg/mL、2.00 μg/mL、4.00 μg/mL、6.00 μg/mL、8.00 μg/mL、10.0 μg/mL,测得吸光度分别为 0.000、0.119、0.245、0.368、0.490、0.611。取 1.00 mL 血清,加入 10 mL 4% 三氯乙酸溶液沉淀蛋白质并定容至 25 mL 后,将清液喷入火焰,测得吸光度为 0.473,求血清中钙的含量。若血清中含有 PO_4^{3-},所得结果将偏高还是偏低,为什么?

第8章 紫外-可见吸收光谱法

码上学习

研究物质在紫外-可见光区分子吸收光谱(基于分子外层价电子跃迁产生的吸收光谱)的分析方法称为紫外-可见吸收光谱法。该方法具有灵敏度高、准确度也较高,仪器设备操作简单、价格低廉等特点,适用于微量组分测定,广泛用于无机和有机物质的定性和定量分析。

§8.1 紫外-可见吸收光谱法的基本原理

8.1.1 分子吸收光谱

1. 分子吸收光谱的产生

分子,甚至是最简单的双原子分子的光谱,要比原子光谱复杂得多。这是由于在分子中,除了电子相对于原子核的运动外,还有组成分子的原子的原子核之间相对位移引起的分子振动和转动。分子中的电子处于相对于核的不同运动状态就有不同的能量,处于不同的转动运动状态代表不同的能级,即有电子能级、振动能级和转动能级。

图 8-1 是双原子分子的能级示意图,图中 A、B 表示不同能量的两个电子能级,在每个电子能级中还分布着若干振动能量不同的振动能级,它们的振动量子数用 $V=0,1,2,3,\cdots$ 表示,而在同一电子能级和同一振动能级中,还分布着若干能量不同的转动能量,它们的转动能量数用 $J=0,1,2,3,\cdots$ 表示。

分子总的能量可以认为是这三种运动能量之和。即

$$E = E_e + E_v + E_j$$

式中:E_e 为电子能量;E_v 为振动能量;E_j 转动能量。

当分子吸收一个具有一定能量的光量子后,从基态能级 E_1 跃迁到激发态能级 E_2,被吸收光子的能量必须与分子跃迁前后的能量差 ΔE 恰好相等,否则不能被吸收。

$$\Delta E = E_2 - E_1 = \varepsilon_{\text{光子}} = h\nu = h\frac{c}{\lambda} = \Delta E_e + \Delta E_v + \Delta E_j$$

式中:ΔE_e 一般为 $1\sim20$ eV;ΔE_v 一般为 $0.025\sim1$ eV;ΔE_j 一般 <0.025 eV。

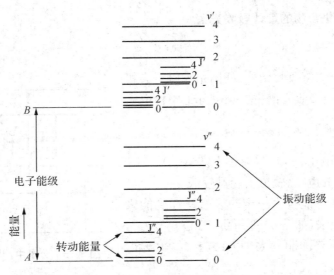

图 8-1　双原子分子电子能级、振动能级和转动能级示意图

可见,对于分子吸收光谱而言,一般包含有若干谱带系,不同的谱带系相当于不同的电子能级的跃迁,一个谱带系含有若干谱带,不同谱带相当于不同的振动能级的跃迁,同一谱带内又含有若干光谱线,每条光谱线相当于转动能级的跃迁。由这些光谱线聚集在一起形成的分子吸收光谱,因为谱线间间距较小,观察到的为合并成较宽的吸收带,称为带状光谱。

2. 吸收光谱

吸收光谱,又称吸收曲线,一般通过实验获得,具体方法是:将不同波长的光依次通过某一固定浓度和厚度的有色溶液,分别测出物质对各种波长光的吸收程度(用吸光度 A 表示),以波长(λ)为横坐标、吸光度(A)为纵坐标所描绘的图形,它描述了物质对不同波长光的吸收程度。如图 8-2 所示。

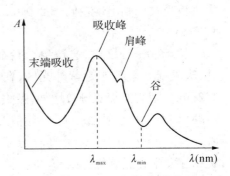

图 8-2　吸收曲线示意图

其中,吸收峰:曲线上比左右相邻处都高的一处;λ_{max}:吸收程度最大所对应的 λ(曲线最大峰处的 λ);谷:曲线上比左右相邻处都低的一处;λ_{min}:最低谷所对应的 λ;肩峰:介于峰与谷之间,形状像肩的弱吸收峰;末峰吸收:在吸收光谱短波长端所呈现的强吸收而不呈峰形的部分。

吸收光谱的特征(包括形状和 λ_{max})是紫外-可见吸收光谱定性分析的主要依据,而 λ_{max} 在紫外-可见光谱定量分析中具有重要意义。

8.1.2 有机化合物的紫外吸收光谱

1. 跃迁类型

许多有机化合物能吸收紫外-可见光辐射。有机化合物的紫外-可见吸收光谱主要是由分子中价电子的跃迁而产生的。

分子中的价电子有：

成键电子：σ电子、π电子（轨道上能量低）

未成键电子：n电子（轨道上能量较低）

这三类电子都可能吸收一定的能量跃迁到能级较高的反键轨道上去，如图8-3所示。

这些跃迁所需要的能量大小为：$\sigma \rightarrow \sigma^* > n \rightarrow \sigma^* \geqslant \pi \rightarrow \pi^* > n \rightarrow \pi^*$。

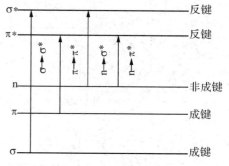

图8-3 分子中价电子跃迁示意图

（1）$\sigma \rightarrow \sigma^*$跃迁 它是分子成键σ轨道中的一个电子通过吸收辐射而被激发到相应的反键轨道。这类跃迁需要的能量较高，一般发生在真空紫外光区。饱和烃中的—C—C—键属于这类跃迁，例如乙烷的最大吸收波长λ_{max}为135 nm。由于$\sigma \rightarrow \sigma^*$跃迁引起的吸收不在通常能观察的紫外范围内，因此不对其作进一步的讨论。

（2）$n \rightarrow \sigma^*$跃迁 它发生在含有未共用电子对（非键电子）原子的饱和有机化合物中。通常这类跃迁所需的能量比$\sigma \rightarrow \sigma^*$跃迁要小，可由150 nm～250 nm区域内的辐射引起。而大多数吸收峰则出现在低于200 nm处。例如饱和脂肪族氯化物$n \rightarrow \sigma^*$一般在170 nm～175 nm。

（3）$\pi \rightarrow \pi^*$跃迁 它产生于有不饱和键的有机化合物中，需要的能量低于$\sigma \rightarrow \sigma^*$的跃迁，吸收峰一般处于近紫外光区，在200 nm左右。如乙烯（蒸气）的最大吸收波长λ_{max}为162 nm。随着共轭双键数增加，吸收峰向长波长方向移动。$\pi \rightarrow \pi^*$跃迁的吸收峰多为强吸收峰，其摩尔吸收系数较大，一般情况下$\geqslant 10^4$ L/(cm·mol)。

（4）$n \rightarrow \pi^*$跃迁 它产生于分子中含有孤对电子的原子和π键同时存在并共轭时，这类跃迁发生在近紫外光区和可见光区。如羰基、硝基中的孤对电子向反键轨道跃迁。其特点是谱带强度弱，摩尔吸收系数小，通常小于10^2 L/(cm·mol)。

（5）电荷迁移跃迁 电荷迁移跃迁是指用电磁辐射照射化合物时，电子从给予体向与接受体相联系的轨道上跃迁。因此，电荷迁移跃迁实质是一个内氧化还原过程，而相应的吸收光谱称为电荷迁移吸收光谱。例如，某些取代芳烃可产生分子内电荷迁移跃迁吸收带。

电荷迁移吸收带的谱带较宽，吸收强度大，最大波长处的摩尔吸收系数ε_{max}可大于10^4 L/(cm·mol)。

2. 常用术语

(1) 生色团　生色团是指在近紫外及可见光区波长范围内产生特征吸收带的具有一个或多个不饱和键和非键电子对的基团,产生 $\pi \rightarrow \pi^*$ 或 $n \rightarrow \pi^*$ 跃迁。如—C≡C—、$\overset{\diagdown}{\diagup}$C=O、$\overset{\diagdown}{\diagup}$C=N—、—N=N—、—COOH 等。从广义来说,所谓生色团,是指分子中可以吸收光子而产生电子跃迁的原子基团。

(2) 助色团　助色团是指带有非键电子对的基团,如—OH、—OR、—NHR、—SH、—Cl、—Br、—I 等,它们本身不能吸收大于 200 nm 的光,但引进这些基团能增加生色团的生色能力,会使其吸收带的最大吸收波长 λ_{max} 发生移动,并且增加其吸收强度。

(3) 红移和蓝移　在有机化合物中,常常因取代基的变更或溶剂的改变,使其吸收带的最大吸收波长 λ_{max} 发生移动。向长波方向移动称为红移,向短波方向移动称为蓝移。

3. 吸收带的类型

在紫外可见吸收光谱中,吸收峰的谱带位置称为吸收带,根据电子及分子轨道的种类,吸收带通常分以下四种。

(1) R 吸收带　由德文 Radikal(基团)而得名。这是与双键相连接的杂原子(如 C=O、C=N、S=O 等)上未成键电子的孤对电子向 π^* 反键轨道跃迁的结果,可简单表示为 $n \rightarrow \pi^*$。其特点是强度较弱,一般 $\varepsilon < 10^2$ L/(mol·cm);吸收峰位于 200～400 nm 之间。

(2) K 吸收带　由德文 Konjugation(共轭作用)而得名。是两个或两个以上双键共轭时,π 电子向 π^* 反键轨道跃迁的结果,可简单表示为 $\pi \rightarrow \pi^*$。其特点是吸收强度较大,通常 $\varepsilon > 10^4$ L/(mol·cm);跃迁所需能量大,吸收峰通常在 217～280 nm。K 吸收带的波长及强度与共轭体系数目、位置、取代基的种类有关。其波长随共轭体系的加长而向长波方向移动,吸收强度也随之加强。K 吸收带是紫外可见吸收光谱中应用最多的吸收带,用于判断化合物的共轭结构。

(3) B 吸收带　由德文 Benzenoid(苯的)而得名。也是由于芳香族化合物苯环上三个双键共轭体系中的 $\pi \rightarrow \pi^*$ 跃迁和苯环的振动相重叠引起的精细结构吸收带,相对来说,该吸收带强度较弱。吸收峰在 230～270 nm 之间,$\varepsilon \approx 2 \times 10^2$ L/(mol·cm)。B 吸收带的精细结构常用来判断芳香族化合物,但苯环上有取代基且与苯环共轭或在极性溶剂中测定时,这些精细结构会简单化或消失。

(4) E 吸收带　由德文 Ethylenicband(乙烯型)而得名。由芳香族化合物苯环上三个双键共轭体系中的 π 电子向 π^* 反键轨道 $\pi \rightarrow \pi^*$ 跃迁所产生的,是芳香族化合物的特征吸收。E_1 带出现在 185 nm 处,为强吸收,$\varepsilon > 10^4$ L/(mol·cm);E_2 带出现在 204 nm 处,为较强吸收,$\varepsilon > 10^3$ L/mol·cm。

当苯环上有发色团且与苯环共轭时,E_2 带常与 K 带合并且向长波方向移动,B 吸收带的精细结构简单化,吸收强度增加且向长波方向移动。例如苯和苯乙酮的紫外吸收光谱(如图 8-4 所示)。

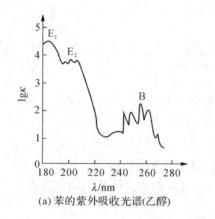
(a) 苯的紫外吸收光谱(乙醇)

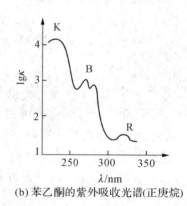
(b) 苯乙酮的紫外吸收光谱(正庚烷)

图 8-4 苯和苯乙酮的紫外吸收光谱

4. 有机化合物的紫外-可见分光谱

(1)饱和烃及其取代衍生物 饱和烃类分子中只含有 σ 键,因此只能产生 σ→σ* 跃迁。饱和烃的最大吸收峰一般小于 150 nm,已超出紫外、可见分光光度计的测量范围。

饱和烃的取代衍生物如卤代烃、醇、胺等,它们的杂原子上存在 n 电子,可产生 n→σ* 的跃迁,其吸收峰可以落在远紫外区和近紫外区。例如:甲烷的吸收峰在 125 nm,而碘甲烷的 σ→σ* 跃迁为 150～210 nm,n→σ* 跃迁为 259 nm。

直接用烷烃及其取代衍生物的紫外吸收光谱来分析这些化合物的实用价值并不大。但是,它们是测定紫外(或)可见吸收光谱时的良好溶剂。

(2)不饱和烃及共轭烯烃 在不饱和烃类分子中,除含有 σ 键外,还含有 π 键,它们可以产生 σ→σ* 和 π→π* 两种跃迁。π→π* 跃迁所需能量小于 σ→σ* 跃迁。例如,在乙烯分子中,π→π* 跃迁最大吸收波长 λ_{max} 为 180 nm。

在不饱和烃中,当有两个以上的双键共轭时,随着共轭系统的延长,π→π* 跃迁的吸收带将明显向长波移动,吸收强度也随之加强,当有五个以上双键共轭时,吸收带已落在可见光区。在共轭体系中,π→π* 跃迁产生的吸收带,又称为 K 带。

(3)羰基化合物 羰基化合物含有 C=O 基团。C=O 基团主要可以产生 n→σ*、n→π* 和 π→π* 三个吸收带。n→π* 吸收带又称为 R 带,落于近紫外或紫外光区。醛、酮、羧酸及羧酸的衍生物,如酯、酰胺、酰卤等,都含有羰基。由于醛和酮这两类物质与羧酸及其衍生物在结构上的差异,因此它们 n→π* 吸收带的光区稍有不同。

醛、酮的 n→π* 吸收带出现在 270～300 nm 附近,强度低[ε_{max} 为 10～20(L/mol·

cm)],并且谱带略宽。

当醛、酮的羰基与双键共轭时,形成了 α,β-不饱和醛酮类化合物。由于羰基与乙烯基共轭,即产生共轭作用,使和吸收带分别移至 220~260 nm 和 310~330 nm,前一吸收带强度高[$\varepsilon_{max}>10^4$(L/mol·cm)],为 K 带,后一吸收带强度低[$\varepsilon_{max}<10^2$ L/(mol·cm)],为 R 带。这一特征可以用来识别 α,β-不饱和醛酮。

(4)苯及其衍生物 苯有三个吸收带,它们都是由 $\pi\to\pi^*$ 跃迁引起的,即 E_1 带、E_2 带及具有精细结构的 B 带。

当苯环上有取代基时,苯的三个特征谱带都将发生显著的变化,其中影响较大的是 E_2 带和 B 带。当苯环上引入—NH_2、—OH、—CHO、—NO_2 等基团时,苯的 B 带显著红移,并且吸收强度增大。例如,硝基苯、苯甲酸的 $\pi\to\pi^*$ 吸收带分别位于 330 nm 和 328 nm。

(5)稠环芳烃及杂环化合物 稠环芳烃,如萘、蒽、并四苯、菲、芘等,均显示苯的三个吸收带。但是与苯本身相比较,这三个吸收带均发生红移,且强度增加。随着苯环数目增多,吸收波长红移越多,吸收强度也相应增加。

当芳环上的—CH 基团被氮原子取代后,则相应的氮杂环化合物(如吡啶、喹啉、吖啶)的吸收光谱,与相应的碳环化合物极为相似,即吡啶与苯相似、喹啉与萘相似。此外,由于引入含有 n 电子的 N 原子,这类杂环化合物还可能产生 $n\to\pi^*$ 吸收带,如吡啶在非极性溶剂的相应吸收带出现在 270 nm 处[ε_{max} 为 450 L/(mol·cm)]。

8.1.3 无机化合物的紫外-可见吸收光谱

产生无机化合物吸收光谱的电子跃迁形式,一般分为两大类:电荷迁移跃迁和配位场跃迁。

1. 电荷迁移跃迁

与某些有机化合物相似,许多无机配位物也有电荷迁移吸收光谱。若同 M 和 L 分别表示配位物的中心离子和配体,当一个电子由配体的轨道迁到与中心离子相关的轨道上时,中心离子为电子接受体,配体为电子给予体。一般来说,在配位物的电荷迁移跃迁中,金属是电子的接受体,配体是电子的给予体。如(FeSCN^{2+})的电荷迁移跃迁可以表示为:

$$[Fe^{3+}-SCN^-]^{2+} \xrightarrow{h\nu} [Fe^{2+}-SCN]^{2+}$$

不少过渡金属离子与含生色团的试剂反应所生成的配位物以及许多水合无机离子,均可产生电荷迁移跃迁。如 Fe^{2+} 与 1,10-邻二氮菲的配合物,可产生电荷迁移吸收光谱。

电荷迁移吸收光谱出现的波长位置,取决于电子给予体和电子接受体相应电子轨道的能量差。若中心离子的氧化能力愈强,或配体的还原能力愈强(相反,若中心离子还原能力愈强,或配体的氧化能力愈强),则发生电荷迁移跃迁时所需能量愈小,吸收光波长红移。

电荷迁移吸收光谱谱带最大的特点是摩尔吸收系数较大,一般 $\varepsilon_{max}>10$ L/(mol·cm)。因此许多"显色反应"是应用这类谱带进行定量分析,以提高检测灵敏度。

2. 配位场跃迁

配位场跃迁包括 d-d 跃迁和 f-f 跃迁。元素周期表中第四、五周期的过渡金属元素分别含有 3d 和 4d 轨道,镧系和锕系元素分别含有 4f 和 5f 轨道。在配体的存在下,过渡元素五个能量相等的 d 轨道及镧系和锕系元素七个能量相等的 f 轨道分别分裂成几组能量不等的 d 轨道及 f 轨道。当它们的离子吸收光能后,低能态的 d 电子或 f 电子可以分别跃迁至高能态的 d 或 f 轨道上去。这两类跃迁分别称为 d-d 跃迁和 f-f 跃迁。由于这两类跃迁必须在配体的配位场作用下才有可能产生,因此又称为配位场跃迁。

与电荷迁移比较,由于选择规则的限制,配位场跃迁吸收谱带的摩尔吸收系数小,一般 $\varepsilon_{max}<10^2$ L/(mol·cm),这类光谱一般位于可见光区。虽然配位场跃迁并不像电荷迁移跃迁在定量分析上重要,但它可用于研究配位物的结构,并为现代无机配位物键合理论的建立,提供了有用的信息。

8.1.4 紫外-可见吸收光谱的影响因素

紫外-可见吸收光谱主要取决于分子中价电子的能级跃迁,但分子的内部结构和外部环境都会对紫外-可见吸收光谱产生影响。了解影响紫外可见吸收光谱的因素,对解析紫外光谱、鉴定分子结构有十分重要的意义。

1. 分子内部结构的影响

(1) 共轭效应

共轭效应使共轭体系形成大 π 键,结果使各能级间能量差减小,跃迁所需能量减小。因此共轭效应使吸收的波长向长波方向移动,吸收强度也随之加强。

随着共轭体系的加长,吸收峰的波长和吸收强度呈规律地改变。

(2) 助色效应

助色效应使助色团的 n 电子与发色团的 π 电子共轭,结果使吸收峰的波长向长波方向移动,吸收强度随之加强。

(3) 超共轭效应

这是由于烷基的 σ 键与共轭体系的 π 键共轭而引起的,其效应同样使吸收峰向长波方向移动,吸收强度加强。但超共轭效应的影响远远小于共轭效应的影响。

2. 外部因素的影响

(1) 溶剂效应

紫外吸收光谱中有机化合物的测定往往需要溶剂,而溶剂尤其是极性溶剂,常会对溶质的吸收波长、强度及形状产生较大影响。在极性溶剂中,紫外光谱的精细结构会完全消失,其原因是极性溶剂分子与溶质分子的相互作用,限制了溶质分子的自由转动和振动,从而使振动和转动的精细结构随之消失。

一般来说,溶剂对于产生 $\pi \rightarrow \pi^*$ 跃迁谱带的影响为:溶剂的极性越强,谱带越向长波长方向位移。这是由于大多数能发生 $\pi \rightarrow \pi^*$ 跃迁的分子,激发态的极性总是比基态极性大,因而激发态与极性溶剂之间发生相互作用而导致的能量降低的程度就要比极性小的基态与极性溶剂发生作用而降低的能量大,因此要实现这一跃迁的能量也就小了。另一方面,溶剂对于产生 $n \rightarrow \pi^*$ 跃迁谱带的影响为:溶剂的极性越强,$n \rightarrow \pi^*$ 跃迁的谱带越向短波长位移。这是由于非成键的 n 电子会与含有极性溶剂相互作用形成氢键,从而较多地降低了基态的能量,使跃迁的能量增大,紫外吸收光谱就发生了向短波长方向的位移。例如异亚丙基丙酮的溶剂效应如表 8-1 所示。

表 8-1　异亚丙基丙酮的溶剂效应

溶剂	正己烷	氯仿	甲醇	水	
$\pi \rightarrow \pi^*$	230 nm	238 nm	237 nm	243 nm	向长波移动
$n \rightarrow \pi^*$	329 nm	315 nm	309 nm	305 nm	向短波移动

在选择测定吸收光谱曲线的溶剂时,应注意如下几点:① 尽量选用低极性溶剂;② 能很好地溶解被测物,并且形成的溶液具有良好的化学和光化学稳定性;③ 溶剂在样品的吸收光谱区无明显吸收。紫外-可见吸收光谱中常用溶剂的最低波长极限,可参阅相关文献。

(2) 酸度的影响

由于酸度的变化会使有机化合物的存在形式发生变化,从而导致谱带的位移,例如苯酚,随着 pH 的增高,谱带就会红移,吸收峰分别从 211 nm 和 270 nm 位移到 236 nm 和 287 nm。

另外,酸度的变化还会影响到配位平衡,从而造成有色配位物的组成发生变化,而使得吸收带发生位移,例如 Fe(Ⅲ) 与磺基水杨酸的配位物,在不同 pH 时会形成不同的配位比,从而产生紫红、橙红、黄色等不同颜色的配位配合物。

此外,仪器的性能,如仪器的单色性(即仪器的分辨率)、仪器的波长精度、仪器的测光精度等也会对紫外-可见吸收光谱产生影响。

§8.2　紫外-可见分光光度计

8.2.1　仪器组成

在紫外及可见光区用于测定溶液吸光度的分析仪器称为紫外-可见分光光度计,紫外-可见分光光度计的型号较多,但其仪器组成相似,都由光源、单色器、吸收池、检测器和信号显示系统等五大部件组成,如图 8-5 所示。

图 8-5 紫外-可见分光光度示意图

1. 光源

对光源的要求是:在仪器工作波长范围内,光源应能提供具有足够发射强度且波长连续变化的复合光,同时发射光的强度稳定,不随波长的变化而明显变化,使用寿命长等。

可见光区常用钨丝灯和碘钨灯作为光源,发射光波长范围为 320~2 500 nm,其中最适宜的适用范围为 320~1 000 nm。为保证光源的发射光强度稳定,一般采用稳压器严格控制灯源电压。

紫外光区常采用氢灯和氘灯作为光源,发射光波长范围为 160~500 nm,其中最适宜的适用范围为 180~350 nm。在相同的条件下,氘灯的辐射强度比氢灯大 3~5 倍。

2. 单色器

(1) 棱镜有玻璃和石英两种材质。由于玻璃会吸收紫外光,所以只适用于可见光波长范围。

(2) 光栅由于其分辨率比棱镜的分辨率高(可达±0.2 nm),且作用波长范围比棱镜宽,因此目前紫外-可见分光光度计常采用光栅作为色散元件。

其他光学元件中,狭缝宽度过大时,谱带宽度太大,入射光单色性差;狭缝宽度过小时,又会减弱光强度。准直器的功能是将入射光变成平行光。

3. 吸收池

吸收池有石英和玻璃两种材质,玻璃池只能用于可见光区,石英池可用于可见光区和紫外光区。

吸收池的规格从 0.1~10 cm 不等,根据被测样品的浓度和吸收情况来选择合适规格的吸收池,常用的为 1 cm 的吸收池。在使用时,为保证测量结果的准确性,吸收池要挑选配对使用,使它们的性能基本一致,不能随意互换应用。

4. 检测器

检测器是一种光电转换元件,是将透过吸收池的光转变为电信号的装置,其响应信号的大小与透过光的强度成正比,常用的检测器有光电池、光电管和光电倍增管等。检测器应在测量的光谱范围内具有高的灵敏度,对辐射能量的响应快、线性关系好、线性范围宽,对不同波长的辐射响应性能相同且可靠,有好的稳定性和低的噪声水平等。

光电管在紫外-可见分光光度计中应用广泛,使用两只光电管,一为氧化铯光电管,其可用波长为 625～1 000 nm；另一为锑铯光电管，其可用波长为 200～625 nm。光电倍增管亦为常用的检测器，其灵敏度比一般的光电管高 200 倍。

5. 信号显示系统

信号显示系统的作用是放大检测器的输出信号并以适当的方式指示或记录结果。常用的显示器有检流计、微安表、记录器和数字显示器。随着电子技术的飞速发展，目前许多已采用自动记录或数字显示装置，有的应用微型电子计算机对仪器进行控制，并且对数据进行采集和处理。

8.2.2　紫外-可见分光光度计的类型

紫外-可见分光光度计按使用波长范围可分为可见分光光度计和紫外-可见分光光度计两类；按光路可分为单光束式和双光束式两类；按测量时提供的波长数可分为单波长式和双波长式两类。

1. 单光束分光光度计

单光束分光光度计是最简单的分光光度计，其工作原理如图 8-6。光源发射出的复合光经单色器等光学元件后变为单色平行光，轮流通过参比溶液和样品溶液，经吸光物质吸收后，到达检测器转化为电信号后，经信号显示系统读取吸光度。

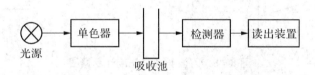

图 8-6　单光束分光光度计示意图

单光束分光光度计的特点是结构简单、操作方便、维修容易、价格低等，适用于常规分析。不足之处是测量结果因光源强度波动的影响较大，因而给定量分析结果带来较大的误差。

2. 双光束分光光度计

双光束分光光度计工作原理如图 8-7 所示。从光源中发射出的光经单色器后被一个旋转的扇形反射镜 M_1（即切光器）分为强度相等的两束光，分别通过参比池和样品池，利用另一个与 M_1 同步的切光器 M_4，使两束光在不同时间交替地照在同一个检测器上，并将两信号的比值经对数变换后转化为相应的吸光度值。

双光束分光光度计的特点是由于两束光同时分别通过参比池和样品池，能自动消除光源强度变化所引起的误差。同时，此类仪器一般都能自动记录吸收光谱曲线，因此在较宽波长范围内获得复杂的吸收光谱曲线的分析，极为适用。

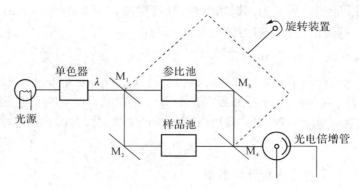

图 8-7 双光束分光光度计示意图

3. 双波长分光光度计

双波长分光光度计与单波长分光光度计的主要区别在于采用双单色器,以同时得到两束波长不同的单色光,其工作原理见图 8-8。

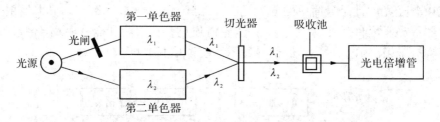

图 8-8 双波长分光光度计示意图

光源发射出的光分成两束,分别经两个可以自由转动的单色器,得到两束具有不同波长 λ_1 和 λ_2 的单色光。两束波长不同的单色光(λ_1、λ_2)交替地通过同一试样溶液(同一吸收池)后照射到同一光电倍增管上,最后得到的是溶液对 λ_1 和 λ_2 两束光的吸光度差值 ΔA,即

$$\Delta A = A_{\lambda_1} - A_{\lambda_2} = (\varepsilon_{\lambda_1} - \varepsilon_{\lambda_2})b \cdot c$$

该式表明:试样溶液中被测组分的浓度与两个波长 λ_1 和 λ_2 处的吸光度差 ΔA 成比例,这是双波长法的定量依据。

双波长分光光度计不仅在测定多组分混合试样、浑浊试样,以及存在背景干扰或共存组分吸收干扰的情况下,具有较高的灵敏度和选择性,而且还可测得导数光谱。

§8.3 紫外-可见吸收光谱法

紫外-可见吸收光谱法可以进行定量分析及测定某些化合物的物理化学数据等,例如相对分子质量、配位物的配位比及稳定常数和解离常数等。还可以用来对物质进行定性分析及结构分析,提供有用信息。

8.3.1 定性分析方法

1. 未知物的定性分析

紫外-可见吸收光谱中,每一种化合物都有自己的特征吸收带,不同化合物有不同的特征光谱,进行定性分析时,通常是根据吸收光谱的形状、吸收峰的数目以及最大吸收波长的位置和相应的摩尔吸光系数进行定性鉴定。一般未知物定性分析方法有如下两种:

(1) 比较吸收光谱曲线法

吸收光谱的形状、吸收峰的数目和位置及相应的摩尔吸光系数,是定性分析的光谱依据,而最大吸收波长 λ_{max} 及相应的 ε_{max} 是定性分析的最主要参数。比较法有标准物质比较法和标准谱图比较法两种。

利用标准物质比较,在相同的测量条件下,测定和比较未知物与已知标准物的吸收光谱曲线,如果两者的光谱完全一致,则可以初步认为它们是同一化合物。为了能使分析更准确可靠,可更换一种溶剂重新测定后再作比较。

如果没有标准物质,则可借助各种有机化合物的紫外可见标准谱图及有关电子光谱的文献资料进行比较。使用与标准谱图比较的方法时,要求仪器准确度、精密度要高,操作时测定条件要完全与文献规定的条件相同,否则可靠性较差。

(2) 计算不饱和有机化合物最大吸收波长的经验规则

当采用其他物理或化学方法推测未知化合物有几种可能结构后,可用经验规则计算它们最大吸收波长,然后再与实测值进行比较,以确认物质的结构。主要有伍德沃德(Woodward)规则和斯科特(Scott)规则。

伍德沃德规则,它是计算共轭二烯、多烯烃及共轭烯酮类化合物 $\pi-\pi^*$ 跃迁最大吸收波长的经验规则,计算时,先以某一类化合物的基本吸收波长为基数,然后对连接在母体中 π 电子体系(即共轭体系)上的各种取代基以及其他结构因素按所列的数值加以修正,得到该化合物的最大吸收波长 λ_{max}。

斯科特规则类似于伍德沃德规则,用来计算芳香族羰基衍生物 E_2 带的吸收波长。

由于紫外、可见光区的吸收光谱比较简单,特征性不强,只能表达化合物生色团、助色团和分子母核的信息,而不能表达整个分子的特征,因此该法的应用有一定的局限性。在配合红外吸收光谱法、核磁共振波谱法和质谱法等常用的结构分析法进行定量鉴定和结构分析后,仍不失为一种有用的辅助方法。

2. 有机化合物分子结构的推断

紫外吸收光谱在研究化合物结构中,主要可以提供未知物分子中可能具有的生色团、助色团和估计共轭程度的信息,这对有机化合物结构的推断和鉴别往往是很有用的。

（1）推测化合物所含的官能团

① 某些特征基团的判别

有机物的不少基团(生色团),如羰基、苯环、硝基、共轭体系等,都有其特征的紫外或可见吸收带,紫外-可见分光光度法在判别这些基团时,有时是十分有用的。如在 270～300 nm 处有弱的吸收带,且随溶剂极性增大而发生蓝移,就是羰基 $n-\pi^*$ 跃迁所产生 R 吸收带的有力证据。在 184 nm 附近有强吸收带(E_1 带),在 204 nm 附近有中强吸收带(E_2 带),在 260 nm 附近有弱吸收带且有精细结构(B 带),是苯环的特征吸收,等等。可以从有关资料中查找某些基团的特征吸收带。

② 共轭体系的判断

共轭体系会产生很强的 K 吸收带,通过绘制吸收光谱,可以判断化合物是否存在共轭体系或共轭的程度。如果一化合物在 210 nm 以上无强吸收带,可以认为该化合物不存在共轭体系;若在 215～250 nm 区域有强吸收带,则该化合物可能有两至三个双键的共轭体系,如 1,3-丁二烯,λ_{amx} 为 217 nm,ε_{amx} 为 21 000;若 260～350 nm 区域有很强的吸收带,则可能有三至五个双键的共轭体系,如癸五烯有五个共轭双键,λ_{amx} 为 335 nm,ε_{amx} 为 118 000。

（2）互变异构体的鉴别

某些有机化合物在溶液中可能有两种以上的互变异构体处于动态平衡中,这种异构体的互变过程常伴随有双键的移动及共轭体系的变化,因此也产生吸收光谱的变化。最常见的是某些含氧化合物的酮式与烯醇式异构体之间的互变。例如乙酰乙酸乙酯和烯醇式就是两种互变异构体:

$$CH_3-\overset{\overset{O}{\|}}{C}-CH_2-\overset{\overset{O}{\|}}{C}-OC_2H_5 \Longrightarrow CH_3-\overset{\overset{OH}{|}}{C}=CH-\overset{\overset{O}{\|}}{C}-OC_2H_5$$

它们的吸收特性不同:酮式异构体在近紫外光区的 λ_{max} 为 272 nm(ε_{max} 为 16),是 $n-\pi^*$ 跃迁所产生 R 吸收带。烯醇式异构体的 λ_{max} 为 243 nm(ε_{max} 为 16 000),是 $\pi-\pi^*$ 跃迁出共轭体系的 K 吸收带。两种异构体的互变平衡与溶剂有密切关系。

（3）区分化合物的构型

生色团和助色团处在同一平面上时,才产生最大的共轭效应。由于反式异构体的空间位阻效应小,分子的平面性能较好,共轭效应强。因此,吸收带强度都大于顺式异构体。例如,肉桂酸的顺、反式的吸收如下:

$$\lambda_{max}=280\text{ nm}\quad\varepsilon_{max}=13\ 500$$

$$\lambda_{max}=295\text{ nm}\quad\varepsilon_{max}=27\ 000$$

同一化学式的多环二烯,可能有两种异构体:一种是顺式异构体;另一种是异环二烯,是反式异构体。一般来说,异环二烯的吸收带强度总是比同环二烯来得大。

此外,紫外-可见分光光度法还可以判断某些化合物的构象(如取代基是平伏键还是直平键)及旋光异构体等。

3. 纯度检查

紫外吸收光谱能检查化合物中是否含具有紫外吸收的杂质,如果化合物在紫外光区没有明显的吸收峰,而它所含的杂质在紫外光区有较强的吸收峰,就可以检测出该化合物所含的杂质。如检查四氯化碳中有无 CS_2 杂质,只要观察在 318 nm 处有无 CS_2 的吸收峰就可以确定。

也可用吸光系数来检查物质的纯度。一般认为,当试样测出的摩尔吸光系数比标准样品测出的摩尔吸光系数小时,其纯度不如标样,相差越大,试样纯度越低。例如菲的氯仿溶液,在 296 nm 处有强吸收($\lg\varepsilon=4.10$),用某方法精制的菲测得 ε 值比标准值低 10%,说明实际含量只有 90%,其余为杂质。

8.3.2 定量分析方法

1. 朗伯-比尔定律

朗伯-比尔定律表述为:当一束平行的单色光通过单一均匀的、非散射的吸光物质溶液时,溶液的吸光度与溶液浓度和液层厚度的乘积成正比,数学表达式为:

$$A = Kbc$$

式中:A 为吸光度;b 为液层厚度(吸光光程),cm;c 为溶液的浓度,g/L;K 为吸光系数,在一定条件下为常数,L/(g·cm)。

当浓度单位取 mol/L 时,则此时的吸光系数叫做摩尔吸光系数,并改用 ε 来表示,其单位为 L/(mol·cm),此时朗伯-比尔定律表示为:

$$A = \varepsilon bc$$

ε 是吸光物质在特定波长、溶剂和温度条件下的一个特征常数,它在数值上为1 mol/L 的吸光物质在 1 cm 长的吸收光程中的吸光度,是吸光物质吸光能力大小的量度。

如果溶液是多组分共存体系,且各吸光组分的浓度都比较低,可以忽略它们之间的相互作用,这时体系的总吸光度等于各组分的吸光度之和,这叫做吸光度的加和性。

由于非单色光、试液化学因素及溶液本身性质改变等都会引起朗伯-比尔定律偏离,从而带来测量误差。

2. 定量分析方法

紫外-可见分光光度法定量分析的常见方法有如下几种:

（1）单组分的定量分析

如果在一个试样中只要测定一种组分，且在选定的测量波长下，试样中其他组分对该组分不干扰，这种单组分的定量分析较简单。

实际分析工作中常用标准曲线法。配制一系列不同浓度的标准溶液，以不含被测组分的空白溶液作参比，在最大吸收波长下，测定标准系列溶液的吸光度，绘制吸光度-浓度曲线，称为校准曲线（也叫标准曲线或工作曲线）。在相同条件下测定试样溶液的吸光度，从校准曲线上找出与之对应的未知组分的浓度。

由于受到各种因素的影响，实验测出的各点可能不完全在一条直线上，这时"画"直线的方法就显得随意性大了一些，此时可采用"最小二乘法"来确定直线回归方程，将会更加准确，也可采用 Excel 等软件相关功能计算。

此外，有时还可以采用标准对照法或标准加入法。

【例 8-1】 用邻二氮菲法测定 Fe^{2+} 得下列实验数据，请确定工作曲线的直线回归方程、相关系数、并计算未知液的浓度。

标准溶液浓度 $c/10^{-5}$ mol/L	1.00	2.00	3.00	4.00	6.00	8.00	未知液
吸光度 A	0.114	0.212	0.335	0.434	0.670	0.868	0.432

解 设直线回归方程为 $y=ax+b$，令 $x=10^5 c$，则得，$\overline{x}=4.00$，$\overline{y}=0.439$。

计算得
$$\sum_{i=1}^{n}(x_i-\overline{x})\cdot(y_i-\overline{y})=3.71$$

$$\sum_{i=1}^{n}(x_i-\overline{x})^2=34 \qquad \sum_{i=1}^{n}(y_i-\overline{y})^2=0.405$$

则
$$b=\frac{\sum_{i=1}^{n}(x_i-\overline{x})\cdot(y_i-\overline{y})}{\sum_{i=1}^{n}(x_i-\overline{x})^2}=\frac{3.71}{34}=0.109$$

$$a=\overline{y}-b\overline{x}=0.439-4\times0.109=0.003$$

得直线回归方程：$y=0.003+0.109x$

相关系数：
$$r=b\cdot\sqrt{\frac{\sum_{i=1}^{n}(x_i-\overline{x})^2}{\sum_{i=1}^{n}(y_i-\overline{y})^2}}=0.109\times\sqrt{\frac{34}{0.405}}=0.999$$

由回归方程得
$$A_{试}=0.003+0.109\times10^5 c_{试}$$

故
$$c_{试}=\frac{A_{试}-0.003}{0.109\times10^5}=\frac{0.432-0.003}{0.109\times10^5}=3.94\times10^{-5}\,(mol/L)$$

（2）多组分的定量分析

根据吸光度具有加和性的特点，在同一试样中可以同时测定两个或两个以上组分。假设要测定试样中的两个组分 A、B，如果分别绘制 A、B 两纯物质的吸收光谱，绘出三种情况，如图 8-9 所示。

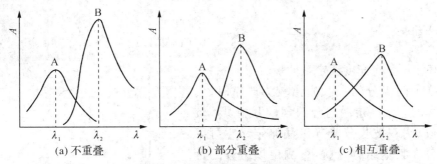

图 8-9　混合物的紫外吸收光谱

图 8-9(a)情况表明两组分互不干扰，可以用测定单组分的方法分别在 λ_1、λ_2 测定 A、B 两组分。

图 8-9(b)情况表明 A 组分对 B 组分的测定有干扰，而 B 组分对 A 组分的测定无干扰，则可以在 λ_1 处单独测量 A 组分，求得 A 组分的浓度 c_A。然后在 λ_2 处测量溶液的吸光度 $A_{\lambda_2}^{A+B}$ 及 A、B 纯物质的 $\varepsilon_{\lambda_2}^{A}$ 和 $\varepsilon_{\lambda_2}^{B}$ 值，根据吸光度的加和性，即得 $A_{\lambda_2}^{A+B} = A_{\lambda_2}^{A} + A_{\lambda_2}^{B} = \varepsilon_{\lambda_2}^{A} b c_A + \varepsilon_{\lambda_2}^{B} b c_B$，则可以求出 c_B。

图 8-9(c)情况表明两组分彼此互相干扰，此时，在 λ_1、λ_2 处分别测定溶液的吸光度 $A_{\lambda_1}^{A+B}$ 及 $A_{\lambda_2}^{A+B}$，而且同时测定 A、B 纯物质的 $\varepsilon_{\lambda_1}^{A}$、$\varepsilon_{\lambda_1}^{B}$ 及 $\varepsilon_{\lambda_2}^{A}$、$\varepsilon_{\lambda_2}^{B}$，然后列出联立方程：

$$A_{\lambda_1}^{A+B} = \varepsilon_{\lambda_1}^{A} b c_A + \varepsilon_{\lambda_1}^{B} b c_B$$

$$A_{\lambda_2}^{A+B} = \varepsilon_{\lambda_2}^{A} b c_A + \varepsilon_{\lambda_2}^{B} b c_B$$

解得 c_A、c_B。

显然，如果有 n 个组分的光谱互相干扰，就必须在 n 个波长处分别测定吸光度的加和值，然后解 n 元一次方程以求出各组分的浓度。应该指出，这将是繁琐的数学处理，且 n 越多，结果的准确性越差。用计算机处理测定结果将使运算大为方便。

【例 8-2】　测定含 A 和 B 两种有色物质中 A 和 B 的浓度，先以纯 A 物质作吸收曲线，求得 A 在 λ_1 和 λ_2 时 $\varepsilon_{\lambda_1}^{A} = 4\,800$ L/(mol·cm)和 $\varepsilon_{\lambda_2}^{A} = 700$ L/(mol·cm)；再以纯 B 物质作吸收曲线，求得 B 在 λ_1 和 λ_2 时 $\varepsilon_{\lambda_1}^{B} = 800$ L/(mol·cm)和 $\varepsilon_{\lambda_2}^{B} = 4\,200$ L/(mol·cm)。使用 1 cm 比色皿对试液分别在 λ_1 与 λ_2 处进行测量，得 $A_{\lambda_1}^{A+B} = 0.580$ 与 $A_{\lambda_2}^{A+B} = 1.100$。求试液中 A 和 B 的浓度。

解　由题意可以列出如下方程组：

$$\begin{cases} A_{\lambda_1}^{A+B} = \varepsilon_{\lambda_1}^{A} bc_A + \varepsilon_{\lambda_1}^{B} bc_B \\ A_{\lambda_2}^{A+B} = \varepsilon_{\lambda_2}^{A} bc_A + \varepsilon_{\lambda_2}^{B} bc_B \end{cases}$$

代入数据得：
$$\begin{cases} 0.580 = 4\,800c_A + 800c_B \\ 1.100 = 700c_A + 4\,200c_B \end{cases}$$

解方程组得：
$$\begin{cases} c_A = 7.94 \times 10^{-5}\ \text{mol/L} \\ c_B = 2.48 \times 10^{-4}\ \text{mol/L} \end{cases}$$

（3）双波长分光光度法定量分析

当试样中两组分的吸收光谱较为严重时，用解联立方程的方法测定两组分的含量可能误差较大，这时可以用双波长分光光度法测定。它可以进行一组分在其他组分干扰下，测定该组分的含量，也可以同时测定两组分的含量。

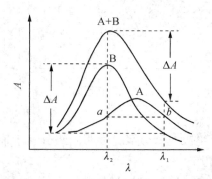

图 8 - 10　双波长法测定波长选择示意图

试样中含有 A、B 两组分，若要测定 B 组分，A 组分有干扰，采用双波长法进行 B 组分测量时方法如下：为了要能消除 A 组分的吸收干扰，一般首先选择待测组分 B 的最大吸收波长 λ_2 为测量波长，然后用作图法选择参比波长 λ_1，作法如图 8 - 10 所示。

在 λ_2 处作一波长轴的垂直线，交于组分 A 吸收曲线的某一点 a，再从这点作一条平行于波长轴的直线，交于组分 A 吸收曲线的另一点 b，该点所对应的波长成为参比波长 λ_1。可见组分 A 在 λ_2 和 λ_1 处是等吸收点，$A_{\lambda_2}^{A} = A_{\lambda_1}^{A}$。

由吸光度的加和性可见，混合试样在 λ_2 和 λ_1 处的吸光度可表示为：

$$A_{\lambda_2} = A_{\lambda_2}^{A} + A_{\lambda_2}^{B}$$
$$A_{\lambda_1} = A_{\lambda_1}^{A} + A_{\lambda_1}^{B}$$

双波长分光光度计的输出信号为 ΔA，则

$$\Delta A = A_{\lambda_2} - A_{\lambda_1} = A_{\lambda_2}^{B} + A_{\lambda_2}^{A} - A_{\lambda_1}^{B} - A_{\lambda_1}^{A}$$

$$A_{\lambda_2}^{A} = A_{\lambda_1}^{A}$$

$$\Delta A = A_{\lambda_2}^{B} - A_{\lambda_1}^{B} = (\varepsilon_{\lambda_2}^{B} - \varepsilon_{\lambda_1}^{B})bc_B$$

可见仪器的输出讯号 ΔA 与干扰组分 A 无关，它只正比于待测组分 B 的浓度，即消除了 A 的干扰。

3. 定量分析的灵敏度、误差

（1）分析灵敏度

根据朗伯-比尔定律可知，吸光物质在某一特定波长下的吸光度与浓度成正比，其分析

灵敏度可表示为：

$$S = \frac{\Delta A}{\Delta c} = \varepsilon b$$

由此可知，在一定吸光光程下，灵敏度与待测吸光物质的摩尔吸光系数 ε 有关，ε 越大，表示该物质对此波长光的吸收能力越强，测定的灵敏度也越高。

（2）分析误差

影响紫外-可见分光光度法分析结果准确度的因素主要是溶液因素误差和仪器因素误差两个方面。

① 溶液因素误差

溶液因素误差主要是指溶液中有关化学方面的原因，主要包括：

（a）待测物质本身的因素引起误差。待测物本身的因素是指在一定条件下，待测物参与了某化学反应，包括与溶剂或其他离子发生化学反应，以及本身发生解离或聚合等，从而改变待测物的吸光特性，产生偏离吸收定律的现象，从而引起分析误差。在实际工作中，被测元素所呈现的吸光物质往往随溶液的条件诸如稀释、pH、温度及有关试剂的浓度等不同而改变，因而导致产生偏离吸收定律，产生溶液因素误差。消除这类误差的方法，一般选用合适的显色剂及显色条件。

（b）溶液中其他因素引起误差。除了待测组分本身的原因外，溶液中其他因素，例如溶液的性质及共存物质的不同，都会引起溶液误差。消除这类误差的方法，一般是选择合适的参比溶液，或使用双波长分光光度计。

② 仪器因素的误差

仪器误差是指由使用分光光度计所引入的误差，主要包括：

（a）仪器的非理想性引起的误差。例如非单色光引起对吸收定律的偏离、波长标尺来做校正时引起光谱测量的误差、吸光度受吸光度标尺误差的影响等。

（b）仪器噪声的影响。例如光源强度波动、光电管噪声、电子元件噪声等。

（c）吸收池引起的误差。吸收池不匹配或吸收池透光面不平行，吸收池定位不确定或吸收池对光方向不同均会使透射比产生变化，结果产生误差。

§8.4　应　用

紫外-可见吸收光谱法可以用于定性和定量分析，这在上一节中已进行了详细的论述。除此以外，紫外-可见吸收光谱法还可用于配合物的组成和稳定常数的测定，分子相对分子质量的测定等。

8.4.1 配合物组成及其稳定常数的测定

用紫外-可见吸收光谱法测定配合物的组成,即金属离子 M 与配位剂 L 在形成配合物时的比例关系(也称配位数,即 ML_n 中 n 的数值)。配位数 n 的测定方法有多种,常用的是摩尔比法和连续变化法。下面以连续变化法为例说明配位数及配合物稳定常数的测定方法。

1. 基本原理

对金属离子 M 与配位剂 L 的反应:

$$M + nL \rightleftharpoons ML_n$$

连续变化法就是保持金属离子和配体两者的总物质的量不变,将金属离子和配体按不同物质的量之比混合,配制系列等体积溶液(即配置一系列保持金属离子浓度 c 和配体浓度之和不变的溶液),分别在相同条件下测其吸光度。虽然这一系列溶液中总物质的量相等,但 M 与 L 的物质的量之比是不同的,即有一些溶液中 M 离子是过量的,在另一些溶液中配体过量的,在这两部分溶液中配离子的浓度不可能达到最大值,只有当溶液中配体与金属离子浓度之比与配离子的组成一致时,配离子浓度才能最大,因而此时吸光度最大。如果溶液中只生成一种配合物,随着金属离子浓度由小到大,配合物浓度先递增再递减,相应的吸光度也如此变化,以吸光度 A 为纵坐标,以摩尔分数 $x_R \left(x_R = \dfrac{V_M}{V_M + V_L} \right)$ 为横坐标作

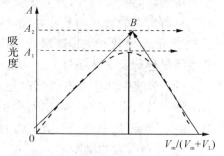

图 8-11 连续变化法确定配位数 n

图,所得的"吸光度-物质的量比"曲线,一定会出现极大值,如图 8-11所示。

(1) 配合物组成的确定:在曲线最高点所对应的溶液的组成(M 和 L 的物质的量之比)即为该配合物的组成。如图 8-11,若与吸光度最大点所对应的 M 与 L 的物质的量之比为 $1 : 1$,则配合物组成为 MR 型,若 M 与 R 的物质的量之比为 $1 : 2$,则配合物为 MR_2 型。

(2) 配合物稳定常数确定:按照朗伯-比尔定律,若 M 与 L 全形成了配合物 ML_n,则吸光度-物质的量比图形应是一条直线,有明显的最大值 B,与 B 相对应的 A_2 是配离子 ML_n 不解离时的最大吸光度,即 $c_M = \dfrac{A_2}{\varepsilon b}$;实测对应吸光度 A_1 是由于配合物部分解离后剩下的那部分配合物的吸光度,即 $[ML_n] = \dfrac{A_1}{\varepsilon b}$。稳定常数 K 可表示为:

$$K = \frac{A_1 (\varepsilon b)^n}{n^n (A_2 - A_1)^{n+1}}$$

其中 εb 可由 $c_M = \dfrac{A_2}{\varepsilon b}$ 推出。

【例 8-3】 磺基水杨酸合铁(Ⅲ)配合物的组成及稳定常数的测定磺基水杨酸合铁(Ⅲ)配合物的反应为:

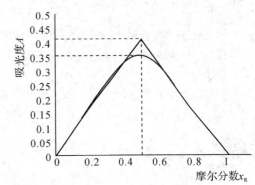

$$n \ ^-O_3S-\!\!\!\bigcirc\!\!\!-\!\!\!\!\begin{matrix}OH\\COOH\end{matrix} + Fe^{3+} \longrightarrow \left[\left(\ ^-O_3S-\!\!\!\bigcirc\!\!\!-\!\!\!\!\begin{matrix}O-\\COO-\end{matrix}\right)_n Fe\right]^{3-2n} + 2nH^+$$

在 pH=2~3 时形成的红褐色配离子,其 500 nm 处有最大吸收值。经实验得到如下数据:

序号	0.0010 mol/L Fe³⁺ 加入量 mL	0.0010 mol/L 磺基水杨酸加入量 mL	Fe³⁺ 摩尔分数 x_R	吸光度 A
1	0.0	10.0	0.0	0.000
2	1.0	9.0	0.1	0.088
3	2.0	8.0	0.2	0.181
4	3.0	7.0	0.3	0.263
5	4.0	6.0	0.4	0.336
6	5.0	5.0	0.5	0.355
7	6.0	4.0	0.6	0.309
8	7.0	3.0	0.7	0.242
9	8.0	2.0	0.8	0.151
10	9.0	1.0	0.9	0.078
11	10.0	0.0	1.0	0.000

经数据处理后,得到右图:

由图可知 $x_R = \dfrac{V_M}{V_M + V_L} = 0.5$,$A_1 = 0.355$,$A_2 = 0.407$;每个溶液稀释至 100 mL,则

$$\frac{V_M}{V_L} = 1$$

所以 $n=1$,该配合物配位比为 1∶1。
解离常数 $K = 2.13 \times 10^5$。

纵轴标注:吸光度 A；横轴标注:摩尔分数 x_R

8.4.2 分子相对分子质量

1. 基本原理

若一化合物在紫外-可见波长范围内无吸收,将它与摩尔吸光系数已知的生色团作用生成衍生物。经验表明,对同类衍生物,所生成的衍生物的 ε 与生色团的 ε 相近。根据朗

伯-比尔定律,该化合物的相对分子质量 M 与有关参数存在以下关系:

$$M = \frac{\varepsilon mb}{A}$$

式中,m 为 1 L 溶液中该化合物的质量。测得一定质量的该化合物的吸光度后,若 ε 已知,由上式可求得其相对分子质量。

【例 8-4】 某碱(BOH)在紫外-可见光区无吸收。苦味酸(HA,相对分子质量为 229)在 380 nm 处有最大吸收值,但其摩尔吸光系数为 2.00×10^4 L/(mol·cm)。该碱与苦味酸的衍生物同苦味酸具有相同的吸光特性。现将 2.481 mg 的(BOH)的苦味酸(HA)盐溶于 100 mL 的乙醇中,在 1 cm 的吸收池中测得其在 380 nm 处吸光度为 0.598。求该碱(BOH)的相对分子质量。

解 该碱与苦味酸反应式为:

$$BOH + HA \longrightarrow BA + H_2O$$

BA 的相对分子质量为:

$$M = \frac{\varepsilon mb}{A} = \frac{2.0 \times 10^4 \times 2.481 \times 10^{-3} \times 10 \times 1}{0.598} = 830$$

BOH 的相对分子质量为:

$$M_{BOH} = M_{BA} - M_{HA} + M_H + M_{OH} = 830 - 229 + 1 + 17 = 619$$

课外参考读物

[1] 陈国珍,黄贤智,刘文远,等. 紫外-可见分光光度法[M]. 北京:原子能出版社,1983.

[2] 朱红祥,柴欣生,王双飞等. 衰减全反射-紫外-可见光谱技术应用[J]. 化学进展,2007,19(23):141-419.

[3] 魏康林,温志渝,武新等. 基于紫外-可见光谱分析的水质监测技术研究进展[J]. 光谱学与光谱分析,2011,31(4):1074-1077.

参考文献

[1] 朱明华,胡坪. 仪器分析[M]. 北京:高等教育出版社,2008.

[2] 孙福生. 环境分析化学[M]. 北京:化学工业出版社,2011.

[3] 黄一石. 仪器分析[M]. 北京:化学工业出版社,2007.

[4] 冯玉红. 现代仪器分析实用教程[M]. 北京:北京大学出版社,2008.

[5] 胡劲波. 仪器分析[M]. 北京:北京师范大学出版社,2008.

习　题

1. 紫外吸收光谱中的主要的吸收带类型及特点是什么？

2. 举例说明紫外吸收光谱法的应用。

3. 说明可见分光光度计的组成及各部分作用？与紫外-可见分光光度计比较,有什么不同之处？

4. 紫外及可见分光光度计和原子吸收分光光度计的单色器设置位置有何不同,原因在哪里？

5. 下列一组异构体,能否用紫外光谱加以区别？并说明理由。

6. 试推测下列化合物中 λ_{max} 的排列顺序,为什么？

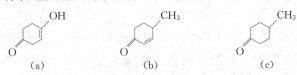

7. NO_2^- 在波长 355 nm 处的 $\varepsilon_{355}=23.3$ L/(mol·cm), $\varepsilon_{355}/\varepsilon_{302}=2.5$, NO_3^- 在波长 355 nm 处的吸收可忽略,在波长 302 nm 处 $\varepsilon_{302}=7.24$ L/(mol·cm)。今有一含有 NO_2^- 和 NO_3^- 的试液,用 1 cm 的吸收池测得 $A_{302}=1.010$, $A_{355}=0.730$。计算试液中 NO_2^- 和 NO_3^- 的总氮含量。

8. 在采用碱性过硫酸钾消解紫外分光光度法测量水体中的总氮含量时,得到如下数据：

含量(μg)	0	5.0	10.0	20.0	30.0	50.0	70.0	80.0	水样
A_{220}	0.049	0.102	0.149	0.246	0.353	0.525	0.733	0.833	0.376
A_{275}	0.010	0.009	0.011	0.009	0.011	0.017	0.013	0.010	0.010

其中校正吸光度值按 $A=A_{220}-2A_{275}$ 计算,水样取 10 mL 测定,求水样的总氮含量。

9. 奥硝唑是一种常见的抗感染药物,其市售规格常见的为标示含量 0.5% 的注射液(即 100 mL 注射液含奥硝唑 0.5 g),取奥硝唑对照品 0.011 3 g 溶于 100 mL 的容量瓶中稀释至 100 mL,从容量瓶中取出 5 mL,再用蒸馏水稀释至 50 mL,在 319 nm 处,测得对照品 A(吸光度)=0.465;现有一市售奥硝唑注射液,取 5 mL 供试品于 100 mL 的容量瓶中稀释至 100 mL;从容量瓶中取出 1 mL,用蒸馏水稀释至 25 mL;在 319 nm 处,供试品 $A=0.413$。求市售奥硝唑注射液含量占标示量的百分比。

10. 金属离子 M^+ 与配位剂 X^- 形成配位物 MX,其他种类配位物的形成可以忽略,在 350 nm 处 MX 有强烈吸收,溶液中其他物质的吸收可忽略不计。含 0.000 500 mol/L M^+ 和 0.200 mol/L X^- 的溶液,在 350 nm 和 1 cm 比色皿中,测得吸光度为 0.800;另一溶液由 0.000 500 mol/L M^+ 和 0.025 0 mol/L X^- 组成,在同样条件下测得吸光度为 0.640。设前一种溶液中所有 M^+ 均转化为配合物,而在第二种溶液中并不如此,试计算 MX 的稳定常数。

第9章 红外吸收光谱及激光拉曼光谱法

☞ 码上学习

§9.1 红外吸收光谱法

红外吸收光谱法是建立在分子吸收红外辐射基础上的分析方法,因此它也是分子吸收光谱。

1800 年,英国天文学家威廉·赫歇尔(Wilhelm Herschel)在分析太阳光谱时发现红外辐射后,红外吸收光谱一直是物理学家的研究领域。直到 20 世纪 30 年代,由于对合成橡胶的迫切需求,红外吸收光谱才得到化学家的重视和研究,并迅速发展。如今,随着计算机的发展以及红外吸收光谱与其他大型仪器设备的联用,红外吸收光谱在物质结构分析、反应机理研究以及物质定性定量分析中发挥非常重要的作用。

9.1.1 基本原理

1. 产生红外吸收条件

红外光谱是物质分子选择性吸收一定的电磁辐射后产生的,发生这一过程需要满足以下两个条件。

(1) 红外辐射光子的能量与物质分子振动跃迁所需要的能量相等。当用一束连续的红外光谱照射试样分子时,如果分子中某个基团的振动频率与辐射光子的振动频率相同,分子就能获得能量,从而导致分子内部振动而发生能量跃迁。

(2) 辐射应与物质分子之间产生相互耦合作用。任何分子就整体而言是电中性的,但是在分子内部,由于构成分子的各原子本身电负性不同,分子会有不同的极性,称为偶极子。只有能使偶极矩发生变化的振动形式才能吸收红外辐射,这是因为使偶极矩发生变化的振动才能建立一个可与外界红外辐射相互作用的磁场。当红外辐射的频率与偶极子本身具有的振动频率相同时,外界提供的辐射与物质之间产生相互耦合作用,从而使分子振动的振幅发生变化,即分子吸收外界辐射后,分子的较低的振动能级跃迁到较高的振动能级,表现出所谓的红外活性。振动过程中不发生偶极矩变化的振动形式,无法接受外界红外辐射的能量,因而不产生红外辐射,表现出所谓的非红外活性,同核双原子分子为非红外活性。

2. 分子振动类型

(1) 双原子分子的振动

分子振动可以近似地看成分子中的原子以平衡点为中心,以非常小的振幅做周期性的简谐振动。由于振动能量是量子化的,分子中各基团之间,化学键之间会相互影响,即分子振动的波数与分子结构和所处的化学环境有关,因此,给出波数的精确计算式是很难的,需要对其进行近似处理。

对于双原子分子伸缩振动而言,可将其视为质量为 m_1 和 m_2 的两个小球,连接它们的化学键看成质量可以忽略的弹簧,用经典力学中的谐振子模型来研究,如图 9-1 所示。

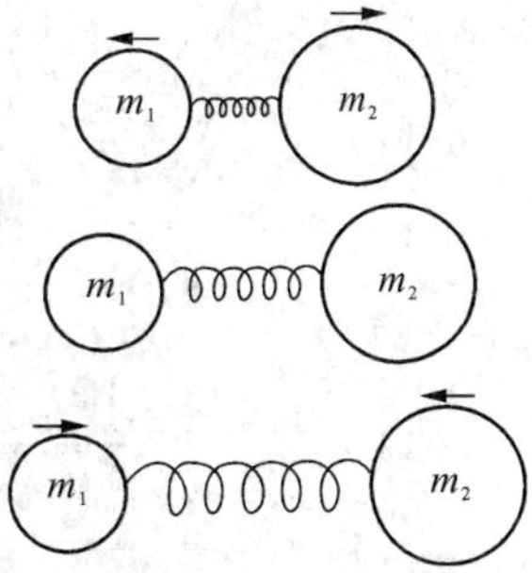

分子的两个原子以其平衡点为中心,以很小的振幅(与核间距相比)做周期性"简谐"振动。用经典力学可导出振动频率 ν 的计算公式:

$$\nu = \frac{1}{2\pi}\sqrt{\frac{k}{\mu}} \qquad (9-1)$$

$$\sigma = \frac{1}{2\pi c}\sqrt{\frac{k}{\mu}} \qquad (9-2)$$

图 9-1 双原子分子的振动

式中:k 为化学键的力常数(单位为 N/cm);μ 为双原子分子的折合质量。

$$\mu = \frac{m_1 \cdot m_2}{m_1 + m_2} \qquad (9-3)$$

由式(9-2)可知,力常数越大,折合质量越小,化学键的振动波数或波数值越高,吸收峰将出现在高波数区;反之,则出现在低波数区。有机化合物的结构不同,它们的相对原子质量单位和化学键的力常数不相同,就会出现在不同的吸收频率,所以各有其特征的红外吸收光谱。上述方法是一个近似的处理方法,但是,由式(9-2)计算出的值与真实值是近似相等的。

(2) 多原子分子振动

对于多原子分子来说,由于组成原子数目增多,且排布情况即组成分子的键或基团和空间结构的不同,其振动光谱比双原子分子要复杂得多。但可将多原子分子的振动分解为多个简单的基本振动,即简正振动。

① 简正振动

简正振动是指整个分子的质心保持不变,整体不转动,各原子在其平衡位置附近做简谐振动,且振动频率和位相都相同,即每个原子都在同一瞬间通过其平衡位置,而且同时达到其最大位移值。多原子分子中的任何一个复杂振动均可以视为这些简正振动的线性组合。

② 简正振动的基本形式

简正振动的基本形式大体可以分为两类,即伸缩振动(以 ν 表示)和变形振动(以 δ 表示)。

(a) 伸缩振动 ν　原子沿键轴方向伸缩,使键长发生变化而键角不变的振动称为伸缩振动。它又可分为对称伸缩振动(ν_s)和不对称伸缩振动(ν_{as}),前者在振动的各键同时伸长或缩短,后者在振动的各键是某些键伸长而另一些键缩短。对同一基团而言,不对称伸缩振动的频率及吸收强度总是稍高于对称伸缩振动,如图9-2所示。

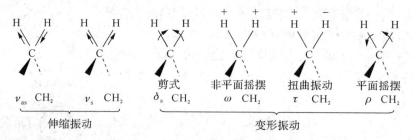

图 9-2　亚甲基的各种简正振动形式

(b) 变形振动 δ　变形振动又称弯曲振动和变角振动。它是指键角发生周期性变化而键长不变的振动,它又可以分为面内变形振动和面外变形振动。面内变形振动可分为剪式振动和面内摇摆振动;面外弯曲变形振动又可分为面外摇摆振动和面外扭曲振动,如图9-2所示。

3. 分子振动自由度

分子简正振动的数目称为分子简正振动的自由度,每个振动自由度相应于红外光谱图上一个基频吸收带。一个有 N 个原子组成的分子,其运动自由度应该等于各个原子运动的自由度之和。每一个原子的运动状态都可用空间直角坐标系的三个坐标 x、y、z 来描述。因此 N 个原子组成的分子总共有 $3N$ 种运动状态,即有 $3N$ 个自由度。而实际上原子是被化学键联结成一个统一的整体,分子作为一个整体的运动状态可分为三类:平动、转动和振动。由于分子的质心向任何方向移动都可分解成三个坐标方向的移动,因此分子有三个平动自由度。在非线性分子中,整个分子可绕 x、y、z 三个轴转动,故也有三个转动自由度。总自由度为 $3N$,扣除转动和平动自由度,只剩下 $3N-6$ 个振动自由度。

对于线性分子而言,若贯穿所有原子的轴是在 x 方向,则整个分子只能绕 y、z 轴转动,只有 2 个转动自由度,因此剩下的振动自由度为 $3N-5$。

例如,水分子是非线性分子,振动自由度为 $3\times3-6=3$,其三种简正振动形式如图 9-3 所示,这三种活动形式都是红外活性振动,在红外光谱图上有三个吸收峰。

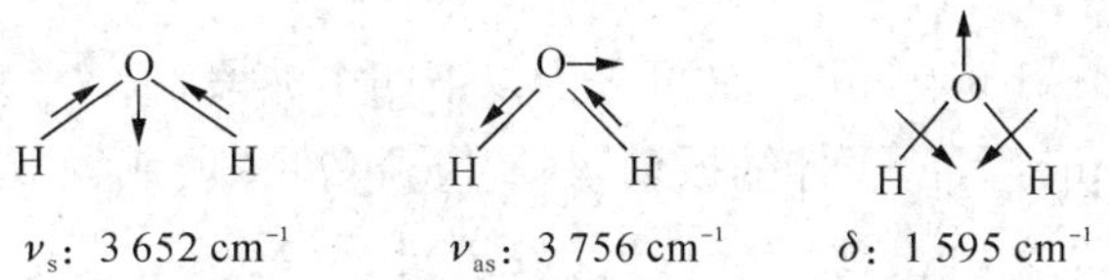

图 9 - 3　水分子的三种振动形式

又如 CO_2 分子为线性分子,振动自由度为 $3 \times 3 - 5 = 4$,即有 4 种简正振动,如图 9 - 4。

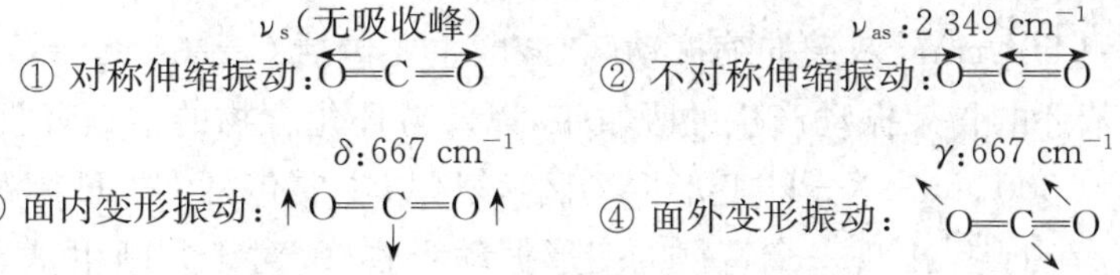

图 9 - 4　CO_2 的四种振动形式

从理论上讲,各种简正振动形式都有其特定的振动频率,在红外光谱图上应有其相应的吸收带,但实际上并非如此。绝大多数化合物红外光谱图上出现的基频吸收带数目往往小于理论上计算的振动自由度。其主要原因有:① 红外非活性振动,例如 CO_2 分子的对称伸缩振动使它的两个键偶极矩方向相反,大小相等,正负电中心重合,没有伴随偶极矩的变化,所以不产生红外吸收;② 简并,不同振动形式有相同的振动频率,如 CO_2 分子的面内和面外变形振动因频率完全相同而发生简并,故在红外光谱图上,这两种振动形式只能看到一个吸收;③ 仪器分辨率不高或灵敏度不够,难以分辨那些频率十分接近和强度很弱的吸收峰,或有的吸收峰不在仪器检测范围内。

9.1.2　红外吸收光谱与分子结构的关系

1. 基团频率区与指纹区

实践表明,不同分子的同一类基团的振动频率非常接近,都在一定的频率区间出现吸收带,这种吸收带的频率称为相应官能团的基团频率。最有分析价值的基团频率在 $4\,000 \sim 1\,300\ cm^{-1}$,称为基团频率区或者官能团特征区。区内的峰是由伸缩振动产生的吸收带,受分子其余部分的影响较少,比较稀疏,易于辨认,常用于官能团的鉴定。分子的某些振动与分子的整体结构有关。如 C—C 单键的伸缩振动,C—H 单键的变形振动等,大多受到分子其余部分结构的强烈影响。这些振动的吸收带频率出现在 $1\,300 \sim 600\ cm^{-1}$。当分子结构稍有不同时,该区吸收就有细微差异,并显示出分子的特征。这犹如人的指纹各不相同一样,因此称为指纹区。指纹区可以对于认证结构相似的化合物很有帮助,而且可以作为某种基团存在与否的辅助证据。

（1）基团频率区

基团频率区（4 000～1 300 cm^{-1}）又可分为以下四个波段：

① 4 000～2 500 cm^{-1} X－H 伸缩振动区（X 代表 O、N、C 或者 S 原子），通常又称为"氢键区"。

② 2 500～2 000 cm^{-1} 叁键和累积双键区，主要包括 C≡C、C≡N 叁键等伸缩振动和 C＝C＝C、C＝C＝O 等累积双键的不对称伸缩振动，中等强度吸收或弱吸收。该区域干扰小，谱带易于识别。

③ 2 000～1 500 cm^{-1} 双键伸缩振动区，该区主要包括 C＝O、C＝C、C＝N 和 N＝O 等伸缩振动和苯环的骨架振动产生的吸收带，以及芳环化合物的倍频吸收带。

④ 1 500～1 300 cm^{-1} X－H 变形振动区，该区域主要包括 C—H、N—H 变形振动，甲基在 1 380～1 370 cm^{-1} 出现一个特征的变形振动吸收峰，对于判断甲基十分有用。当一个碳原子有两个甲基时，两个甲基的变形振动互相耦合，使 1 370 cm^{-1} 附近吸收峰发生分裂，出现两个吸收峰。

（2）指纹区

指纹区（1 300～600 cm^{-1}）也可分为两个波段：

① 1 300～900 cm^{-1} 单键伸缩振动区，C—C、C—O、C—N、C—P、C—S、P—O、Si—O 等单键的伸缩振动和 C＝S、S＝O、P＝O 等双键的伸缩振动吸收峰出现在该区域。

② 900～600 cm^{-1} 苯环取代而产生的吸收峰是这个区域的重要内容，如果在此区间内无吸收峰，一般表示无芳香族化合物。此区域吸收峰的形状常与环的取代位置有关。与其他区间的吸收对照，可确定苯环的取代类型。此外，该区域的吸收峰还可用来确认化合物的顺反构型。例如，烯烃＝C—H 面外变形振动吸收峰，根据取代情况，反式构型吸收峰在 990～970 cm^{-1}；而顺式构型则出现在 730～675 cm^{-1} 附近。

2. 主要官能团红外特征吸收频率

在红外光谱中，每种红外活性振动都相应产生一个吸收峰，所以情况十分复杂。因此，在用红外光谱来确定化合物是否存在某种官能团时，首先应该注意在基团频率区的特征峰是否存在，同时也应该找到它们的相关峰作旁证。为此在表 9-1 中列出了主要基团红外特征吸收峰，以供参考。

表 9－1　常见基团的基团频率和振动形式

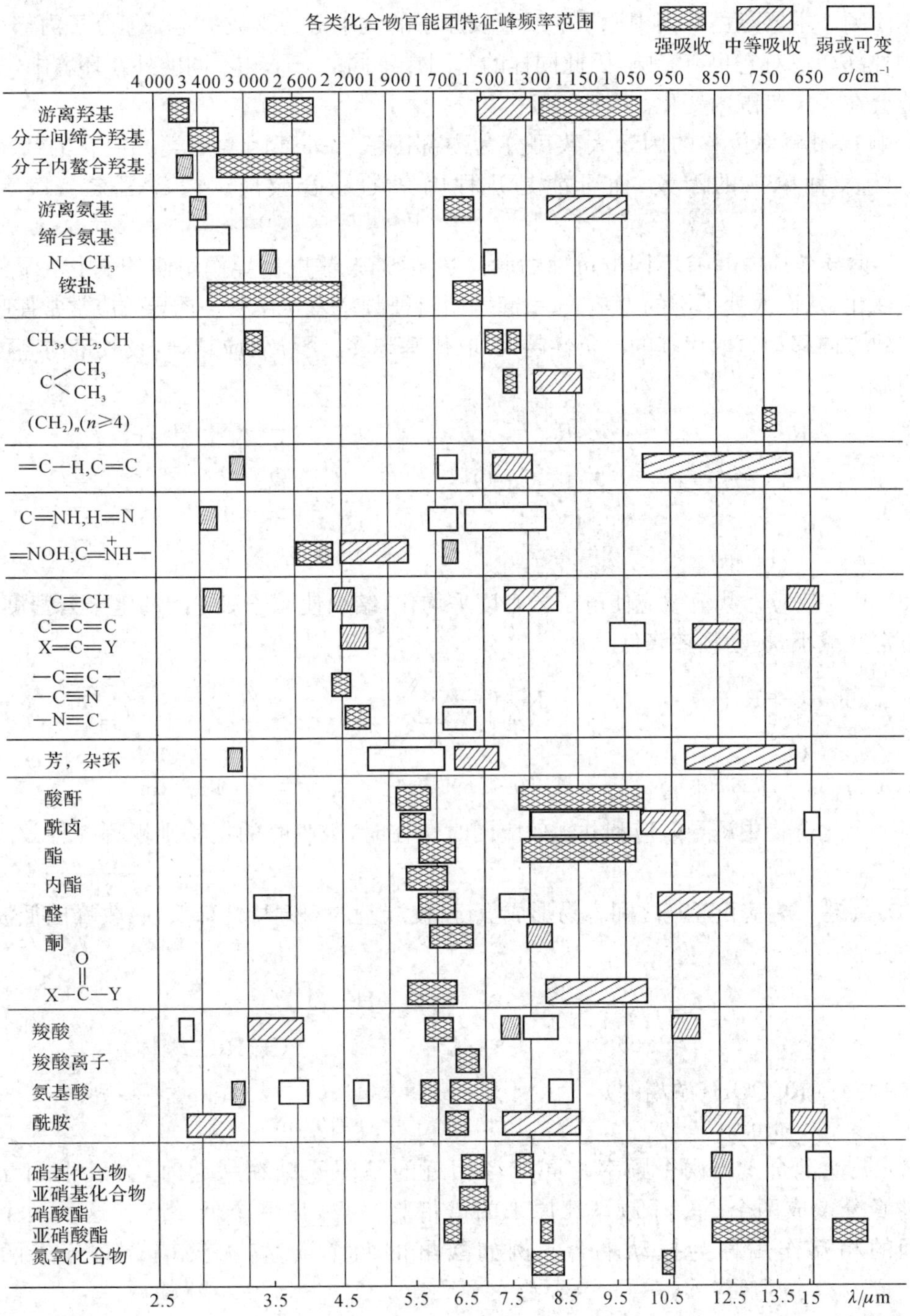

各类化合物官能团特征峰频率范围　　　强吸收　中等吸收　弱或可变

4 000 3 400 3 000 2 600 2 200 1 900 1 700 1 500 1 300 1 150 1 050 950　850　750　650　σ/cm^{-1}

游离羟基
分子间缔合羟基
分子内螯合羟基

游离氨基
缔合氨基
N—CH₃
铵盐

CH₃,CH₂,CH

$C{<}^{CH_3}_{CH_3}$

$(CH_2)_n(n{\geqslant}4)$

=C—H,C≡C

C=NH,H—N
=NOH,C=NH—

C≡CH
C=C=C
X=C=Y
—C≡C—
—C≡N
—N≡C

芳，杂环

酸酐
酰卤
酯
内酯
醛
酮

$X{-}\overset{O}{\underset{||}{C}}{-}Y$

羧酸
羧酸离子
氨基酸
酰胺

硝基化合物
亚硝基化合物
硝酸酯
亚硝酸酯
氮氧化合物

2.5　　3.5　　4.5　　5.5　　6.5　　7.5　　8.5　　9.5　　10.5　　12.5　 13.5 15　$\lambda/\mu\mathrm{m}$

3. 影响基团频率位移的因素

基团频率主要是由基团中原子的质量及原子的化学键力常数决定。但分子内部结构和分子的外部环境对它也有影响，因此同样的基团在不同的分子和不同的外在环境中，基团频率可能会在一定范围内变化。

影响基团频率位移的因素大致可分为内部因素和外部因素两类。但有的情况就不能归结为某种单一的因素，而可能是几种因素的综合效应。内部因素一般有以下几种：

（1）诱导效应　具有不同电负性的取代基团，通过静电诱导作用使分子中电子云的密度发生变化，从而改变了键的力常数，引起基团特征频率发生位移。诱导效应常常使吸收带向高波数方向移动。取代基的电负性越大，取代基越多，诱导效应越强，吸收带向高波数移动越明显。

$$
\begin{array}{cccc}
\underset{R'}{\overset{R}{>}}C\!\!\overset{\delta^-}{=}\!\!O & \underset{Cl}{\overset{R}{>}}C\!\!=\!\!O & \underset{Cl}{\overset{Cl}{>}}C\!\!=\!\!O & \underset{F}{\overset{F}{>}}C\!\!=\!\!O \\
\end{array}
$$

$$\nu_{C=O}\quad 1\,715\ cm^{-1}\qquad 1\,807\ cm^{-1}\qquad 1\,828\ cm^{-1}\qquad 1\,928\ cm^{-1}$$

（2）共轭效应　共轭效应使电子云密度平均化，结果使原子双键间的电子云密度降低，键的力常数减小，振动频率降低。

$$
R\!-\!\underset{\underset{O}{\|}}{C}\!-\!R \qquad R\!-\!\underset{\underset{O}{\|}}{C}\!-\!\bigcirc \qquad \bigcirc\!-\!\underset{\underset{O}{\|}}{C}\!-\!\bigcirc
$$

$$\nu_{C=O}\quad 1\,710\sim 1\,725\ cm^{-1}\qquad 1\,680\sim 1\,695\ cm^{-1}\qquad 1\,667\ cm^{-1}$$

当一个化合物中诱导效应和共轭效应同时存在时，吸收峰的位移则视哪一种效应占优势而定。

（3）氢键　羰基和羟基之间容易形成氢键，使羰基的双键特性降低，吸收峰向低波数方向移动。

$$
\begin{array}{c}
O\cdots H\!\!-\!\!O \\
R\!-\!C \qquad\qquad C\!-\!R(二聚体) \\
O\!\!-\!\!H\cdots O
\end{array}
$$

RCOOH（游离的）

$$\nu_{C=O}\quad 1\,760\ cm^{-1}\qquad\qquad 1\,710\ cm^{-1}$$

（4）振动耦合　当两个频率相同或者相近的基团联结在一起时，会发生相互作用而使谱峰分裂成两个。一个频率比原来的谱带高一点，另一个低一点。这种两个振动基团间的相互作用称为振动耦合。例如酸酐的两个羰基，振动耦合而分成两个吸收峰。

$$\nu_{as}: 1\ 820\ cm^{-1} \qquad \nu_{as}: 1\ 760\ cm^{-1}$$

（5）空间效应　包括环状化合物的张力效应和空间位阻效应。环的张力越大，$\nu_{C=O}$越高。例如：

	四元环		五元环		六元环
$\nu_{C=O}$	$1\ 784\ cm^{-1}$	>	$1\ 745\ cm^{-1}$	>	$1\ 715\ cm^{-1}$

由于空间位阻，羰基与双键之间的共轭受到限制时，使羰基的振动频率增高。例如：

$$\nu_{C=O} \qquad 1\ 663\ cm^{-1} \qquad 1\ 686\ cm^{-1}$$

影响基团频率位移的外部因素主要是指试样状态、制样方法以及溶剂极性等。同一化合物由于状态不同，分子间的相互作用力不同，测得的红外光谱不同。一般在气体状态下测定的谱带频率最高，在液体和固态下测定的谱带波数相对较低。通常在非极性溶剂的稀溶液中得到的光谱重现性较好，而在极性溶剂中，溶质分子的极性基团的伸缩振动频率随着溶剂极性的增加而向低波数方向移动，并且强度增大。因此在红外光谱测定中，尽量用非极性溶剂，而在查阅标准谱图时应注意试样的状态和制样方法。

9.1.3　红外光谱仪

目前主要有两类红外光谱仪，即色散型红外光谱仪和傅里叶变换红外光谱仪（Fourier transform infrared spectrometer，FT‐IR）。

1. 色散型红外光谱仪

色散型红外光谱仪的主要部件与紫外可见分光光度计相似，也是由光源、吸收池、单色器、检测器以及记录显示装置等五部分组成。但是由于两种仪器的工作波长范围不同，除了对每一个部件的结构、所用的材料以及性能等与紫外可见光度计不同外，它们最基本的一个区别就是：红外光谱仪的试样放在光源和单色器之间，而紫外可见分光光度计是放在单色器的后面。试样至于单色器之前,是因为红外辐射没有足够的能量引起试样的光学分解,同时可使抵达检测器的杂散辐射量(来自试样和吸收池)减至最小。

色散型红外光谱仪的原理可用图 9－5 说明。自光源发出的红外辐射被分成等强度的两束:一束透过试样池,称试样光束;另一束通过参比池,称为参比束。两束会合于切光处,交替进入单色器和检测器。如两束光的强度相等,则检测器将不产生信号,若两束光强度不等,则产生一个交变的电信号,此电信号与双光束的强度差成正比,电信号经过放大后,用伺服电机驱动光楔运动,光楔的运动补偿了试样光的吸收(即光楔进入光路中挡去一部分参比光),使两束光强度达到平衡(光学零位法)。被遮挡掉的那部分光即等于被试样吸收掉的那部分光。当波长连续改变时,试样对不同波长单色光吸收不同,检测器就要输出不同大小的电信号,使光楔随机运动,自动调节参比光束的强度,光楔的运动带动了记录笔,记录了试样的吸收光谱。

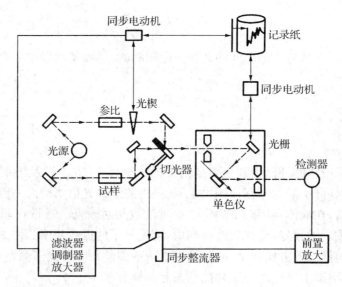

图 9－5　色散型红外光谱仪工作原理示意图

光学系统由光源、试样室、单色器以及检测器等组成。

(1) 光源　常用的光源是能斯特灯。有的仪器也用硅碳棒作光源,其使用波长范围比能斯特灯的宽、发光面积大、操作方便、价格较低。

(2) 试样室　因玻璃、石英灯材料不能透过红外光,红外吸收池要用可透过红外光的 $NaCl$、KBr、CsI 等材料制成窗片。用 $NaCl$、KBr、CsI、$KRS-5$(TlI 58%、$TlBr$ 42%)等材料制成的窗片需注意防潮,CaF 和 $KRS-5$ 可用于水溶液的测定。

(3) 单色器　色散型红外光谱仪的单色器多为光栅,这类仪器测定的波长范围大多在650～4 000 cm^{-1},目前的红外光谱仪多为分辨率比色散型仪器高得多的傅里叶变换红外光谱仪。

（4）检测器　色散型红外光谱仪的检测器有两类：热检测器和光检测器。热检测器包括热电偶、辐射测热计、热电检测器等；常用的光检测器为碲镉汞检测器。目前常用热电检测器。

热电检测器（TGS 检测器）是利用硫酸三甘肽的单晶片（TGS）作为检测元件。将 TGS 薄片正面真空镀铬，背面镀金，形成两电极。其极化强度与温度有关，温度升高，其极化强度降低。当红外辐射光照射到 TGS 薄片上时，引起温度升高，其极化强度改变，表面电荷减少，相当于"释放了"部分电荷，经放大，转变成电压或电流进行测量。

碲镉汞检测器（MCT 检测器）是由宽频带的半导体碲化镉和碲化汞混合而成，可获得测量波段不同、灵敏度各异的各种 MCT 检测器。MCT 检测器比 TGS 检测器有更快的响应时间和更高的灵敏度，但需要液氮冷却，因此与 TGS 检测器相比，MCT 检测器更适合傅里叶变换红外光谱仪。

2. 傅里叶变换红外光谱仪

色散型红外光谱仪采用了狭缝，能量受到严格的控制，尤其在远红外区能量很弱，它扫描速度很慢，一次全扫描约需几分钟，使得一些动态研究以及与其他仪器联用发生困难，加之它的灵敏度比较低、分辨率和准确度也较低，使它在许多地方不能完全满足要求。20 世纪 70 年代出现了一种新的红外光谱测量技术和仪器，它就是基于干涉调频分光的 Fourior 变换红外光谱。这种仪器不用狭缝，因而消除了狭缝对于通过它的光能的限制，可以同时获得光谱所有频率的全部信息。

（1）傅里叶变换红外光谱仪工作原理

傅里叶变换红外光谱仪（FT－IR）是根据光的相干性原理设计的，因此是一种干涉型光谱仪。它主要由光源、干涉仪、检测器、计算机和记录系统组成。大多数傅里叶变换红外光谱仪使用了迈克尔逊（Michelson）干涉仪，因此，实验测量的原始光谱图是光源的干涉图，然后通过计算机对干涉图进行快速傅里叶变换计算，从而得到以波长或波数为函数的光谱图。其工作原理如图 9-6 所示。

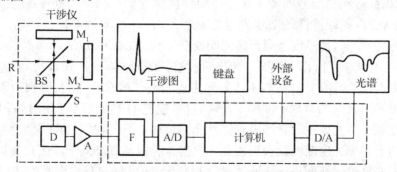

R-红外光源；M_1-定镜；M_2-动镜；BS-光束分裂器；S-试样；D-探测器
A-放大器；F-滤光器；A/D-模数转换器；D/A-数模转换器

图 9-6　Fourier 变换红外光谱仪工作原理示意图

由光源 R 发出的红外辐射,经准直系统(图中未画出)准直后,变为一束平行红外光束后进入干涉系统,经干涉调试后得到一束干涉光。这束干涉光通过试样 S 后成为带有试样信息的干涉光被检测器 D 检测。检测器将干涉信号变为电信号,由计算机采集,得到带有试样光谱信息的时域干涉图,即时域谱,时域谱经过计算机进行傅里叶变换的快速计算,将其转换为以透射比为纵坐标,以波数为横坐标的红外光谱图。

(2) 迈克尔逊干涉仪

傅里叶变换红外光谱仪核心部分是迈克尔逊干涉仪,它的光学示意和工作原理如图 9-7 所示。图中 M_1 和 M_2 是两块平面镜,它们相互垂直放置,M_1 固定不动,称定镜;M_2 则可以沿图示方向作微小移动,称为动镜。在 M_1 和 M_2 之间放置一呈 45°角的半透膜光束分裂器 BS,可使 50%的入射光透过,其余部分被反射。当光源发出的红外光进入干涉仪后,就被光束分裂器分为两束光——透射光Ⅰ和反射光Ⅱ,其中透射光Ⅰ穿过 BS 被动镜 M_2 反射,沿原路回到 BS(图上为便于理解画双线)并被反射到检测器 D;反射光Ⅱ则由定镜 M_1 沿原路反射回来通过 BS 到达检测器 D。这样,在检测器 D 上所得到的是Ⅰ光和Ⅱ光的相干光。若进入干涉仪的是波长为 λ_1 单色光,开始时,因 M_1 和 M_2 离 BS 距离相等(此时称 M_2 处于零位),Ⅰ光和Ⅱ光

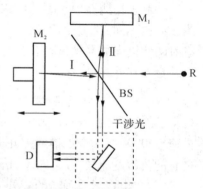

M_1-定镜;M_2-动镜;R-光源;
D-检测器;BS-光束分裂器

**图 9-7 迈克尔逊干涉仪光学
示意及工作原理图**

到达检测器时的相位相同,发生相长干涉,亮度最大,当动镜 M_2 移动入射光的 $\lambda/4$ 距离时,则Ⅰ光的光程变化为 $\lambda/2$,在检测器上两光相位差为 180°,则发生相消干涉,亮度最小。当动镜 M_2 移动 $\lambda/4$ 的奇数倍,则Ⅰ光和Ⅱ光程差为 $\pm\lambda/2$,$\pm3\lambda/2$,$\pm5\lambda/2$……时,都会发生这种相消干涉。同样,M_2 位移 $\lambda/4$ 的偶数倍时,即两光的光程差为 λ 的整数倍时,则都将发生相长干涉,而部分相消干涉则发生在上述两种位移之间。因此当动镜 M_2 以匀速向光速分裂器 BS 移动时,亦即连续改变两光速的光程差时,在检测器上记录的信号将呈余弦变化,每移动 $\lambda/4$ 的距离,信号则从明到暗周期改变一次,如图 9-8(a)。图 9-8(b)为另一入射光波长为 λ_2 的单色光所得干涉图。如果两种波长的光一起进入干涉仪,则将得到两种单色光干涉的加合图 9-8(c)。同样,当入射光为连续波长的多色光时,得到的则是具有中心极大并向两边迅速衰减的对称干涉图 9-8(d),多色光的干涉图等于所有各单色光干涉图的加合。若在此干涉光束中放置能吸收红外光的试样,由于试样吸收了某些频率的能量,结合所有得到的干涉图强度曲线就会发生变化。但这种极其复杂的干涉图是难以解释的。可以通过计算机将这种干涉图进行快速傅里叶变换后,即可得到我们熟悉的透射比随波数变化的普通红外光谱图。

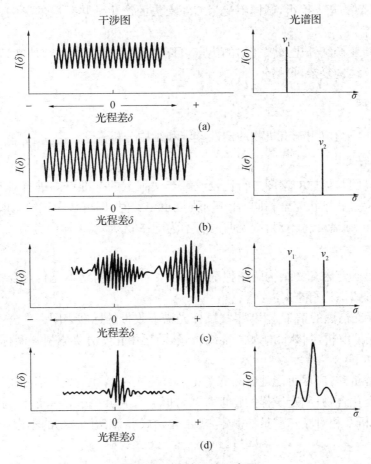

图 9‑8　波的干涉示意图

（3）傅里叶变换后红外光谱仪的优点

① 扫描速度快。FT‑IR 仪可在 1 s 左右时间内同时测定所有频率的信息,适于对快速反应过程的追踪,也便于与色谱的联用。而色散型红外光谱仪,在任一瞬间只能观测一个很窄的频率范围,一次完整的扫描需要数分钟。

② 灵敏度高。FT‑IR 仪所用光学元件少,无狭缝和光栅分光器,反射镜面又大,光通量大,因此达到检测器的辐射强度大,检测限可达 $10^{-9} \sim 10^{-12}$ g。

③ 分辨率高。FT‑IR 仪分辨率取决于动镜线性移动距离,距离增加,分辨能力提高。通常 FT‑IR 仪分辨能力可达 $0.1 \sim 0.005$ cm^{-1},而棱镜型仪器分辨率很难达到 1 cm^{-1},光栅型的红外光谱仪也只有 0.2 cm^{-1}。

④ 测量范围宽。FT‑IR 仪测量范围为 10 000 $\sim$ 10 cm^{-1},精度高(± 0.01 cm^{-1}),重现性好(0.1%),可用于整个红外区的光谱研究。

此外,还有杂散光干扰小,试样不受因红外聚焦而产生的热效应的影响,特别适合研究化学反应机理等。

由于傅里叶变换红外光谱仪突出的优点,目前已经取代色散型红外光谱仪。但傅里叶变换红外光谱仪结构复杂,价格较贵。

9.1.4 应用

红外光谱法广泛应用于有机物的定性鉴定和结构分析。

1. 已知物的鉴定

将试样的谱图与标样的谱图进行比较或者与文献上的标准谱图进行对照,如果两张谱图各吸收峰的位置和形状完全相同,峰相对强度也一致时,即可认为试样是该种标准物。如果两张图不一样,或者峰位不对,则说明两者不为同一物质,或试样中有杂质。

2. 未知物的鉴定

红外光谱是确定未知物结构的一种重要手段。如果未知物不是新化合物,可以通过两种方式利用标准谱图进行查对。

(1) 查阅标准谱图的谱带索引,寻找试样光谱吸收带的标准谱图;

(2) 进行光谱解析,判断试样的可能结构,然后再由化学分类索引查阅标准谱图对照核实。具体步骤如下:

在对光谱解析前,应尽可能地收集和了解试样有关资料和信息。诸如了解试样的来源,估计试样是哪类化合物;测定试样的物理常数,如熔点、沸点、折光率等,作为定性分析的旁证;根据元素分析及相对摩尔质量的测定,求出化学式并计算化合物的不饱和度。

$$\Omega = 1 + n_4 + (n_3 - n_1)/2 \qquad (9-4)$$

式中 n_1、n_3、n_4 分别为分子中所含一价、三价和四价元素的数目。当 $\Omega = 0$ 时,表示分子是饱和化合物,应为链状烃类及其不含双键的衍生物;当 $\Omega = 1$ 时,可能含有一个双键或脂环;$\Omega = 2$ 时,可能含有两个双键或者脂环,也可能还有一个叁键;$\Omega = 4$ 时,可能有一个苯环等。需要指出的是,二价原子如氧、硫等不参加计算。

图谱解析一般先从基团频率区最强谱带入手,推测未知物可能含有的基团,判断不可能含有的基团。再从指纹区的谱带进一步验证,找出可能含有基团的相关峰,用一组相关峰来确认一个基团的存在。下面举几个例子简要说明图谱的解析方法。

【例 9 - 1】 某未知物的化学式为 $C_{12}H_{24}$,测得其红外光谱图如下图,试推测其结构。

解 计算不饱和度:

$$\Omega = 1 + 12 + (0 - 24)/2 = 1$$

说明该化合物分子具有一个双键或者具备一个环。

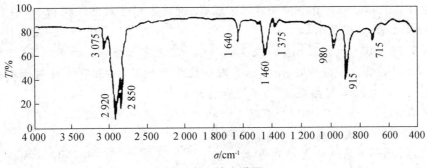

C₁₂H₂₄红外光谱图

由图解分析：

（1）3 075 cm⁻¹处有吸收峰，说明存在与不饱和碳相连的氢，因此，该化合物肯定为烯烃。在 1 640 cm⁻¹还有 C＝C 伸缩振动吸收，更进一步证实了烯基的存在。

（2）3 000～2 800 cm⁻¹的吸收峰组说明有大量饱和碳的存在。在 2 920 cm⁻¹和 2 850 cm⁻¹的强吸收说明 CH_2 的数目远大于 CH_3 的数目，由此可以推测该化合物为一长链烃。715 cm⁻¹处 C—H 变形振动吸收也进一步说明长碳链的存在（此数值偏低）。

综上所述，该未知物结构可能为：$CH_2{=}CH{-}(CH_2)_9{-}CH_3$

其余的峰可指认为：1 460 cm⁻¹处的吸收峰归属于 CH_2，2 870 cm⁻¹、1 375 cm⁻¹等属于 CH_3。

【例 9 - 2】　某化合物的化学式为 $C_9H_{10}O$，它的红外光谱图如下图，试推测其结构。

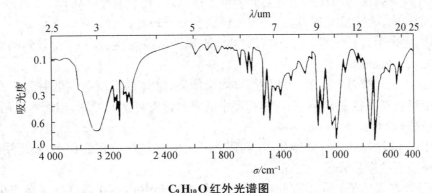

C₉H₁₀O红外光谱图

解　计算不饱和度：

$$\Omega = 1 + 9 + (0 - 10)/2 = 5$$

图解分析：

（1）不饱和度较大，说明可能有苯环存在。

（2）在 1 700 cm⁻¹附近无强吸收带，说明不存在羰基，因此可排除它是羰基化合物。

（3）在 3 400 cm^{-1} 附近有一强而宽的吸收带，说明是 OH 的伸缩振动带，在 1 050 cm^{-1} 左右有一强吸收带，证明是伯醇。

（4）在 1 600 cm^{-1}、1 500 cm^{-1} 以及 1 450 cm^{-1} 附近有三个尖锐的吸收带，且 1 500 cm^{-1} 强于 1 600 cm^{-1} 处吸收带，1 600 cm^{-1} 附近又分裂成两个带，以上事实说明苯环的存在，也证实苯环与 π -不饱和体系共轭，这与不饱和度为 5 吻合。

（5）在 700 cm^{-1} 和 750 cm^{-1} 处有两个吸收带，证明是一元取代苯。

（6）1 380 cm^{-1} 处无吸收，说明不存在甲基。

综上所述，化合物的结构式可能为：

$$\langle\bigcirc\rangle-CH{=}CH-CH_2-OH$$

3. 近红外光谱（near infrared spectroscopy，NIR）应用

近红外是介于可见光和中红外之间的电磁辐射。由于该光区的吸收带主要是由低能电子跃迁、含氢原子基团（OH、NH、CH）伸缩振动的合频和组合倍频的吸收产生，通常谱带较宽，重叠比较严重，吸收信号弱，信息解析复杂，所以虽然该光区发现较早，但分析价值一直未得到足够的重视。20 世纪 80 年代后期，由于超级计算机和化学计量学软件的发展，特别是化学计量学的深入研究与广泛应用，加之近红外光谱仪制造技术日趋完善，促进了现代近红外光谱分析技术的发展。

（1）近红外光谱分析的一般特点

① 对各种不同形态的样品不需要处理可直接测量，且不消耗样品；

② 谱带较弱，故测量光程较长，光程的精确度要求较高；

③ 所用的光学材料便宜，一般为石英或者玻璃即可满足要求，并可用较强的光源，使信号强度增加，提高信噪比；

④ 近红外光的散射效应强，可以做固体、半固体、液体的漫反射或散射分析；近红外短波区域由于吸收光系数非常小，在固体样品中的穿透深度可达几厘米，因而可以用投射模式直接分析样品；

⑤ 适用于近红外的光导纤维易得，利用光纤可实现在线分析或遥测，极适用于过程控制和恶劣环境下的样品分析；

⑥ 除了含有氢原子的化学键外，其他基团的振动频率均不在近红外区域产生吸收，减少了干扰。有可能在其他基团组成的物质中检测及其微量的含氢基团的物质；

⑦ 分析速度快，仪器结构比较简单，易于维护。

（2）近红外光谱分析的主要应用

① 农业与食品分析

早在 20 世纪五六十年代，Norris 等人用 NIR 分析谷物、肉、牛奶中的水分、油脂及蛋白质含量。如今农副产品及食品的分析仍然是近红外光谱分析最大的应用领域。

在农业领域,NIR 可通过漫反射方法,将测定探头直接安装在粮仓的谷物传送带上,检测小麦和面粉的质量,如水分、蛋白质以及小麦硬度的测定。还可以用于作物及饲料中的油脂、氨基酸、糖分、灰分等含量的测定以及谷物中污染物的测定;NIR 还被用于烟草的分类,棉花纤维、饲料中蛋白以及纤维素的测定,并用于监测可耕土壤中的物理和化学变化。

在食品分析中,NIR 用于分析肉、鱼、蛋、奶及奶制品等食品中脂肪酸、蛋白质、氨基酸等的含量,以评定其品质;NIR 还用于水果以及蔬菜如苹果和梨中糖分的测定;在啤酒生产中,NIR 被用于在线监测发酵过程中的酒精以及糖分含量。

② 生命科学与医药领域

NIR 可用于生物组织的表征,研究皮肤组织的水分、蛋白质和脂肪;近来,科学家还将其用于乳腺癌的检查;除此之外,NIR 还用于血液中血红蛋白、血糖以及其他成分的测定。

NIR 在药物分析中的应用包括:药物中活性成分的分析,如药剂中菲那西丁、咖啡因的分析;药物固体剂量分析,NIR 在该领域的应用被认为是药物分析的重大进步,它使 NIR 技术不再局限在实验室,而是进入过程分析,NIR 技术已用于制药过程中的混合、造粒、封装、粉碎压片等过程;无损形态剂量分析,这在成品药物的质量检测过程中非常重要,由于容易实现在线和现场分析,从而避免出现批次药物不合格的损失。

§9.2 激光拉曼光谱法

拉曼光谱(Raman spectroscopy,RS)基于印度科学家拉曼(C. V. Raman)发现的拉曼散射效应,是建立在拉曼散射效应基础上的光谱分析方法。

当光通过透明溶液时,有一部分光被散射,其频率与入射光不同,并且与发生散射的分子结构有关,这种散射即为拉曼散射。拉曼光谱与红外光谱一样,源于分子的振动、转动能级跃迁,属于振动-转动光谱,通过解析拉曼光谱,同样可以获得分子结构信息。但与红外光谱比较,由于最初使用的光源强度不高,产生的拉曼效应太弱,拉曼光谱发展比较缓慢。直到 20 世纪 60 年代初期,随着激光技术的迅速发展,激光被用作拉曼光谱的激发光源,使拉曼光谱的获得变得容易和方便。目前,拉曼光谱在生物学、材料学、医药等领域得到越来越重要的应用。

9.2.1 基本原理

1. 拉曼散射与拉曼位移

当频率为 ν_0 的单色光照射到样品上之后,绝大部分的入射光可以透过,其中约有 0.1% 的入射光子与样品分子发生弹性碰撞,此时,光子以相同的频率向四面八方散射。这种散射光频率与入射光频率相同,而方向发生改变的散射称为 Rayleigh 散射。与此同时,入射光与试样分子还存在着概率更小的非弹性碰撞,此时,光子与分子发生了能量交换,光子的方向和频率均发生变化,这种散射光与入射光频率不同,且方向改变的散射成为 Raman 散射。与入射光 ν_0 相比,频率降低的为 Stokes 线,位于 Rayleigh 散射线左侧,频率升高的则为反 Stokes 线,位于 Rayleigh 散射线右侧。Stokes 线或反 Stokes 线与入射光的频率差为 Raman 位移。

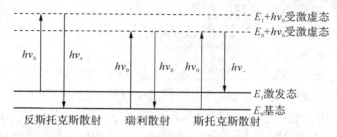

图 9 - 9　拉曼散射效应的能级跃迁

对于 Stokes 线拉曼散射,分子的基态 E_0 最终被激发至振动激发态 E_1,如图 9 - 9 所示,它们能量差为:

$$\Delta E = E_1 - E_0$$

此时,Stokes 散射光的频率 ν_- 相应为:

$$\nu_- = \nu_0 - \Delta E/h$$

同理,反 Stokes 散射光的频率 ν_+ 为:

$$\nu_+ = \nu_0 + \Delta E/h$$

Stokes 散射光与反 Stokes 散射光频率与入射光频率之差为:

$$\Delta\nu = \Delta E/h$$

式中,$\Delta\nu$ 统称为拉曼位移,一般在 $10 \sim 4\,000$ cm^{-1},对应于分子的振动或转动能级的跃迁。Stokes 散射通常比反 Stokes 强得多,拉曼光谱大多是 Stokes 散射。

由于拉曼位移 $\Delta\nu$ 取决于分子振动能级的改变,不同的化学键或基团有着不同的振动能级,因此其拉曼位移 $\Delta\nu$ 是具有特征性的,这就是拉曼光谱能作为分子结构分析工具的原因。

2. 拉曼光谱图

图 9 - 10 是典型的四氯化碳的 Raman 光谱。Raman 光谱图通常以 Raman 位移(波数为单位)为横坐标,Raman 线强度为纵坐标。由于 Stokes 散射通常比反 Stokes 强得多,因此 Raman 光谱仪记录的通常为前者。若将入射光的波数视为零($\Delta\sigma = 0$),定位在横坐标的右端,忽略反 Stokes 线,即可得到物质的 Raman 光谱图。

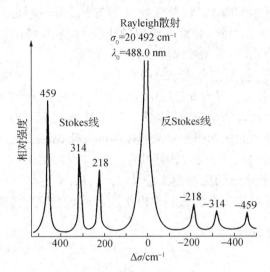

图 9－10　四氯化碳的 Raman 光谱（激光激发波长为 488.0 nm）

对于同一物质使用波长不同的激光光源，所得的各 Raman 线中心频率不同，但其形状及各 Raman 线之间的相对位置及 Raman 位移不变。

Raman 散射光强度取决于分子的极化率、光源的强度、活性基团的浓度等多种因素。极化率越高，分子中电子云相对于骨架的移动越大，Raman 散射越强。

3. Raman 光谱与红外比较

Raman 光谱与 IR 光谱一样，同属分子光谱范畴，在化学领域中研究对象大致相同，但是在产生机理、选律、实验技术和光谱解释等方面有较大的差别。为了更好地了解Raman光谱的应用，现将 IR 光谱与 Raman 光谱作简单比较。

（1）Raman 光谱的常规范围是 $40\sim4\,000\ cm^{-1}$，一台 Raman 光谱仪就包括了完整的振动频率范围。而红外光谱包括近、中、远范围，通常需要用几台或者用一台仪器分几次扫描才能完成整个光谱记录。

（2）虽然红外光谱可以用于记录任何状态的试样，但是对于水溶液、单晶和聚合物是比较困难的；而 Raman 光谱就比较方便，几乎可以不必特别制样就可以进行 Raman 光谱分析。Raman光谱可以分析固体、液体和气体试样，固体试样可以直接进行测定，不需要研磨或制成KBr 压片。但在测定过程中试样可能会被高强度的激光束烧焦，所以应检查试样是否变质。

（3）红外光谱不能用水作溶剂，因为红外池窗片大多溶于水且水本身有红外吸收。但水的 Raman 散射极弱，所以水是 Raman 光谱的一种优良溶剂。由于水可以溶解大量无机物，因此无机物的 Raman 光谱研究较多。

（4）Raman 光谱是利用可见光获得的，所以 Raman 光谱可用普通的玻璃毛细管做试样池，Raman 散射光能全部透过玻璃，而红外光谱试样池需要用特殊的材料制成。

（5）对于一个给定的化学键，其红外吸收频率与 Raman 位移应相等，均对应于第一振动能级与基态之间的跃迁。因此，对某一给定的化合物，某些峰的红外吸收波数与 Raman 位移完全相同，均在红外光区，并反映出分子的结构信息。

（6）拉曼光谱是散射光谱，红外光谱是吸收光谱。拉曼散射来源于分子的诱导偶极距，与分子的极化率的变化有关。通常非极性分子及基团的振动导致分子形变，会引起极化率的变化，因此非极性分子及基团是拉曼活性的。红外吸收过程与分子的永久偶极距的变化有关，一般极性分子及基团的振动引起永久偶极距的变化，故极性分子及基团通常是红外活性的。所以，Raman 光谱最适用于研究同种原子的非极性键如 S—S、N＝N 等的振动；红外光谱适用于研究不同种原子的极性键如 C＝O、C—H、N—H、O—H 等振动。由此可见，对分子结构的鉴定，红外与拉曼光谱是两种相互补充而不能相互代替的光谱分析法。

9.2.2　激光拉曼光谱仪

1. 色散型拉曼光谱仪

色散型拉曼光谱仪主要由激光光源、样品池、单色器、检测器以及信号控制记录系统组成，如图 9-11 所示。

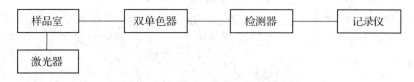

图 9-11　Raman 光谱仪示意图

（1）光源和样品池

现代 Raman 光谱仪多采用高强度的激光光源，它包括连续波激光器和脉冲激光器。常用的激光器按波长大小顺序有 Ar^+ 激光器（488.0 和 514.5 nm）、Kr^+ 激光器（568.2 nm）、He - Ne 激光器（632.8 nm）、红宝石激光器（694.0 nm）、二极管激光器（782 和 830 nm）和 Nd/YAG 激光器（1 064 nm）等。前两种激光器功率大，能提高 Raman 线强度。后几种属于近红外辐射，其优点在于辐射能量低，不易使试样分解，同时不足以激发试样分子外层电子的跃迁而产生加大的荧光干扰。

由于 Raman 光谱法用玻璃做窗口，而不是红外光谱中的卤化物晶体，试样的制备方法比较简单，可直接用单晶和固体粉末测试，也可配制成溶液，尤其是水溶液测试。常用的样品池有液体池、气体池和毛细管。对固体、薄膜样品则可置于特制的样品架上，样品池或样品架置于能在三维空间可调的样品台上。

（2）检测器

最常用的检测器一般采用 Ga - As 光阴极光电倍增管。它的优点是光谱相应范围宽，量子效率高,而且在可见光区内相应稳定。为了减少荧光干扰,在色散型仪器中可用电荷耦合阵列(CCD)检测器。

2. 傅里叶变换拉曼光谱仪

(1) 仪器构造

傅里叶变换 Raman 光谱仪的光路设计与傅里叶变换红外光谱仪非常相似,只是干涉仪与试样池的排列顺序不同。图 9-12 是傅里叶变换 Raman 光谱仪的光路示意图,它由激光光源、试样池、干涉仪、滤光片组、检测器以及控制计算机组成。

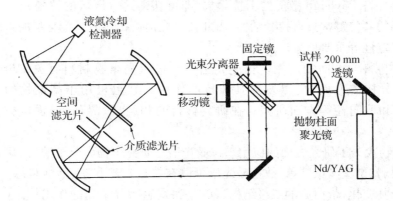

图 9-12　傅里叶变换 Raman 光谱仪的光路示意图

该仪器的激光光源为 Nd/YAG 激光器,其发射波长为 1 064 nm,属于红外激光光源。由于它的能量比较低,可以避免大部分荧光对拉曼光谱的干扰。从激光器发射出的光被样品散射后,再经过干涉仪,得到散射光的干涉图,然后再经过计算机进行快速傅里叶变换,得到正常的拉曼线强度随拉曼位移而变化的光谱图。仪器还采用一组特殊的滤光片组,它由几个介电干涉滤光片组成,用来滤去比 Raman 散射光强 10^4 倍以上的 Rayleigh 散射光。

Raman 散射线的检测器常采用置于液氮冷却下的 Ge-Si 检测器或 In-Ga-As 检测器。

(2) 特点

傅里叶变换拉曼光谱仪光源发射波长位于近红外区,能量较低,既可以消除荧光干扰,还可以避免某些试样受激光照射而分解,有利于有机化合物、高分子及生物大分子等的研究。此外,该类仪器还有扫描速度快、分辨率高波数精度及重现性好等特点。但对一般分子的研究,由于光源能量低,其拉曼散射信号比常规激光拉曼散射信号弱。

9.2.3　应用

1. 应用领域

(1) 在有机化合物中的应用。拉曼位移的大小、强度及拉曼峰形状是确定化学键、基团的重要依据。利用它的偏振特性,还可以判断顺反异构。由于拉曼光谱振动叠加效应较小,谱带较清晰,倍频与合频很弱,易于进行偏振度测量,以确定分子的对称性,因此较容易确定谱带归属。在不饱和碳氢化合物、杂环化合物、染料以及有机化合物结构表征等方面,已成为重要的分析手段之一。

(2) 在无机化合物研究中的应用。无机化合物的拉曼光谱有以下特点:水的极化率变化很小,因此在 $1\,600\sim1\,700\ cm^{-1}$ 范围内不会产生大的干扰,对无机水溶液的测试比红外光谱法方便很多。其次,各金属与配体化学键的振动频率在 $100\sim700\ cm^{-1}$ 范围内,只要采用合适的滤光片将 Rayleigh 散射的干扰除去,即可获得这一区域的拉曼光谱。再次,金属离子和配体间的共价键常具有拉曼活性,由此拉曼光谱可提供有关配合物的组成、结构及其无机化合物稳定性等重要信息。

(3) 在材料科学方面的应用。拉曼光谱可以提供高聚物材料有关碳链或环的结构信息,在研究异构体方面,可以发挥其独特的作用。它也可用于高聚物的硫化、风化、降解、结晶度和取向性等方面研究。在研究材料的相组成、界面、晶面等方面也有很多应用。

(4) 在生物大分子研究方面的应用。拉曼光谱是研究生物大分子的有力手段。由于水的拉曼光谱很弱,谱图又很简单,故拉曼光谱可以在接近自然状态、活性状态下研究生物大分子的结构及其变化,蛋白质的二级结构、DNA 和致癌物分子间的作用等。拉曼光谱可直接对生物环境中的酶、蛋白质、核酸等具有生物活性的物质结构进行研究。

2. 应用实例

【例 9-3】 乙苯激光拉曼光谱解析。

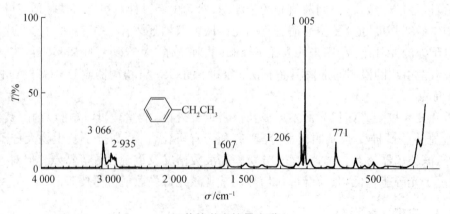

乙苯的激光拉曼光谱

解 乙苯的激光拉曼光谱所对应的吸收峰归属如下表:

结构	吸收谱带	谱峰归属
CH₂CH₃ 环	3 066 cm⁻¹	芳环的不饱和 C—H 伸缩振动$\bar{\nu}$(=C—H)
	2 935 cm⁻¹	饱和 C—H 伸缩振动$\bar{\nu}$(C—H)
	1 607 cm⁻¹	芳环骨架 C=C 伸缩振动$\bar{\nu}$(C=C)
	1 206 cm⁻¹	面内变形振动 δ(C—H)
	1 039 cm⁻¹	面内变形振动 δ(C—H)，单取代特征谱带(1 030~1 015 cm⁻¹)
	1 005 cm⁻¹	三角形环呼吸振动，特征性强
	771 cm⁻¹	环变形振动(825~675 cm⁻¹)

【**例 9 - 4**】 环己醇的激光拉曼光谱解析。

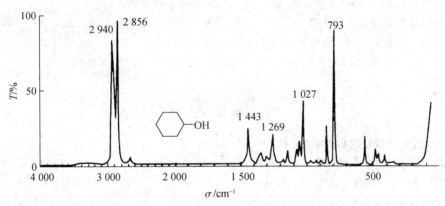

环己醇的激光拉曼光谱

解 环己醇的激光拉曼光谱所对应的吸收峰归属如下表：

结构	吸收谱带	谱峰归属
OH 环	约 3 400 cm⁻¹	$\bar{\nu}$(O—H)，谱峰既宽又弱，常常被忽略
	2 940 cm⁻¹	ν_{as}(CH₂)
	2 856 cm⁻¹	ν_s(CH₂)，强度高于不对称伸缩振动
	1 441 cm⁻¹	CH₂ 的剪式振动 δ(C—H)
	1 269 cm⁻¹	CH₂ 的扭曲振动
	1 027 cm⁻¹	$\bar{\nu}$ (C—C)
	793 cm⁻¹	环呼吸振动，特征性强

课外参考读物

[1] Larkin P. Infrared and Raman Spectroscopy：Principles and Spectral Interpretation [J]. Elsevier，2011.

[2] 许以明. 拉曼光谱及其在结构生物学中的应用[M]. 北京：化学工业出版社，2005.

[3] 严衍禄，陈斌，朱大洲. 近红外光谱分析的原理、技术与应用[M]. 北京：中国轻工业出版社，2013.

参考文献

[1] 武汉大学. 分析化学：下册[M].5 版. 北京：高等教育出版社，2007.

[2] 吴性良，孔继烈. 分析化学原理[M].2 版. 北京：化学工业出版社，2010.

[3] 刘志广，张华，李亚明. 仪器分析[M].2 版. 大连：大连理工大学出版社，2007.

[4] 方惠群，于俊生，史坚. 仪器分析[M]. 北京：科学出版社，2002.

[5] 曾泳淮. 分析化学：仪器分析部分[M].3 版. 北京：高等教育出版社，2010.

习　题

1. 分子产生红外吸收的必要条件是什么？

2. 试说明影响红外吸收峰强度的主要因素。

3. HF 中键的力常数约为 9 N/cm。计算：

（1）HF 的振动吸收峰频率；

（2）DF 的振动吸收频率。

4. 分别在乙醇和正己烷中测定 2-戊酮的红外吸收光谱，试预计 $\nu_{C=O}$ 吸收带在哪一个溶剂中出现的频率高，为什么？

5. CS_2 是线性分子，试画出它的基本振动类型，并指出哪些是红外活性的？

6. 下面两个化合物中，哪种化合物的 $\nu_{C=O}$ 吸收带出现在较高频率？ 为什么？

(a)　　　　(b)

7. 请比较色散型红外光谱仪与紫外分光光度计的主要部件，指出两种仪器最基本的区别是什么？ 并说明其原因。

8. 简述傅里叶变换红外光谱仪的工作原理，并指出它的主要优点。

9. 简述迈克尔逊干涉仪的工作原理。

10. 比较红外光谱与拉曼光谱的异同点。

11. 试说明拉曼效应和拉曼位移。

12. 某结晶试样,不是羟乙基代氨腈(Ⅰ),就是亚胺噁唑烷(Ⅱ),可能结构为:

$$N≡C—NH_2^+—CH_2—CH_2OH$$

$$HN≡CH—NH—\overset{\overset{\displaystyle O}{\|}}{C}—CH_3$$

其红外光谱图上尖锐的吸收带位置在 3 330 cm^{-1}(3.3 μm)及 1 600 cm^{-1}(6.25 μm),但在 2 300 cm^{-1}(4.35 μm)或 3 600 cm^{-1}(2.78 μm)没有吸收带。根据上述试验结果判断可能是何种结构?

13. 分子式为 C_6H_{14} 的化合物,其红外光谱如图,说明产生各种吸收的基团的振动形式。

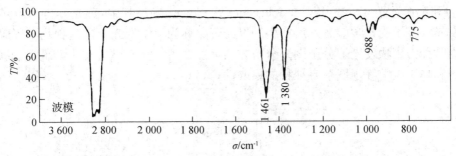

14. 有一无色挥发液体,化学式为 C_9H_{12},红外光谱图如图所示,推测其结构。

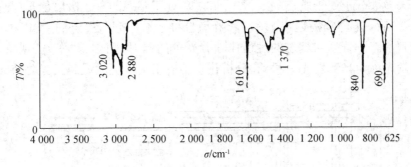

第10章 分子发光光谱法

码上学习

分子发光分析法(Molecular Luminescence Analysis)包括荧光分析法(Flourescence Analysis)、磷光分析法(Phosphorescence Ananlysis)、化学发光分析法(Chemiluminescence Analysis)和生物发光分析法(Bioluminescence Analysis)等。其中,荧光分析和磷光分析属于光致发光。分子受化学能激发后产生的发光现象称为化学发光。当这种化学反应发生在生物体内时称为生物发光。分子发光分析方法灵敏度高、选择性好,在化学研究、生命科学、环境监测和临床医学等领域享有独特的重要性。

§10.1 基本原理

室温下大多数分子处于基态的最低振动能级,处于基态的分子吸收能量(热能、电能、化学能或光能等)后,被迅速激发到激发态。激发态的分子是很不稳定的,将以很快的速度释放能量跃迁到基态。若返回基态的过程伴随着光子的辐射,则称为"发光"现象。由吸收光能而导致的发光称为光致发光。目前,分析化学中应用最广泛的光致发光是荧光。

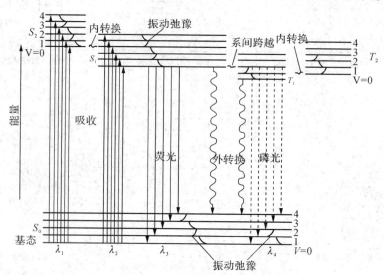

图 10-1 荧光和磷光体系能级图

10.1.1　吸收过程

每一种分子都有一系列紧密相连而又严格分立的电子能级,不同的电子能级又分为振动能级和转动能级。根据泡利不相容原理,分子内同一轨道中的两个电子必须具有不同的自旋方向,即旋转配对,若分子轨道中全部的电子都是自旋配对的,则自旋量子数的代数和 $S=(+1/2)+(-1/2)=0$。此时,分子态的多重性 $M=2S+1=1$,该分子就处于单重态,用符号 S 表示。大部分有机分子的基态都是处于单重态的。

当分子吸收能量跃迁到高能级的过程中自旋方向不发生变化,分子就处在激发单重态。若在跃迁的过程中自旋方向发生变化,即激发态电子不是自旋配对的,则自旋量子数的代数和 $S=1$,分子态的多重性 $M=2S+1=3$,分子就处在激发三重态。用符号 T 表示。S_0、S_1 和 S_2 分别表示分子的基态、第一和第二激发单重态,T_1 和 T_2 分别表示第一和第二激发三重态。

分子激发单重态和激发三重态主要有几点区别:① 三重态处在分立轨道的电子是非成对的,根据洪特规则,平行自旋比配对自旋更加稳定,因此,激发三重态(平均寿命约 $10^{-4}\sim$ 10 s)的能量较相应的激发单重态低(平均寿命约 $10^{-8}\sim10^{-6}$ s);② 激发单重态分子由于没有净电子自旋,表现为抗磁性,而激发三重态分子有两个平行自旋的电子,因而具有顺磁性;③ 分子由基态单重态跃迁至激发单重态的过程中不涉及电子自旋方向的变化,是允许的跃迁,而从基态单重态跃迁至激发三重态的过程中会发生电子自旋方向的改变,即要求电子反转,存在一定的阻碍作用,因此后一种类型的跃迁几率远远小于前者,只为其 10^{-6} 左右,实际上属于禁阻跃迁。

10.1.2　发射过程

处于激发态的分子是极其不稳定的,将以辐射跃迁或者非辐射跃迁回到基态,这种形式包括振动弛豫、内转换、系间跨越和外转换。当然有时也会通过分子间的相互作用,即化学反应产生去活化过程。辐射跃迁回基态过程中会伴随光子的发射,包括荧光发射和磷光发射,产生荧光或者磷光现象。

1. 振动弛豫(Vibration Relaxation, 简称 VR)

在同一电子能级中,处于激发态高振动能级的分子由于和溶剂分子的碰撞,迅速的以热的形式把多余的振动能量传递给周围的其他分子,而自身返回该电子能级的最低振动能级,此过程就称为振动弛豫。振动弛豫的过程极其迅速,持续时间仅约为 10^{-12} s。如图10-1中各振动能级间的小箭头即表示振动弛豫能量传递方式。

2. 内转换(Internal Conversion, 简称 IC)

内转换去活化过程发生在相同多重态不同电子能级间。如图 10-1 中,当 S_2 的较低振动能级的能量与 S_1 的较高振动能级的能量相当时,此时由于位能相近,从而可能发生电子由高能级以无辐射跃迁方式跃迁到低电子能级上,这个过程就称为内转换。内转换过程通常可在 $10^{-13} \sim 10^{-11}$ s 内发生。振动弛豫和内转换过程由于发生过程极为迅速,因此发生的过程效率也很高。分子处在任何激发单重态或者三重态,都能够以振动弛豫和内转换过程回到最低激发单重态或者三重态的最低振动能级上,因此,高于第一激发态的荧光发射不常见。

3. 荧光发射

分子受激发后,由第一电子激发单重态的最低振动能级回到基态各振动能级并伴随光辐射,被称为分子荧光发射。该去激发过程是在约 $10^{-7} \sim 10^{-9}$ s 内完成。由于溶液中振动弛豫和内转换的效率都非常高,因此荧光发射的能量比分子吸收的能量要少,即荧光发射光的特征波长要比吸收的特征波长要长,即使吸收能量较大的特征波长,其荧光发射特征波长依然不变,且多为 $S_1 \rightarrow S_0$ 跃迁。

4. 系间跨越(Intersystem Crossing,简称 ISC)

系间跨越是指不同多重态之间的一种无辐射跃迁。该过程涉及处于激发态的电子自旋态的变化,分子的多重性也发生变化。如图 10-1 中 $S_1 \rightarrow T_1$ 的跃迁就是系间跨越。系间跨越过程中电子由自旋配对变为自旋平行,存在阻碍作用,实际属于跃迁禁阻的,其速率常数约为 $10^2 \sim 10^6 \mathrm{s}^{-1}$,远小于内转换过程的速率常数。然而当两能级的振动能级重叠时,这种跃迁的概率增大,也有可能通过自旋-轨道耦合等作用发生电子由较低单重态的振动能级跃迁至较高三重态的振动能级。

5. 磷光发射

受激发的分子从激发单重态经过系间跨越跃迁至激发三重态后,紧接着发生快速的振动弛豫,分子回到第一激发态三重态的最低振动能级上,电子从此能级跃迁回到基态的过程就称为磷光发射。磷光是不同多重态之间的跃迁,属于禁阻跃迁,磷光寿命约 $10^{-4} \sim 10$ s,比荧光要长得多。激发光消失后还可在一定时间内观察到磷光。

6. 外转换(External Conversion,简称 EC)

激发态的分子与溶剂和其他溶质分子发生相互碰撞引起的能量转移过程称为外转换。外转换过程将会导致荧光和磷光减弱或者消失,这种现象称为"猝灭"或者"熄灭"。

值得强调的是,荧光与磷光的根本区别在于:荧光是从激发单重态最低振动能级跃迁至基态各振动能级产生的,而磷光是由激发三重态的最低振动能级跃迁至基态各振动能级产生的。

§10.2　分子荧光光谱法

10.2.1　激发光谱和发射光谱

任何荧光分子都具有特征的荧光激发光谱和荧光发射光谱,这是进行荧光定性及定量分析的基本参数和依据。

1. 激发光谱

荧光(磷光)激发光谱是通过固定发射波长,扫描激发波长而获得的荧光强度-发射波长的关系曲线。图 10-2 为 6-羟基屈的激发(E)、荧光(F)和磷光光谱(P)。激发光谱的横坐标为激发波长,而纵坐标为不同激发波长所产生的荧光(磷光)强度。这种光致发光过程需要选择合适的激发波长。通常通过分子的激发波长来确定合适的激发波长。如图 10-2 所示,荧光(磷光)强度最大处所对应的激发波长即为此分子的最大激发波长,用 λ_{ex} 表示。当采用最大激发波

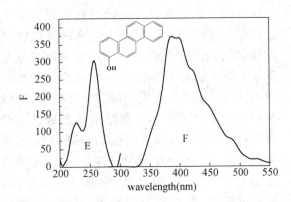

图 10-2　6-羟基屈的激发(E)、荧光(F)光谱图

长的光波辐射荧光分子时,分子吸收的能量最大,处于激发态的分子数目最多,因而可以得到最强的荧光(磷光)。

2. 发射光谱

荧光(磷光)发射光谱简称为发射光谱,是把激发波长固定(通常选最大激发波长 λ_{ex}),扫描发射波长,测定不同发射波长处的荧光(磷光)强度。以发射波长为横坐标,荧光(磷光)强度为纵坐标作图,即得该物质分子的发射光谱。

10.2.2　荧光光谱特征

在溶液中,荧光光谱具有如下普遍的特征,为荧光分析提供了基本原则和依据。

1. 荧光发射光谱的形状与激发波长无关

由于振动弛豫和内转换非常迅速,很快由高振动能级跃迁回到最低振动能级,并且这种跃迁的概率远远大于直接从高能级发射电子跃迁至基态,所以荧光是第一电子激发单重态到基态之间的跃迁。因此,无论荧光体被何种能量的激发波激发,其所产生的荧光光谱形状都是特定不变的,即与激发波长无关。

2. 斯托克斯位移

在溶液荧光光谱中,所得到的荧光波长总是大于相应的激发波长,即荧光光谱总是位于激发光谱的长波一侧,这个规律由斯托克斯在 1852 年发现,因此称为斯托克斯位移。这种现象是由于激发态的分子经过振动弛豫和内转换失去部分振动能,同时受激分子与溶剂分子的碰撞也会导致能量的损失,使得激发和发射之间产生了能量损失。

3. 镜像对称规则

在比较荧光光谱和吸收光谱时,会发现物质的这两种光谱通常具有镜像对称关系。由于基态中振动能级分布与第一激发态振动能级分布是相似的,吸收光谱是物质分子吸收能量从基态跃迁至第一激发态各电子能级,其光谱形状取决于第一电子激发态各电子能级分布情况;而荧光光谱是受激分子从第一激发单重态最低振动能级发射光子跃迁至基态各振动能级,其光谱形状取决于基态各振动能级的分布情况,因此吸收光谱与荧光光谱具有相似性。如图 10-3 所示,在吸收过程中,由基态跃迁到第一激发态,激发振动能级越高,能量差越大,吸收波长越短;而由

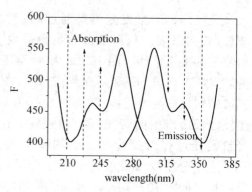

图 10-3 6-羟基屈甲醇溶液的
荧光光谱与吸收光谱

第一激发态最低振动能级跃迁至基态各振动能级时,基态振动能级越高,能量差越小,因而吸收波长越长。因而使荧光光谱与吸收光谱呈镜像对称。

10.2.3 影响因素

荧光的产生需要一定的条件,且荧光分子的结构和物质所处的环境都与荧光的产生和强度有密切的关系。分子产生荧光必须满足两点:一是要有吸收,即荧光分子必须具有能够吸收一定频率紫外可见辐射的特征结构,分子吸收能量处于激发状态才能发射荧光;另一个条件是处于激发态的分子要有高的荧光量子产率。若吸光物质的荧光量子产率不高,则吸光后也不能发射荧光,这是由于所吸收的能量在与溶剂分子或者其他的溶质分子相互碰撞过程中损耗掉了,而不能发射荧光。

1. 荧光量子产率(Quantum Yield,φ_f)

荧光量子产率又称荧光效率或者量子效率,是发射荧光的分子与总的受激发的分子数目之比,或者定义为物质发射的光量子数与吸收的光量子数之比。即

$$\varphi_f = \frac{发射的光量子数}{吸收的光量子数} = \frac{荧光强度(I_f)}{吸收光的强度(I_a)} \qquad (10-1)$$

物质分子从激发态去活化过程涉及到辐射和无辐射跃迁两种过程。对于荧光强的物质,辐射跃迁占主要部分,而对于荧光弱的物质,无辐射跃迁占主导位置。荧光量子产率与这些过程的速率常数有关。即

$$\varphi_f = k_f/(k_f + \sum k_i) \qquad (10-2)$$

式中：k_f 为荧光发射过程的速率常数；$\sum k_i$ 表示系间跨越或者内转换等无辐射跃迁过程的速率总和，前者主要与物质的化学结构有关，而后者主要取决于产生荧光的化学环境，同时也与化学结构有一定的关系。由上式可知，凡是能够增加 k_f 而降低 $\sum k_i$ 的因素都能增强荧光强度。

2. 分子结构

（1）跃迁类型

实验证明，对于大多数荧光物质来说，受激发时，首先经历 $\pi \rightarrow \pi^*$ 或者 $n \rightarrow \pi^*$ 跃迁，然后经过振动弛豫或者其他无辐射跃迁，在发生 $\pi^* \rightarrow \pi$ 或 $\pi^* \rightarrow n$ 跃迁得到荧光。这两种跃迁当中，$\pi^* \rightarrow \pi$ 跃迁类型的量子产率较高，即能发出较强的荧光。原因是 $\pi \rightarrow \pi^*$ 跃迁具有较大的摩尔吸光系数，约为 $n \rightarrow \pi^*$ 跃迁类型的 $100 \sim 1\,000$ 倍；$\pi \rightarrow \pi^*$ 跃迁的寿命约为 $10^{-7} \sim 10^{-9}\,\mathrm{s}$，$n \rightarrow \pi^*$ 的寿命约为 $10^{-5} \sim 10^{-7}\,\mathrm{s}$，前者比后者短，因此 k_f 较大，有利于荧光的发射；此外，在 $\pi^* \rightarrow \pi$ 跃迁过程中，通过系间跨越回到三重态的速率常数也较小，S_1 与 T_1 之间的能级差较大，也有利于荧光的发射，因此，$\pi \rightarrow \pi^*$ 跃迁是产生荧光的主要跃迁类型。

（2）取代基效应

取代基的变化对芳香族化合物的荧光强度和荧光光谱有很大的影响。可总结为以下规律：

① 给电子基团。—OH、—OR、—CN、—NH$_2$、—NHR 等均为给电子基团，因为这些取代基的非键电子 n 电子云几乎与芳环上的 π 轨道平行，发生了 p–π 共轭作用，增强了 π 电子的共轭程度，使最低激发态单重态与基态之间的跃迁概率增大，从而导致荧光增强，荧光波长红移。

② 吸电子基团。—COOH、—NO$_2$、—NO、卤素等属于吸电子基团，会使荧光减弱甚至猝灭，而增强磷光强度。这些基团的非键电子 n 和苯环的共轭 π 键不能构成 p–π 共轭键，不能扩大苯环 π 电子的共轭程度，分子跃迁属于禁阻跃迁，相反地由于非键电子的存在还会使得 $S_1 \rightarrow T_1$ 的系间跨越增大，因此，荧光减弱，磷光增强。例如，二甲苯酮的 $S_1 \rightarrow T_1$ 系间跨越量子产率接近于 1，它在非酸性介质中的磷光很强。又如，苯胺和苯酚的荧光较苯强，而硝基苯则为非荧光物质。

③ 重原子取代效应。重原子取代效应是指芳基上引入重原子如卤素等原子而导致磷光增强，荧光减弱的现象。卤素的重原子效应见表 10-1。造成这种现象的原因是重原子带有的电磁场对分子中电子自旋的影响要比氢原子的影响更大。因此在分子中引入较重的原子可以造成激发的单重态和三重态之间的能量更为接近，减小了三重态和单重态间的能量差，从而增加了 $S_1 \rightarrow T_1$ 系间跨越的概率，导致荧光的量子产率下降，磷光的量子产率增加，从而导致荧光减弱而磷光增强。值得注意的是，不仅仅只是在荧光分子中引入重原子会产生重原子效应，使用含有重原子的溶剂也会发生重原子效应，使得荧

光减弱,磷光增强。

表 10 - 1　卤素取代的"重原子效应"

化合物	φ_p/φ_f	荧光波长 λ_f/nm	磷光波长 λ_p/nm	τ/s
萘	0.093	315	470	2.6
1-甲基萘	0.053	318	476	2.5
1-氟萘	0.086	316	473	1.4
1-氯萘	5.2	319	483	0.23
1-溴萘	6.4	320	484	0.014
1-碘萘	>1 000	没有观察到	488	0.003

④ 取代基位置。邻、对位取代会导致荧光增强,而间位取代会抑制荧光,如 1,3,5 -三苯基苯的荧光效率比对联三苯和对联四苯显著降低;并且共轭体系越大,取代基的影响越小;两种取代基共存时,其中一个取代基可能起主导作用。

有些取代基如—SO_3H、—NH_3^+ 以及烷基等,同 π 体系相互作用较小,则对分子发光的影响也很小,因此,在进行荧光分析时,可以给分子引入磺酸基来增加其溶解度而不改变其发光。

（3）刚性结构

具有刚性结构的物质由于分子振动减弱,与溶剂和溶质分子的相互作用减少,因碰撞而导致去活的可能性也减小,故此类物质的荧光效率很高。

此外,分子的平面刚性结构效应对许多金属配合物的荧光发射也具有很大的影响。例如,2,2′-二羟基偶氮苯虽然有共轭双键,但不是刚性结构,因此不具有荧光性,而当与 Al^{3+} 形成络合物之后,分子的刚性结构增强,因而可以产生强荧光,如图 10 -4 所示。

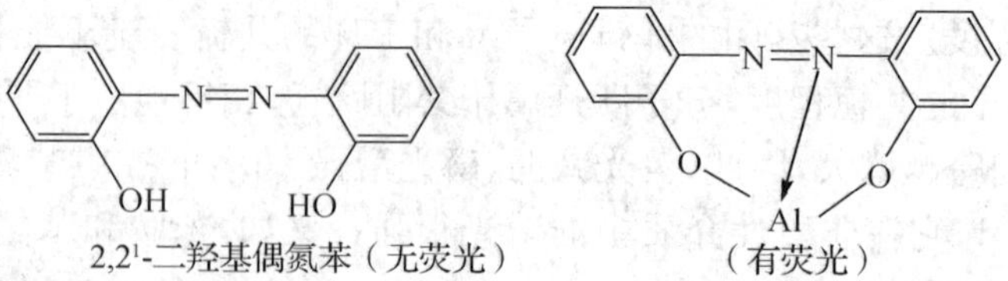

2,2′-二羟基偶氮苯（无荧光）　　　（有荧光）

图 10 - 4　2,2′-二羟基偶氮苯与 Al^{3+} 形成络合物前后的结构图与荧光特征

3. 环境影响

（1）溶剂

溶剂对荧光物质的荧光特性有很大的影响。同一荧光物质在不同的溶剂中,其荧光强度和荧光光谱的位置可能会有明显的不同。这可能因为溶液的折射率和介电常数等因素的作用,导致荧光物质解离状态改变,也有可能是由于荧光物质和溶剂形成氢键,使得荧光波长和强度发生改变。一般来讲,对于共轭芳香烃化合物,随着溶剂的极性增大,$\pi \rightarrow \pi^*$ 跃迁能量减小,从而使荧光光谱向长波方向移动,即红移。此外,在含有重原子的溶剂中,如碘乙烷和四溴化碳,荧光物质会与溶剂中的重原子产生重原子效应,荧光特性也会发生改变,出现荧光减弱,磷光增强的现象。

(2) 温度

温度对荧光强度的影响非常敏感,荧光分析中一定要严格控制温度。温度升高会加快振动弛豫,导致能量损失。同时,高温会降低溶液的黏度,荧光分子和溶剂分子的热运动都被增加了,两者的碰撞几率增大,使外转换去活化过程的速率增大,因此温度上升,荧光强度下降;而低温状态下,荧光强度显著增强。目前,低温荧光分析技术已经成为荧光分析中的热点领域。

(3) pH

当荧光物质是弱酸或者弱碱,如带酸性或碱性基团的芳香族化合物,pH 对其的荧光强度有很大的影响。这是因为溶液的 pH 改变会导致其分子和离子在电子构型上形成差异。例如苯酚分子在酸性条件下(pH$\approx$1)时有荧光,而其在碱性条件下(pH$\approx$13)时无荧光,这是因为在碱性条件下苯酚分子发生电离,离子化的苯酚分子不具有荧光性质,因而不发光。与此类似的还有苯胺分子,在 pH=7~12 的溶液中会发出蓝色荧光,而在此 pH 范围之外分子会被离子化,从而导致荧光消失。当然,有些分子不具有荧光性,电离之后会产生荧光,如 α-萘酚等物质,改变溶液 pH 可以使其分子发生电离,即可发射荧光。

若溶液中发荧光的物质是金属与有机试剂所形成的络合物,改变溶液的 pH,络合物的形成过程和配合比例均会发生变化,从而致使荧光发光和荧光强度的改变。例如,镓与 2,2′-二羟基偶氮苯在 pH=3~4 时形成 1∶1 的络合物,具有荧光性,而在 pH=6~7 的溶液中所形成络合物的配比是 1∶2,便失去了荧光性质。由此可见,在荧光分析中要严格控制溶液的 pH。

(4) 猝灭

荧光物质分子与溶剂分子或者其他溶质分子相互作用,引起荧光强度减弱的现象称为荧光猝灭,导致荧光猝灭的物质称为猝灭剂。引起荧光猝灭的因素很多,主要类型有以下几种:

① 碰撞猝灭。碰撞是导致荧光猝灭的主要原因,是指处于激发单重态的分子由于和猝灭剂的碰撞,激发态的分子以无辐射的形式去活化回到基态,产生猝灭作用。影响猝灭的因素有猝灭剂的浓度和温度,猝灭剂的浓度增大会加重猝灭作用,温度升高会使碰撞概率增大,也会导致荧光猝灭作用加重。

② 静态猝灭。静态猝灭是由于荧光分子与猝灭剂分子结合产生非荧光性化合物,从而产生荧光猝灭现象。

③ 氧的猝灭作用。溶液中溶解氧会对有机化合物的荧光产生猝灭作用,这可能是由于处于三重态基态的氧分子与单重态激发态的荧光分子相互碰撞,使荧光分子由于系间跨越产生了三重态的荧光物质分子,此类分子在常温下不发荧光,使荧光猝灭。

④ 荧光物质的自猝灭。这种自猝灭是由于处于激发态单重态的荧光分子与溶液中处于基态的荧光分子发生相互作用,在发荧光之前产生猝灭。此外,高浓度的荧光物质会结合形成二聚体或多聚体,导致其吸收光谱发生变化,也会产生溶液荧光强度减弱甚至消失的现象。这种猝灭形式可参照蒽和苯的高浓度自猝灭的现象。

（5）内滤

内滤现象的产生是由于溶液中存在能够吸收荧光物质的激发光或发射光的物质,从而导致荧光减弱。当荧光物质的荧光吸收光谱与发射光谱具有重叠,且浓度较大时,部分基态分子吸收体系发射的荧光,从而使荧光减弱,这种内滤现象称为自吸,严重的自吸现象称为自蚀。

10.2.4 分子荧光光谱仪的组成

荧光光谱仪一般由光源、激发单色器、样品池和检测器等几部分组成,如图 10-5 所示。

目前大部分的荧光光谱仪为双光束仪器,采用双光束可以补偿光源强度的漂移。如图 10-5 所示,由光源发出的光经单色器分光后得到特定波长的激发光,然后射入样品池中,使荧光物质受激发而发射荧光。通常在与激发光垂直(即 90°)的地方检测荧光,这是因为荧光辐射是通向四周各个方向的,而选择垂直方向检测可以消除透射光和散射光的干扰,同时也消除了池壁对入射光和荧光的反射。样品池和检测器中间安置有荧光单色器,是为了滤去激发光所产生的反射光,溶剂中的杂质荧光等,从而获得一定波长的荧光,经光电倍增管被检测。

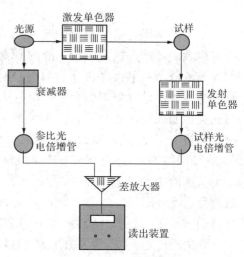

图 10-5　荧光光谱仪示意图

1. 光源

最常见的光源有氙灯、高压汞灯和激光光源。氙灯的功率一般在 100～500 W 之间,它是靠电流通过氙气而产生强辐射,能在紫外-可见区域给出较好的连续光谱,可用于 200～700 nm 波长范围,氙灯需要优质电源,以保证氙灯的稳定性,同时延长其寿命。高压汞灯产生的是强线状光谱,而非连续光谱,因而不能用于对入射波长进行扫描的仪器上。此外,激光器也可用作光源,能提高荧光检测的灵敏度。综上所述,光源对荧光测定有很大影响,因此光源选取需谨慎,光源应具有强度大、稳定性好、使用波长范围宽等基本特点。

2. 单色器

荧光仪器中有激发单色器和发射单色器两种,较精密的仪器采用光栅作为色散原件,激发单色器用于荧光激发光谱的扫描及选择激发波长,发射单色器用于扫描荧光发射光谱及分离荧光发射波长。

3. 样品池

荧光样品池应该选择荧光强度弱、不吸收紫外照射的石英材料制成,通常为四面透光的方形或矩形。

4. 检测器

荧光检测器应具有高灵敏度,一般采用光电倍增管或者电荷耦合元件检测器,并与激发光成 90°配置。

10.2.5　定量分析

由于能够发射荧光的物质分子占被分析对象的比例是很少的,并且很多荧光物质在同一波长产生光致发光,因此,荧光很少用于定性分析而主要用于物质的定量分析,该方法灵敏度高,选择性好。

1. 荧光强度和浓度关系

发射的荧光强度正比于该体系吸收的激发光的强度,荧光强度为 I_f,可表示为:

$$I_f = \varphi_f(I_0 - I_t) \tag{10-3}$$

式中:I_0 为入射光强度;I_t 为透过厚度 b 的介质后的光强度。由朗伯-比尔定律可得

$$I_f = \varphi_f I_0 (1 - 10^{-\varepsilon bc}) \tag{10-4}$$

由于 $10^{-\varepsilon bc} = e^{-2.302\varepsilon bc}$,故式(10-4)可以写为:

$$I_f = \varphi_f I_0 (1 - e^{-2.302\varepsilon bc}) \tag{10-5}$$

且 $e^x = 1 + x + \dfrac{x^2}{2!} + \dfrac{x^3}{3!} + \cdots + \dfrac{x^n}{n!}$,所以

$$e^{-2.302\varepsilon bc} = 1 - 2.303\varepsilon bc + \frac{(-2.303\varepsilon bc)^2}{2!} + \frac{(-2.303\varepsilon bc)^3}{3!} + \cdots \tag{10-6}$$

当 $\varepsilon bc \leqslant 0.02$ 时,式(10-6)中无穷级数的第三项为第二项的 2.3%,并且以后的各项更小。因此,式(10-6)可以简化为:

$$e^{-2.302\varepsilon bc} = 1 - 2.303\varepsilon bc \tag{10-7}$$

将式(10-7)代入式(10-5)中,可得

$$I_f = \varphi_f I_0 (1 - 1 + 2.302\varepsilon bc) = 2.302\varphi_f I_0 \varepsilon bc \tag{10-8}$$

当光量子产率(φ_f)、入射光强度(I_0)、物质的摩尔吸收系数(ε)、液层厚度(b)固定不变时,上式可以简化为

$$I_f = Kc \tag{10-9}$$

式(10-9)即为荧光定量分析的基本关系式,在浓度很低时,荧光强度与溶液中荧光物质的浓度呈线性关系,而在较高浓度时,这种线性关系消失,主要原因是高浓度时荧光物质的自猝灭和自吸收现象严重。

2. 直接测定和间接测定

荧光定量分析,可以采用直接荧光法和间接荧光法进行测定。对于本身有荧光性质的物质,可以采用直接法测定,通过溶液的荧光强度来确定被测物质的浓度,如:芳香族有机化合物、维生素 A、胡萝卜。对于那些不发荧光或者荧光量子产率很低的物质,则应采用间接法进行测定。间接法有两种形式:一种形式是经过化学反应使被测物质由非荧光物质转变为荧光物质,再进行荧光强度的测定,如对铍、硼、镓、铝的测定均可采用此类方法。另一种形式是荧光猝灭法。若被测物质不具有荧光性质,而能够使某种荧光物质发生荧光猝灭,如氟、硫、铁、银、钴、镍等元素,可以通过测定其使荧光化合物荧光强度的减弱情况来测定未知样中元素的浓度。

§10.3 磷光光谱法

磷光是由第一激发态单重态最低振动能级,经系间跨越回到第一激发态三重态,进一步发生振动弛豫回到最低振动能级,经禁阻跃迁回到基态而产生的光辐射,因此,磷光的发光速率较荧光慢。分子磷光光谱在原理、仪器和光谱的应用方面与荧光非常相似,任何物质的磷光光谱都具有两个特征光谱,即磷光激发光谱和磷光发射光谱,定量的依据也是在一定浓度范围内,磷光强度与被测的发射磷光物质浓度成正比。

10.3.1 低温磷光

由于分子激发三重态寿命长,使激发态分子发生 $T_1 \rightarrow S_0$ 这种分子内部的内转化非辐射去活化过程,以及激发态分子与周围的溶剂分子发生碰撞和能量转移过程,或发生某些光化学反应的概率增大,这些过程都会导致磷光减弱,甚至会引起磷光完全消失。因此,为了减少这些去激发过程的影响,通常在低温条件下测定磷光。

在低温磷光分析中,要求所采用的溶剂对所分析的试样具有良好的溶解性,在所研究的光谱区不具有很强的吸收和发射性质,同时在液氮温度(77K)时具有足够的黏度并且能够形成透明的刚性玻璃体,将振动耦合和碰撞等无辐射去活化过程降到最低限度,几乎所有处于激发态三重态的分子均可发射很强的磷光,在低温条件下,大部分共轭体系的环状化合物都会发射明亮的磷光。

此外,使用含有重原子的溶剂(如碘甲烷、溴乙烷等),或者在磷光分子中引入重原子时,$S_0 \rightarrow T_1$ 吸收跃迁和 $S_1 \rightarrow T_1$ 系间跨越跃迁概率增大,有利于增大磷光的光量子产率和增强磷光的强度。因此,利用重原子效应可以提高磷光分析的灵敏度。

10.3.2 室温磷光

由于低温磷光分析需要低温装置,并且需要选择特定的溶剂,因此,在分析研究过程当中发展了相应的室温磷光分析法。然而,溶液中大部分磷光物质的室温磷光很弱,不能用于实际的分析与测定。为了实现室温下磷光的测定,通常采用两种方法:一种是固体基质室温磷光法,它是将有机化合物固定在固体基质上,再进行磷光的测定,常见的固体基质有滤纸、石棉、氧化铝、橡胶硅等,理想的基质能将被测物稳定地固定在其表面以增加其刚性,并减小激发三重态的碰撞猝灭等无辐射去活化过程,而本身不具有磷光背景;另一种方法是胶束增稳溶液室温磷光法,这种方法是向溶液中加入一定表面活性剂,使其浓度达到临界胶束浓度,此时,溶液中被测物质可以和表面活性剂形成胶束缔合物,被测物的刚性得以增加,因碰撞而引起的能量损失也相应减少,因此,可在溶液中测定室温磷光。利用胶束稳定因素,结合重原子效应,并对溶液除氧,是该分析方法的三要素。

10.3.3 磷光分析仪

磷光分析仪与荧光分析仪器类似,主要由光源、样品池、分光器和检测器等元件组成。不同之处是磷光分析仪带有装液氮的石英杜瓦瓶和区分荧光与磷光的磷光镜,如图 10 - 6 所示。

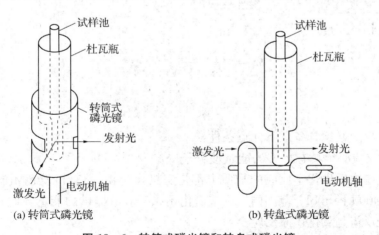

图 10 - 6 转筒式磷光镜和转盘式磷光镜

图 10 - 6(a)中装液氮的杜瓦瓶用于低温磷光的测定,图 10 - 6(b)中磷光镜是利用磷光寿命比荧光寿命长这一特点实现磷光和荧光的分别检测。当断开光源后,荧光和散射光停止,而寿命长的磷光不会立即消失,利用此原理可以检测磷光。磷光镜装置中设有两片斩波片,当两片斩波片同相时,测定的是荧光和磷光的总强度,异相时,激发光被斩断,测定的是寿命长的磷光的光强度。

§10.4 化学发光分析

化学发光是使用化学反应提供能量激发物质所产生的光辐射。若是这种化学发光发生在生物体内,则称为生物化学发光。基于化学发光反应而建立的分析方法称为化学发光分析法。

10.4.1 化学发光反应的基本原理

化学发光反应是吸收化学反应过程中的化学能而使得分子受激发所发射的光。任何一个化学发光反应都必须包括化学激活和发光两个步骤。对于反应 A 与 B 反应生成 P,部分产物 P 受激发,处于激发态的 P* 发射光子 $h\nu$ 回到基态,用式子表示为:

$$A+B \longrightarrow P^* \longrightarrow P+h\nu$$

化学发光的效率 φ_{CL},也称化学发光总量子产率,取决于生成激发态分子的效率 φ_{CE} 和激发态的分子发光效率 φ_{EM}。φ_{CL} 定义为:

$$\varphi_{CL} = \frac{发光的分子数}{参加反应的分子数} = \varphi_{CE} \cdot \varphi_{EM} \qquad (10-10)$$

φ_{CE} 和 φ_{EM} 分别定义为:

$$\varphi_{CE} = \frac{激发态的分子数}{参加反应的分子数} \qquad (10-11)$$

$$\varphi_{EM} = \frac{发光的分子数}{激发态分子数} \qquad (10-12)$$

化学发光反应必须具备以下几点条件:

(1) 化学反应必须具有足够的能量使分子受激发,激发能主要来源于化学反应焓。能够在可见光范围内发生化学反应的物质大都是有机化合物,而有机发色团的激发能量 ΔE 通常在 $150\sim400$ kJ·mol^{-1} 范围内。许多氧化还原反应所提供的能量与此相当,因此大多数的化学发光反应是氧化还原反应。

(2) 要观察到化学发光,则须激发态的分子能够释放出光子,或者将能量传递给另外一个分子使其受激发,再以辐射光子的形式去活化回到基态,即激发态的发光效率 φ_{EM} 要足够大。

(3) 需要有利的化学反应历程,使化学反应的能量至少能被一种物质所吸收并生成激发态,而非直接将能量转化为热能。对于有机分子的液相化学发光来说,较易生成激发态产物的常是芳香族化合物和羰基化合物。

10.4.2　化学发光强度

化学发光的强度 I_{CL} 以单位时间内发射的光子数表示,与化学发光反应速率和反应分子的浓度有关,可表示为:

$$I_{CL}(t) = \varphi_{CL} \cdot \frac{dc}{dt} \tag{10-13}$$

式中:$I_{CL}(t)$ 表示 t 时刻的化学发光强度;φ_{CL} 是与分析物有关的化学发光效率;dc/dt 是参加反应的化学反应速率。低浓度时反应可视为准一级反应,则 $dc/dt = kc$,可得化学发光强度与被分析物质的浓度呈线性关系。若用总发光强度 I 与被测物质的浓度建立定量分析关系,在一定时间间隔内对化学发光进行积分,可得

$$I = \int_{t_1}^{t_2} I_{CL}(t)dt = \varphi_{CL} \int_{t_1}^{t_2} \frac{dc}{dt}dt = \varphi_{CL} \cdot c \tag{10-14}$$

当取 $t_1 = 0$,t_2 为反应结束所需要的时间,则可得到化学发光强度与分析物质总浓度呈线性关系。

10.4.3　化学发光反应的类型

1. 直接化学发光和间接化学发光

直接化学发光和间接化学发光是化学发光反应的两种类型。直接化学发光是被测物和反应物直接参加化学反应,生成电子激发态产物,此电子激发态产物辐射光子跃迁到基态时,就产生了发光现象。用式子表示为:

$$A + B \longrightarrow C^* + D$$

$$C^* \longrightarrow C + h\nu$$

式中,A 或者 B 是被测物质,通过化学反应生成电子激发态产物 C^*,C^* 跃迁回到基态时,辐射出光子。

间接化学发光是反应物 A 或 B 通过化学反应生成初始激发态产物 C^*,C^* 本身不发光,而是将能量传给 F,使 F 处于激发状态,当 F^* 由激发态跃迁回到基态时,辐射光子产生发光现象。用式子表示如下:

$$A + B \longrightarrow C^* + D$$

$$C^* + F \longrightarrow F^* + E$$

$$F^* \longrightarrow F + h\nu$$

式中,C^* 和 F 分别为能量给予体和能量接受体。例如,用罗丹明 B-没食子酸的乙醇溶液测定大气中的 O_3,其化学反应就是间接化学反应的类型。

$$没食子酸 + O_3 \longrightarrow A^* + O_2$$

$$A^* + 罗丹明 B \longrightarrow 罗丹明 B^* + B$$

$$罗丹明 B^* \longrightarrow 罗丹明 B + h\nu$$

没食子酸被 O_3 氧化时吸收反应所产生的化学能,形成受激中间体 A^*,而 A^* 又迅速将能量转给罗丹明 B,并使罗丹明 B 分子受激发,处于激发态的罗丹明 B 分子回到基态时,发射出光子。该光谱辐射的最大发射波长为 584 nm。

2. 气相化学发光

化学发光反应在气相中进行的,称为气相化学发光。主要包括 O_3、NO、S 的化学发光反应,可用于检测空气中的 O_3、NO、NO_2、H_2S、SO_2、CO 等。

臭氧可以与 40 多种有机化合物发生化学发光反应,其中与罗丹明 B-没食子酸的反应最为灵敏,臭氧与乙烯的化学发光反应机理是 O_3 氧化乙烯生成羰基化合物的同时产生化学发光,发光物质是激发态的甲醛。

$$CH_2{=}CH_2 + O_3 \longrightarrow \left[\begin{array}{c} O \\ O \quad\quad O \\ CH_2{-}CH_2 \end{array}\right] \longrightarrow \left[\begin{array}{c} O{-}O \\ H_2C \quad CH_2 \\ O \end{array}\right] \longrightarrow HCOOH + CH_2O^*$$

此反应的最大发射波长为 435 nm,对臭氧的线性响应范围为 1 ng/mL~1 μg/mL。

氮氧化合物也可以发生光化学反应,最重要的一类就是其与臭氧的反应。化学反应效率较高,反应方程式如下:

$$NO + O_3 \longrightarrow NO_2^* + O_2$$

$$NO_2^* \longrightarrow NO_2 + h\nu$$

这种方法可用于测定大气中痕量 NO。据报道,测量 NO 的工作曲线的线性范围为 1 ng/mL~10 000 μg/mL。同样此法也可以测定空气中 NO_2 的含量,但需要将其还原成 NO,然后再进行测量,通过计算,去除空气中 NO 的原有含量,即得 NO_2 的含量。

除了臭氧,氧原子参加的光化学反应也很典型。然而空气中的氧为 O_2,而非氧原子 O。一般可以让臭氧在 1 000 ℃ 的石英管中热分解为 O_2 和 O,提供反应中的氧原子 O。氧原子与 SO_2、NO、CO 等的化学发光反应分别为:

$$SO_2 + O + O \longrightarrow SO_2^* + O_2$$

$$SO_2^* \longrightarrow SO_2 + h\nu$$

反应的最大发射波长为 200 nm,测定 SO_2 的灵敏度可达 1 ng/mL。

$$NO + O \longrightarrow NO_2^* + h\nu$$

$$NO_2^* \longrightarrow NO_2 + h\nu$$

反应的最大发射波长为 $400\sim1\,400$ nm,测定 NO 的灵敏度可达 1 ng/mL。

$$CO+O \longrightarrow CO_2^*$$

$$CO_2^* \longrightarrow CO_2+h\nu$$

反应的最大发射波长为 $300\sim500$ nm,测定 CO 的灵敏度可达 1 ng/mL。

3. 液相化学发光

由于很多化学试样和生物试样可以通过在水溶液中进行化学发光反应来分析,用于液相化学分析的物质有鲁米诺、光泽精、洛粉碱、没食子酸和过氧草酸等,其中鲁米诺的化学发光机理研究的时间最久,其化学发光体系已经用于分析测量痕量的 Cl_2、HOCl、H_2O_2,以及 Cu、Mn、Co、V、Fe、Cr、Ce、Hg 和 Th 等,鲁米诺产生化学发光时量子效率 φ_{CL} 介于 $0.01\sim0.05$,最大发射波长为 425 nm。

如图 10-7 所示,鲁米诺(3-氨基苯二甲酰肼)在碱性溶液中形成叠氮醌(a),叠氮醌在碱性溶液中受催化剂作用与 H_2O_2 反应生成不稳定的桥式六元环过氧化物中间体(b),然后再转化为激发态的 3-氨基邻苯二甲酸根阴离子(c),其价电子从第一激发态的最低振动能级跃迁回到基态中各个不同的振动能级时,产生最大发射波长为 425 nm 的光辐射。整个反应历程表示如下:

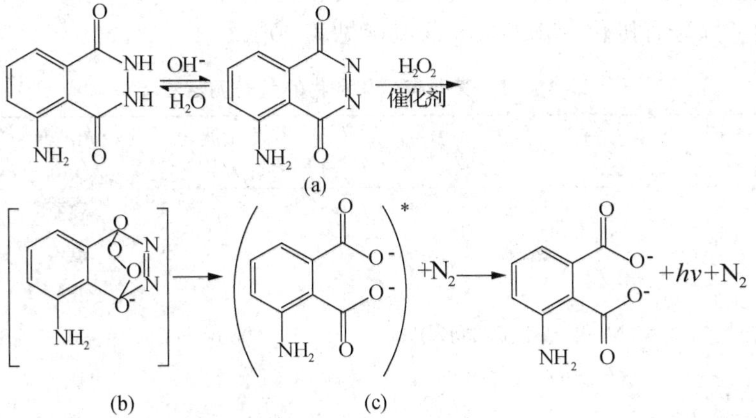

图 10-7　鲁米诺的化学发光反应历程

以上的化学发光反应速率很慢,但有些金属离子可以催化这一反应,使得化学发光强度增强,利用这一现象,可以实现对金属离子的测定,此外,有些离子会对其化学发光起抑制作用,利用这一现象,可以实现对 Ce(Ⅳ)、Hf(Ⅳ)的测定。

鲁米诺化学发光体系还可以用于许多生化物质的测定和生化反应的研究,例如氨基酸的测定。氨基酸作为酶促反应的底物,在氨基酸氧化酶的作用下可以产生定量的 H_2O_2 作为化学发光反应的催化剂。反应可表示如下:

$$氨基酸 + O_2 \longrightarrow 酮酸 + NH_3 + H_2O_2$$

$$鲁米诺 + H_2O_2 \longrightarrow 产物 + h\nu$$

通过化学发光的强度可以测得氨基酸的含量,当氨基酸的浓度一定时,也可以用此反应来研究酶促反应的动力学。

§10.5 应用

分子发光分析以荧光分析为主。荧光分析由于仪器设置的优化,即从入射光 90°的方向进行发射光检测,即实现在黑背景下检测,因此其分析灵敏度比紫外-可见分光光度法高 2~4 个数量级。同时,由于荧光光谱涉及到吸收特征波长和发射特征波长,因而具有更高的选择性。此外,荧光分析法试样用量少,方法操作简单,已成为一种科学研究与实际应用中常见的仪器分析手段。

荧光发射法可用于有机物和无机物的分析与检测。芳香族及具有芳香结构的有机化合物因存在共轭体系,紫外照射下能够发射荧光,可以采用直接荧光法测定。而在荧光测定时,大多数实验会采用荧光衍生化法,使衍生物具有更大的 π 体系,从而提高荧光分析的灵敏度和选择性。部分有机化合物的荧光法测定见表 10-2。

表 10-2　某些有机化合物的荧光测定法

待测物	试剂	激发光波长 λ/nm	荧光波长 λ/nm	测定范围 c/(μg/mL)
丙三醇	苯胺	紫外	蓝色	0.1~2
糠醛	蒽酮	465	505	1.5~15
蒽		365	400	0~5
苯基水杨酸酯	N,N'-甲基甲酰胺(KOH)	366	410	3×10^{-8}~5×10^{-6}
1-萘酚	0.1 mol/L NaOH	紫外	500	
四氧嘧啶(阿脲)	苯二胺	紫外(365)	485	10^{-10}
维生素 A	无水乙醇	345	490	0~20
氨基酸	氧化酶等	315	425	0.01~50
蛋白质	曙红 Y	紫外	540	0.06~6
肾上腺素	乙二胺	420	525	0.001~0.02
胍基丁胺	邻苯二醛	365	470	0.05~5
玻璃酸酶	3-乙酰氧基吲哚	395	470	0.001~0.033
青霉素	α-甲氧基-6-氯-9-(β-氨乙基)-氨基氮杂蒽	420	500	0.062 5~0.625

　　无机化合物能够发射荧光的极少,除了铀盐等少数物质,大部分无机化合物不发射荧光。但有些逆磁性的金属离子与荧光试样形成配合物后可以进行荧光分析,如铍、铝、硼、镓和镁等金属离子可以用此方法进行间接测定。某些无机元素的荧光测定方法见表 10－3。

表 10－3　某些无机元素的荧光测定方法

离子	试剂	λ/nm		检出限/ $(\mu g/mL)$	干扰
		吸收	荧光		
Al^{3+}	石榴茜素 R（Al,F^-）	470	500	0.007	Be,Co. Cr,Cu,F^-,NO_3^-,Ni,PO_4^{3-},Th,Zr
F^-	石榴茜素 R－Al 配合物(猝灭)	470	500	0.001	Be,Co,Cr,Cu,Fe,Ni,PO_4^{3-},Th,Zr
$B_4O_7^{2-}$	二苯乙醇酮	370	450	0.04	Be,Sb
Cd^{2+}	2-(邻-羟基苯)-间氮杂氧	365	蓝色	2	NH_3
Li^+	8-羟基喹啉（Al，Be 等）	370	580	0.2	Mg
Sn^{4+}	黄酮醇（Zr，Sn）	400	470	0.008	F^-,PO_4^{3-},Zr
Zn^{2+}	二苯乙醇酮	—	绿色	10	Be,B,Sb,显色离子

　　磷光在无机化合物的分析测定中应用较少,主要用于有机化合物和生物物质的测定。如对多环芳烃、石油产物、核酸、氨基酸、农药、医药和临床检验及植物生长激素等环境分析和药物研究方面。部分有机化合物的磷光分析见表 10－4。

表 10-4 一些有机化合物的磷光分析

化合物	溶剂	λ_{ex}/nm	λ_{em}/nm	化合物	溶剂	λ_{ex}/nm	λ_{em}/nm
腺嘌呤	WM	278	406	吡啶	EtOH	310	440
	RTP	290	470	吡哆素盐酸	EtOH	291	425
蒽	EtOH	300	462	水杨酸	EtOH	315	430
	EPA	240	380		RTP	320	470
阿司匹林	EtOH	310	430	磺胺二甲嘧啶	EtOH	280	405
苯甲酸	EPA	240	380	磺胺	EtOH	297	411
咖啡因	EtOH	285	440		RTP	267	426
柯卡因盐酸	EtOH	240	400	磺胺嘧啶	EtOH	310	440
	RTP	285	460	色氨酸	EtOH	295	440
可待因	EtOH	270	505		RTP	280	448
DDT	EtOH	270	420	香草醛	EtOH	332	519

WM 为水-甲醇;RTP 为室温磷光。

　　化学发光分析的灵敏度很高,且大多数化学发光反应是氧化还原反应,因此具有氧化还原性质的物质都可用化学发光分析进行检测。化学发光反应也可以作为流动注射技术、高效液相色谱和毛细管电泳等方法当中的检测手段。

　　目前,荧光分析方法不仅作为一种单独分析手段,往往还与其他仪器分析方法联用,如荧光检测在色谱分离当中的应用等。在生物研究领域,用荧光物质做标记的免疫分析方法称为荧光免疫分析法。此外,一些荧光分析新技术如激光诱导荧光分析、时间分辨荧光分析、荧光偏振和同步荧光分析的发展,给荧光分析法提供了更好的分析水平和更宽阔的适用领域。

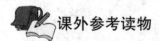

课外参考读物

[1] 方惠群,余晓冬,史坚. 仪器分析学习指导[M]. 北京:科学出版社,2004.

[2] 唐任寰. 仪器分析习题精解[M]. 北京:科学出版社,1999.

[3] 孙凤霞. 仪器分析[M]. 2 版. 北京:化学工业出版社,2010.

参考文献

[1] 叶宪曾. 张新祥. 仪器分析教程[M]. 2 版. 北京:北京大学出版社,2007.

[2] 曾泳淮. 分析化学仪器:分析部分[M]. 3 版. 北京:高等教育出版社,2010.

[3] 孙凤霞. 仪器分析[M]. 2 版. 北京:化学工业出版社,2010.

习　题

1. 解释下列名词：

(1) 单重态　(2) 三重态　(3) 荧光　(4) 磷光　(5) 化学发光　(6) 量子产率　(7) 重原子效应 (8) 荧光猝灭　(9) 内转换　(10) 系间跨越　(11) 振动弛豫

2. 试从原理、仪器方面比较荧光、磷光和化学发光的异同点。

3. 为了提高分析的灵敏度，在荧光光谱仪的构造上与紫外可见分光光度计有何不同？

4. 试比较苯胺($C_6H_5NH_2$)在 pH＝3 和 pH＝10 时的荧光强度，并做解释。

5. 下列哪些物质发荧光？

6. 按荧光强弱顺序排列下列化合物。

7. 按磷光强度由强到弱排列下列化合物。

8. 将蒽溶解于苯中能比将蒽溶解于氯仿中产生更强的磷光吗？为什么？

9. 当溶剂从苯变为乙醚时，萘产生的荧光会变长吗？为什么？

10. Fe^{2+} 催化 H_2O_2 氧化鲁米诺的反应，其产生的化学发光信号强度与 Fe^{2+} 的浓度在一定范围内呈线性关系。在 2.00 mL 含有 Fe^{2+} 的未知样品溶液中，加入 1.00 mL 水，再依次加入 2.00 mL 稀 H_2O_2 和 1.00 mL 鲁米诺的碱性溶液，测得该体系的化学发光积分信号为 16.1。另取 2.00 mL Fe^{2+} 样品加入 1.00 mL 4.75×10^{-5} mol/L Fe^{2+} 溶液。在上述同样条件下，测得化学发光的积分信号为 29.6。试计算样品中 Fe^{2+} 的物质的量浓度。

11. 还原态的 NADH 是一种具有荧光的辅酶。在 $\lambda_{ex}＝340$ nm，$\lambda_{ex}＝465$ nm 条件下，测得荧光强度如下表所示，求算未知液中辅酶的物质的量浓度。

NADH/(10^{-6} mol/L)	I_f	NADH/(10^{-6} mol/L)	I_f
0.100	13.0	0.500	59.7
0.200	24.6	0.600	71.2
0.300	37.9	0.700	83.5
0.400	49.0	未知液	42.3

第 11 章　核磁共振波谱法

☞ 码上学习

核磁共振波谱法(Nuclear Magnetic Resonance Spectroscopy)是通过研究处于强磁场中的原子核对电磁辐射的吸收情况,来获取化合物结构信息的一种技术手段。就本质而言,核磁共振波谱与红外吸收光谱或紫外吸收光谱类似,是通过物质与电磁波的相互作用而获得的,属于吸收光谱或波谱范畴。

1946 年,哈佛大学 Purcell 和斯坦福大学 Bloch 几乎同时发现了核磁共振现象。基于二人在此领域的杰出贡献,Purcell 和 Bloch 共同获得了 1952 年的诺贝尔物理学奖。半个多世纪以来,随着科学技术的不断发展,核磁共振形成了一门有完整理论的新兴学科——核磁共振波谱学。而相应的核磁共振波谱仪更是在不断完善和发展,并在化学、生物、医学和物理等诸多领域都得到了广泛应用。自 20 世纪 70 年代出现了脉冲傅里叶变换核磁共振波谱仪,到 2001 年世界上第一台 900 MHz 核磁共振波谱仪问世以来,鉴定有机物的分子结构变得更简洁、更准确,获得的信息也更丰富了。而二维核磁共振方法的发展为核磁共振成像技术的实现奠定了理论基础,大大拓展了核磁共振的应用范围,核磁共振成像技术现已成为医学诊断的重要方法,是医学影像学的重要分支。

核磁共振波谱学的快速发展,使其在有机化学、化学工业、临床医学、生物化学等众多学科和领域中广泛应用,成为化学家、医学家以及生物学家等研究人员必不可少的工具。

§11.1　基本原理

11.1.1　磁性和能级

核磁共振的研究对象为具有磁矩的原子核。实验研究表明,大多数原子核在绕某轴做自旋运动,具有自旋角动量 P,按照量子力学理论,自旋角动量是量子化的,即

$$P = \frac{h}{2\pi} \sqrt{I(I+1)} \tag{11-1}$$

式中:h 为普朗克常数,$h = 6.62 \times 10^{-34}$ J·s;I 为原子核的自旋量子数,I 的数值只能取 $0, \frac{1}{2}, 1, \frac{3}{2}$ 等整数或半整数。

在量子力学中用自旋量子数 I 描述原子核的运动状态,而自旋量子数 I 的值又与原子

核的质量数和所带电荷数相关(如表 11-1)。

表 11-1　不同核的自旋量子数

质量数	质子数	中子数	自旋量子数 I	原子核实例
偶数	偶数	偶数	0	$^{12}_{6}C$, $^{16}_{8}O$, $^{32}_{16}S$
偶数	奇数	奇数	$n/2(n=2,4,\cdots)$	$^{2}_{1}H$, $^{14}_{7}N$, $^{10}_{5}B$
奇数	偶数	奇数	$n/2(n=1,3,\cdots)$	$^{13}_{6}C$, $^{17}_{8}O$, $^{29}_{14}Si$
	奇数	偶数		$^{1}_{1}H$, $^{15}_{8}O$, $^{19}_{9}F$

原子核的自旋运动与自旋量子数 I 相关,$I=0$ 的原子核没有自旋运动,$I\neq0$ 的原子核才有自旋运动,才能发生核磁共振。但由于 $I\geqslant1$ 的原子核电荷分布不是球形对称的,都具有电四极矩,使弛豫加快,不能反映耦合裂分,因此目前核磁共振波谱不研究这部分原子核,而主要研究 $I=\dfrac{1}{2}$ 的原子核。这部分原子核的电荷分布呈球形对称,无电四极矩,谱图中能反映出原子核之间相互作用产生的耦合裂分现象。

带正电的原子核做自旋运动时会产生磁场,因此具有磁矩 μ。磁矩 μ 是一矢量,其方向与角动量 P 方向相互平行,其大小为:

$$\mu = \gamma \cdot P \tag{11-2}$$

式中:γ 为磁旋比,是原子核的基本属性之一,不同的原子核的 γ 值不同。例如,^1H 的 $\gamma=26.572\times10^7/(T\cdot s)$;$^{13}C$ 的 $\gamma=6.728\times10^7/(T\cdot s)$。

11.1.2　进动频率和核磁共振吸收

在磁感强度为 B_0 的静磁场中,自旋核不仅围绕自旋轴做自旋运动,同时自旋轴又与静磁场保持某一夹角 θ,绕静磁场方向为轴作回旋运动,称为进动,又称拉莫尔进动(图 11-1)。

自旋核的进动频率为:

$$\nu_0 = \frac{\gamma}{2\pi}B_0 \tag{11-3}$$

式中:ν_0 为进动频率。对于指定核,磁旋比 γ 为常数,其进动频率与外磁场强度 B_0 成正比;在相同的磁场下,不同自旋核因 γ 值不同而具有不同的进动频率。

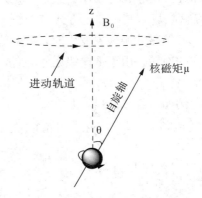

图 11-1　自旋核在静磁场中的进动示意图

在静磁场中,具有磁矩的原子核存在不同能级。当自旋量子数为 I 的磁核在外磁场作用下,原来的简并能级分裂为 $(2I+1)$ 个能级,其能量大小为:

$$E = -\mu\cos\theta \cdot B_0 = -\mu_z \cdot B_0 = -m\gamma\frac{h}{2\pi}B_0 \tag{11-4}$$

对于 $I=\frac{1}{2}$ 的原子核,其 m 值只能是 $+\frac{1}{2}$ 和 $-\frac{1}{2}$,即核在磁场中自旋轴只有两种取向:与外磁场相同 $m=+\frac{1}{2}$,磁能级能量较低;与外磁场相反 $m=-\frac{1}{2}$,磁能级能量较低。相邻能级的能量差为:

$$\Delta E = \frac{\gamma h}{2\pi}B_0 \tag{11-5}$$

当外界电磁波提供的能量恰好等于相邻能级间的能量差值时,$E_{外}=\Delta E$,即

$$h\nu = \frac{h\gamma}{2\pi}B_0 \tag{11-6}$$

原子核就可以吸收电磁波的能量,发生跃迁,这种跃迁就称为核磁共振,被吸收的电磁波频率 ν 为:

$$\nu = \frac{\gamma}{2\pi}B_0 \tag{11-7}$$

由式(11-7)可知:

(1) 对于同一种核,磁旋比 γ 为定值,B_0 变化,则射频频率 ν 也变化。

(2) 不同原子核,磁旋比 γ 不同,产生共振的条件不同,需要的磁感强度 B_0 和射频频率 ν 也不同。

(3) 固定 B_0 不变,改变 ν(扫频),不同的原子核在不同频率处发生共振。也可固定 ν,改变 B_0(扫场),其中扫场方式应用较多。

当核磁共振现象发生时,原子核在能级跃迁过程中吸收了电磁波的能量,并伴随着自旋方向的逆转。由于低能级是过量的,因而从辐射频场吸收的能量占优,这样就能检测到相应的信号。

例如,当外加磁场 $B_0 = 9.397\ 0$ T 时,^{1}H 的吸收频率为:

$$\nu = \frac{\gamma}{2\pi}B_0 = \frac{26.572\times10^7/(T\cdot s)\times9.397\ 0\ T}{2\pi} = 400\ \text{MHz}$$

^{13}C 的吸收频率为:

$$\nu = \frac{\gamma}{2\pi}B_0 = \frac{6.728\times10^7/(T\cdot s)\times9.397\ 0\ T}{2\pi} = 100\ \text{MHz}$$

这个频率范围属于电磁波区域中的射频区(即无线电波)。检测电磁波被吸收的情况就可得到核磁共振波谱。最常用的核磁共振波谱是氢核磁共振谱(^{1}H NMR)和碳核磁共振谱(^{13}C NMR)。

表 11 - 2　常见的有机化合物中磁核的性质

同位素	天然丰度/%	自旋量子数	磁矩核磁子	磁旋比/$T^{-1} \cdot s^{-1}$	绝对灵敏度	共振频率/MHz
^{1}H	99.98	1/2	2.79	26.75×10^7	1.00	300
^{2}H	1.5×10^{-2}	1	0.86		1.45×10^{-6}	46.05
^{13}C	1.11	1/2	0.70	6.73×10^7	1.76×10^{-4}	75.43
^{15}N	0.37	1/2	-0.28	-2.71×10^7	3.85×10^{-6}	30.40
^{17}O	3.7×10^{-2}	5/2	-1.89		1.08×10^{-5}	40.67
^{19}F	100	1/2	2.63	25.18×10^7	0.83	282.23
^{31}P	100	1/2	1.13	10.84×10^7	6.63×10^{-2}	121.44

注:磁性强度为 7.0463T 时的共振频率。

11.1.3　弛豫

所有的吸收光谱、波谱都具有共性,即外界的电磁波能量 $h\nu$ 等于样品分子的某种能级差 ΔE 时,样品分子可以吸收电磁波,从低能级跃迁到高能级。同样,在此频率的电磁波作用下,样品分子也能从高能级回到低能级,放出该频率的电磁波。由于波尔兹曼分布,低能级的粒子数多于高能级粒子数,而发生上述两种过程的几率是相同的,因而能观察到净吸收。在核磁共振波谱中,低能级的核和高能级的核的数目差仅为 1×10^{-7},且高、低能级跃迁的几率相同。因此,若要在一定的时间间隔内持续检测到核磁共振信号,必须有某种过程存在,使处于高能级的原子核回到低能级,以保持低能级上核的数目始终多于高能级。这种从激发态回复到波尔兹曼平衡的过程就称为弛豫(relaxation)过程。弛豫过程有两种:一种是自旋-晶格弛豫;一种是自旋-自旋弛豫。

1. 自旋-晶格弛豫

自旋-晶格弛豫亦称为纵向弛豫,是高能态的自旋核把能量以热的形式传递给周围粒子,而回到低能态的过程。纵向弛豫过程的结果是高能级核的数目减少,保持过剩的低能态核的数目,从而维持核磁共振吸收。

一个体系通过纵向弛豫达到热平衡所需要的时间称自旋-晶格弛豫时间(或纵向弛豫时间),以 T_1 表示。T_1 越小,表示纵向弛豫过程的效率越高,越有利于核磁共振信号的检测。对于气体和液体来说,由于其流动性好,T_1 较小,一般约为 1 s;固体和高黏度液体流动性差,T_1 很大,有的甚至长达数小时或更长。因此,核磁共振检测时,通常是将试样配制成黏度不大、浓度合适的溶液。

2. 自旋-自旋弛豫

自旋-自旋弛豫又称为横向弛豫,是自旋核之间进行能量交换的过程。即高能态的核与低能态的核非常接近时产生自旋交换,核之间进行能量转移,取向交换,但各能级核的数目不变,系统总能量不变。

自旋-自旋弛豫时间以 T_2 表示,一般气体、液体的 T_2 也是 1 s 左右。固体或高黏度样品中由于核之间距离较近,有利于自旋核间的能量转移,因而 T_2 很小,约 $10^{-4} \sim 10^{-5}$ s。这种横向弛豫机制并没有增加低能态核的数目,而是缩短了该核处于某一高能态或低能态的时间,即 T_2 减小。最终影响核磁共振波谱的谱线宽度,分辨率降低,所以常规的核磁共振波谱检测需将固体样品配制为溶液进行。

§11.2 核磁共振波谱仪的组成

核磁共振波谱仪是检测和记录核磁共振现象的仪器。常规核磁共振波谱仪共振频率分别为 60 MHz、80 MHz、100 MHz。高分辨核磁共振波谱仪可分为两大类:连续波核磁共振波谱仪和脉冲傅里叶变换核磁共振波谱仪。相应的 ^{1}H NMR 谱共振频率为 200 MHz~1 000 MHz。

通常核磁共振波谱仪由五部分组成,如图 11-2 所示。

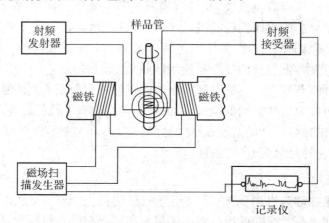

图 11-2 核磁共振波谱仪示意图

11.2.1 磁体

磁体是所有类型核磁共振波谱仪都必须具备的最基本组成部件,其作用是提供强而稳定、均匀的外磁场。产生磁场的磁体可分为永久磁铁、电磁铁和超导磁铁三种。磁铁提供磁场的强度和均匀性直接决定了核磁共振波谱仪的灵敏度和分辨率。一般由永久磁铁和电磁铁获得的磁感强度不能超过 2.5 T,只能用于制造 100 MHz 以下的低频波谱仪。而超导磁体可使磁感强度高达 10 T 以上,并且磁场稳定、均匀,用于制造 200 MHz 以上的高频核磁共振波谱仪。目前超导核磁共振仪一般在 200 MHz～600 MHz,最高可达1 000 MHz。

无论采用何种磁铁作为主磁场,都要求磁场均匀、稳定,否则共振频率也会随之改变,必将使谱峰展宽,分辨率下降,一般核磁共振波谱法中所测定的化学位移的精度要求小于 0.01 ppm,这就要求磁场强度稳定性要达到 0.001 ppm。为此必须有效控制温度、环境等参数的波动。在核磁共振波谱测定过程中采取锁定系统(锁场)以减小参数的波动,保证测试的精度。

永久性磁铁因其稳定性好,操作简便,价格低廉,但长期使用后,磁性会发生改变,且对环境温度比较敏感,一般适用于制造简易型仪器。而电磁铁由于需大量消耗电能,已经停止使用。而超导磁体的出现大大促进了核磁共振波谱仪的发展,超导磁铁是用铌-钛超导材料绕成螺旋管线圈,然后置于液氦杜瓦瓶中,由专用连接装置对超导线圈缓慢通入电流(俗称升场),达到额定电流值时,撤去电源,并闭合线圈。由于超导材料在液氦温度下电阻为零,电流始终恒定不变,形成稳定的永久磁场。为了减少液氦的挥发,仪器设计制造过程中通常采用双层杜瓦瓶,在外层杜瓦瓶中装入液氮,以保持低温环境。由于液氦和液氮的挥发,需定期补充,根据仪器型号的不同,液氦通常 3～10 个月补充一次,而液氮一般 7～10 天补充一次。因此,相比于其他磁体,超导磁铁的维护费用较高。

11.2.2 磁场扫描发生器

扫描单元是连续波谱仪的一个特有的部件,其作用是控制扫描速度、扫描范围等参数。20 世纪 60 年代左右的核磁共振波谱仪基本都是以连续波模式工作的。由于其扫描速率慢,灵敏度低且难于实现信号累加,连续波谱仪不适用于磁矩小、丰度低的灵敏核(如 ^{13}C 和 ^{15}N)或非常稀溶液的常规测试。为克服上述缺点,20 世纪 70 年代发展出了新型的脉冲傅里叶变换核磁共振波谱仪(PFT - NMR),它采用脉冲方式提供能量,而且不使用扫描磁场的方式采集磁核的共振信号。

11.2.3 射频发射器和接收器

射频发射器又称射频振荡器,其作用是产生一个与外磁场强度相匹配的射频频率,它提供核磁共振所需的能量,使磁核由低能级跃迁到高能级,因此射频发射器相当于光谱仪中的光源。对射频发射器的稳定性要求与对磁场的稳定性要求基本相同,其频率范围必须小于 10^8 Hz。所需频率由恒温下的石英晶体振荡器产生,再经调频和功率放大等步骤,最后输入与磁场垂直的线圈中。

根据式(11-7)可知,在核磁共振测试中,不同的磁核具有不同的共振频率。因此,同一台仪器在测定不同的磁核时,需要不同频率的射频发射器,例如,某仪器的超导磁体产生 9.4 T 的磁感强度,则测定 ^{1}H NMR 时所用的射频发射器的频率应为 400 MHz 的电磁波;而测定 ^{13}C NMR 时所用的射频发射器的频率应为 100.6 MHz 的电磁波。若测定其他磁核如^{15}N、^{19}F等的共振信号,则应配备相应的射频发射器。通常核磁共振氢谱仪的型号用^{1}H的共振频率表示,如400 MHz的核磁共振波谱仪是指^{1}H的共振频率为400 MHz,即外磁场强度为9.4 T。

射频接收器用于接收携带试样核磁共振信号的射频输出,并将接收到的射频信号传送到放大器放大。射频接收器与红外或紫外光谱中的检测器作用相类似。

11.2.4　样品容器

样品容器是指探头中的样品管座,用于盛放样品管。样品管容器还连接有压缩空气管,压缩空气驱动样品管快速旋转,目的是为了提高作用于样品上的磁场的均匀性。一般仪器还配有变温样品容器,可用于变温测量。

一般核磁共振波谱仪主要测试液态样品,所以,对于固体样品,首先根据固体样品的性质,选择适当的溶剂配置成一定浓度的溶液。为了使测试样品的信号不被溶剂信号干扰,在进行^{1}H NMR测试时,通常选择氘代试剂作溶剂。所谓氘代试剂是指试剂中的^{1}H被其同位素^{2}D取代,如实验中常用的氘代氯仿、重水、氘代丙酮、氘代二甲亚砜等。

§11.3　有机化合物结构与质子核磁共振波谱

质子核磁共振波谱(proton magnetic resonance)又称核磁共振氢谱(^{1}H NMR),是发展最早、研究最多、应用最广泛的核磁共振波谱。在核磁共振发展的早期,质子核磁共振氢谱几乎就是核磁共振波谱的代名词。这主要是由于质子的磁旋比较大,天然丰度接近100%,核磁共振测试的绝对灵敏度是所有磁核中最大的(见表11-2);再者^{1}H核是有机化合物中最常见的同位素,^{1}H NMR谱是解析有机化合物结构中最常用的手段之一。典型的^{1}H NMR谱如图11-3所示。

图中横坐标为化学位移值δ,其数值代表了谱峰的位置,即质子的化学环境,是^{1}H NMR提供的重要信息。$\delta=0$处的峰为内标TMS的谱峰。图中横坐标自左向右代表了磁场强度增强的方向,及频率减小的方向,也是δ值减小的方向。因此,将谱图右端称为高场,而左端称为低场,以便于讨论核磁共振谱峰位置的变化。

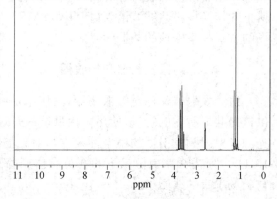

图 11-3　乙醇的核磁共振氢谱

质子的化学位移 δ 和耦合常数 J 反映了质子所处的化学环境,及分子的部分结构及其相连的基团的性质,从 ^{1}HNMR 谱图中可以得到如下结构信息:① 根据化学位移判断分子中存在基团的类型;② 根据积分曲线计算每种基团中氢原子的相对数目;③ 根据耦合裂分关系判断各基团之间的连接情况。

11.3.1　化学位移及影响因素

由式(11-7)可知,某一种原子核的共振频率只与该核的磁旋比 γ 及外磁场磁感强度 B_0 有关。例如,当 $B_0=1.00$ T 时, ^{1}H 的共振频率为 42.58 MHz,而 ^{13}C 的共振频率为10.70 MHz。即在一定的条件下,化合物中所有的 ^{1}H 核同时发生共振,产生一条谱线,所有 ^{13}C 核也只有一条谱线,这样对于解析有机化合物结构没有任何意义了。而实际情况并非如此,1949~1950 年 Knight、Proctor 和虞福春等在研究硝酸铵 ^{14}N NMR 时,发现两条谱线,其中一条是铵氮产生的,另一条是硝酸根中的氮产生的。这说明核磁共振可以反映同一核的不同化学环境。在高分辨率仪器上,化合物中处于不同化学环境的 ^{1}H 也会产生不同的谱线,例如乙苯有三组谱线,分别代表了分子中的 C_6H_5、CH_2 和 CH_3 三种不同化学环境中的质子。同一种核,由于分子中所处的化学环境不同,核磁共振吸收峰发生变化的现象称为化学位移。

1. 化学位移产生及表示

在 11.1 节讨论核磁共振条件方程时,把原子核当作孤立的粒子,没有考虑核外电子,核在化合物分子中所处的具体化学环境等因素。假设它受外磁场 B_0 全部作用,而实际上在分子中的原子核不是"裸核",都被不断运动的电子云所包围,在外磁场作用下,核外电子会产生环电流,并感应产生一个方向与 B_0 相反、大小与 B_0 成正比的感应磁场 B',如图 11-4 所示。它使原子核实际受到外磁场磁感强度有所下降,这种对抗外磁场的作用称为电子屏蔽效应。由于电子的屏蔽效

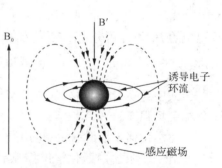

图 11-4　核外电子的屏蔽效应

应,使某一个质子实际上受到的外磁场的磁感强度,不完全与外磁场磁感强度 B_0 相同。此外,分子中处于不同化学环境中的质子,核外电子云的分布情况也各异,因此,不同化学环境中的质子,受到不同程度的屏蔽作用。在这种情况下,质子实际上受到的磁场强度 B,等于外加磁场 B_0 减去外围感应磁场的磁感强度 B',其关系可表示为:

$$B = B_0 - B' \tag{11-8}$$

而感应磁场的磁感强度 B' 与外加磁场磁感强度 B_0 成正比,故式(11-8)可写成:

$$B = B_0 - \sigma B_0 = B_0(1-\sigma) \tag{11-9}$$

式中: σ 为屏蔽常数,它与原子核外的电子云密度及所处的化学环境有关,电子云密度

越大,屏蔽程度愈大,σ 值也大。反之,则小。

另外,实际的核磁共振产生的条件变为:

$$\nu' = \frac{\gamma}{2\pi} B_0 (1-\sigma) \tag{11-10}$$

因此,存在屏蔽效应时,产生核磁共振的条件为:若固定射频频率,则必须增加外磁场的强度,若固定外磁场强度则需要降低射频频率。这种由于屏蔽效应使产生共振时磁场强度或共振频率发生位移的现象称为化学位移。化学位移的大小与氢核所处的化学环境密切有关,因此化学位移能提供有机化合物的分子结构情况。

1970 年国际理论与应用化学协会(IUPAC)建议用 δ 值表示化学位移。从理论上讲某核的化学位移应以其裸核为基准进行测定,但实际是无法做到的。但是,测定位移的相对值比较容易。实际应用中采用一参考物质作标准,常用的是将四甲基硅烷(TMS)加入到样品溶液中,以 TMS 中氢核共振时的磁场强度作为标准,规定它的化学位移 δ 值为零。测出样品吸收频率(ν_x)与 TMS 吸收频率(ν_s)的差值,并用相对值表示,以消除不同频源的差别。由于化学位移是一个很小的数值,一般在百万分之几到十几。因此常用 ppm 表示,即

$$\delta = \frac{\nu_x - \nu_s}{\nu_s} \times 10^6 = \frac{B_x - B_s}{B_s} \times 10^6 \tag{11-11}$$

由于 δ 值仅几个到十几个 ppm,因此扫场、扫频也只有几个到十几个 ppm,为方便起见,分母中的 B_s 和 ν_s 可分别用波谱仪的工作磁场强度 B_0 和工作频率 ν_0 来代替。上式改写为:

$$\delta = \frac{\nu_x - \nu_s}{\nu_0} \times 10^6 = \frac{B_x - B_s}{B_0} \times 10^6 \tag{11-12}$$

式中:δ 为化学位移;B_s 为 TMS 氢核共振时的外加磁场强度;B_x 为样品中氢核共振时的外加磁场强度。

化学位移 δ 是量纲为一的因子,以 TMS 作为内标准物,大多数有机化合物的[1]H 核都在 TMS 低场处共振,化学位移规定为正值。

2. 影响化学位移的因素

化学位移的大小决定于屏蔽常数 σ 的大小。化学位移是由于核外电子云的抗磁性屏蔽效应引起。因此,凡是能改变核外电子云密度的因素,均可影响化学位移。常见的影响因素有诱导效应、磁各向异性效应以及溶剂和氢键效应等。

(1)诱导效应

如上所述,在外磁场中[1]H 核外电子的环电流产生的与外磁场方向相反的感应磁场会对[1]H 核产生屏蔽作用,[1]H 核周围电子云密度越高,屏蔽作用就越强,屏蔽常数 σ 越大,产生屏蔽效应;反之,[1]H 核周围电子云密度减小时产生去屏蔽效应。与[1]H 核相连的原子电负性越强,[1]H 核周围电子云密度就越小,对[1]H 核的屏蔽作用减弱——去屏蔽作用。[1]H 核与电负性原子相连产生去屏蔽效应,[1]H 核共振频率就在较低场出现,化学位移 δ 增大。

（2）磁各向异性效应

当比较烷烃、烯烃、炔烃和芳烃的化学位移时发现，芳烃和烯烃的 δ 大，而炔烃的 δ 较小；对于碳原子都是 sp^2 杂化的乙烯和苯，苯环上氢原子的 δ 明显大于乙烯。用电子云密度对化学位移的影响无法圆满解释这一结果，这里起主要作用的是磁各向异性效应。

化合物中非球形对称的电子云，如 π 电子体系，对邻近的质子会附加一个各向异性磁场，即此附加磁场在某些区域与外磁场 B_0 的方向相反，使外磁场强度减弱，产生抗磁性屏蔽作用，而在另外一些区域与外磁场 B_0 方向相同，对外磁场起增强作用，产生顺磁性屏蔽作用。处于顺磁性屏蔽作用区域的质子，其化学位移 δ 值移向高场；处于抗磁性屏蔽作用区域的质子，化学位移 δ 值移向低场。这种现象被称为磁各向异性。

如上所述，苯中质子的 δ 值为 7.27，比乙烯（δ＝5.28）的 δ 值要大。而且大多数情况下，芳香烃质子比烯烃质子的屏蔽一般要小 $(1\sim2)\times10^{-6}$，这是因为存在着环电流效应。设想苯环分子与外磁场方向垂直，其离域 π 电子在分子平面上下形成 π 电子云，在外磁场作用下产生环电流，并形成与外磁场方向相反的感应磁场。而在苯环侧面（苯环的氢正处于苯环的侧面），

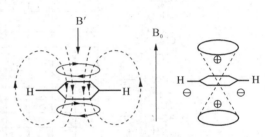

图 11-5　苯环的环电流效应

感应磁场的方向与外磁场处于去屏蔽区，即 π 电子对苯环上连接的氢核起去屏蔽作用。而在苯环平面上下两侧感应磁场的方向与外磁场方向相反，所以，位于苯环上下两侧的氢核处于屏蔽区，即 π 电子对苯环平面上下两侧的氢核起屏蔽作用。因此，即环电流磁场增强了外磁场苯环上质子的共振谱峰位置移向低场，δ 值为 7.27（图 11-5）。

3. 各类 ^1H 化学位移的具体数值

氢谱化学位移的具体数值在 20 世纪 60 年代已有完善的总结，通常以图表形式反映。一些基团的 δ 值，可用经验公式进行估算。了解并记住各种类型质子化学位移分布的大致情况，对于初步推测有机化合物结构类型十分必要。图 11-6 较详细地列出了各种不同官能团中质子的化学位移范围。

11.3.2　自旋-自旋裂分

在早期的低分辨核磁共振波谱仪测试样品时，只能得到不同化学位移的单峰。结果只能说明各个峰所代表的 ^1H 核所处的化学环境；而目前使用的高分辨核磁共振波谱仪，得到的谱图中经常看到双重峰、三重峰、四重峰或多重峰。这种谱线的精细结构也反映出了样品的结构信息。它不仅反映了相对应的核的化学环境，更向我们展示了各个被观察的核的相互位置及连接情况。上述这种相邻核的自旋之间的相互干扰作用称为自旋-自旋耦合。由于自旋耦合，引起谱峰增多，这种现象叫做自旋-自旋裂分。其作用的大小用自旋-自旋耦合

常数表征,记作 J。应该指出,这种核与核之间的耦合,是通过成键电子传递的,不是通过自由空间产生的。

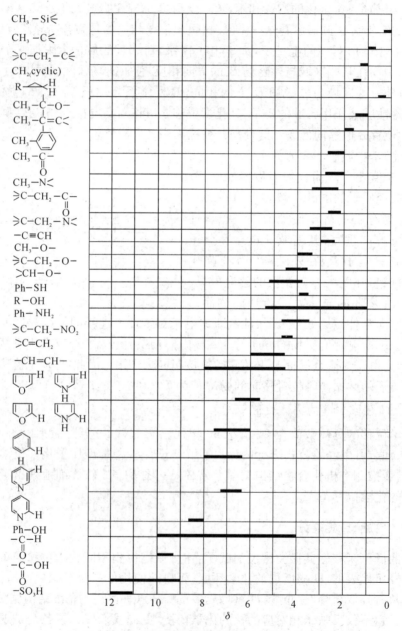

图 11-6　各种不同官能团中质子的化学位移范围

1. 化学等价

化学等价又称化学位移等价。如果分子中有两个相同的原子或基团处于相同的化学环境时,称它们是化学等价。化学等价的核具有相同的化学位移值。例如,对硝基甲苯中 H_a 和 $H_{a'}$(H_b 和 $H_{b'}$)的化学环境相同,化学位移相同,它们是化学等价的。

$$
\begin{array}{c}
NO_2 \\
H_a \quad \quad H_{a'} \\
\\
H_b \quad \quad H_{b'} \\
CH_3
\end{array}
$$

2. 磁 等 价

如果两个原子核不仅化学位移相同,而且还以相同的耦合常数与分子中的其他核耦合,则这两个原子核就是磁等价的。可见磁等价比化学等价的条件更高。例如乙醇分子中甲基的三个质子化学环境相同,是化学等价的,亚甲基上的两个质子也是化学等价的。同时,甲基上的三个质子与亚甲基上的每个质子的耦合常数都相等,所以三个质子也是磁等价的。同理,亚甲基的两个质子也是磁等价的。

化学等价的核不一定是磁等价的,而磁等价的核一定是化学等价的。在分析谱图时,必须准确区分质子是化学等价还是磁等价,才能正确解析图谱。

3. 自旋-自旋裂分原理

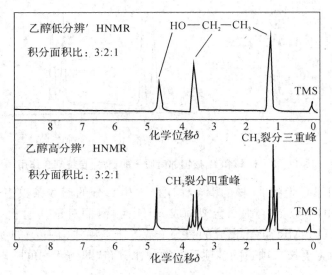

图 11-7　乙醇的 ^{1}H NMR 谱图

以乙醇分子为例,在其高分辨核磁共振波谱图中,CH_3 和 CH_2 的峰分别裂分成三重峰和四重峰,如图 11-7 所示。为什么乙醇中的 CH_3 和 CH_2 的峰会分别裂分成三重峰和四重峰?而且峰间距相等?

当两个 ^1H 核相距很远时则没有相互作用,通常认为两个 ^1H 核相距超过三个键就不存在相互作用,而且它们都是单峰。当两个 ^1H 核处于相邻位置时则存在相互作用,即自旋-自旋耦合,发生耦合裂分并形成多重峰。例如,对于分子结构:

当其处于外磁场 B_0 中,H_a 核的自旋有两种不同的取向,一个与外磁场同向,另一个与外磁场方向相反;对 H_b 核而言,它不仅受到外磁场 B_0 的作用,还受到 H_a 核产生的自旋小磁场(B')的作用,即 H_b 核相当于受到一个(B_0+B')和另外一个(B_0-B')两种磁场的作用。前者使 H_b 核吸收峰移向高场$\left(\nu_b+\dfrac{1}{2}J\right)$,后者使 H_b 核吸收峰移向低场$\left(\nu_b-\dfrac{1}{2}J\right)$,所以 H_b 核吸收峰就裂分成双重峰。同理 H_a 核吸收峰也裂分成双重峰,如图 11-8 所示。

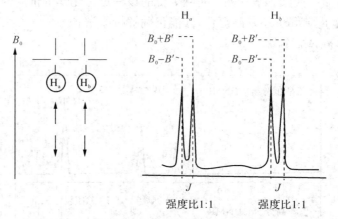

图 11-8　H_a 核和 H_b 核相邻时质子的自旋-自旋耦合作用

因此,^1H 受相邻 C 上的 ^1H 核的耦合作用而产生裂分的谱线条数应遵从($n+1$)规则,即相邻 C 上的 ^1H 的个数为 n,则峰会裂分成 $n+1$ 个峰,而对于其他 $I \geqslant 1/2$ 的核,则遵从($2nI+1$)规则,对 ^1H NMR 而言,谱峰的裂分个数等于二项式$(a+b)^n$的项数。

各谱峰的相对强度按二项式的各项系数的规律分布,即杨辉三角形分布:

$n(^1\mathrm{H}$ 的个数)	二项式系数（峰的强度）							峰形
0				1				单峰
1			1		1			双峰
2			1	2	1			三重峰
3		1	3		3	1		四重峰
4		1	4	6	4	1		五重峰
5	1	5	10		10	5	1	六重峰
6	1	6	15	20	15	6	1	七重峰

4. 耦合常数

自旋耦合产生峰的裂分后，两峰间的间距称为耦合常数，用 J 表示，单位是 Hz。J 的大小，表示耦合作用的强弱。与化学位移不一样，J 不因外磁场的变化而改变，同时，它受外界条件如溶剂、温度、浓度变化等的影响也很小。但 J 与成键间隔的数目、成键类型、取代基电负性等有关。耦合常数与化学位移一样，对确定化合物的结构有重要作用，原子核的环境不同，耦合常数也不同。

由于耦合作用是通过成键电子传递的，因此，J 值的大小与两个（组）氢核之间的键数有关。随着键数的增加，J 值逐渐变小。一般说来，间隔 3 个单键以上时，J 趋近于零，即此时的耦合作用可以忽略不计，如有的为远程耦合。

根据耦合常数的大小，可以判断相互耦合的氢核的键的连接关系，并可帮助推断化合物的结构和构象。目前已积累了大量的耦合常数与结构关系的实验数据，表 11-3 列举了某些结构类型的耦合常数范围。

5. 一级谱图的解析

一张 ^{1}H NMR 谱图提供的主要参数包括化学位移、质子的耦合裂分峰数目、耦合常数和各组峰的积分高度等。^{1}H NMR 谱图的解析就是具体分析和综合利用上述信息来推测化合物中所含基团以及各基团之间的连接顺序，最后推测出分子的可能结构并进行验证。

^{1}H NMR 谱图的解析步骤：

（1）首先检查谱图是否正确，并区分杂质峰、溶剂峰等。可通过观察 TMS 基准峰是否尖锐、对称，基线是否平滑来判断；杂质含量相对于试样来说总是很少，其峰面积同样也很小，据此可区分杂质峰；氘代试剂不可能完全氘代，其中未氘代的溶剂产生相应的峰，如氘代二甲亚砜中微量的 DMSO 在 δ 为 2.50 处出峰。

表 11-3 质子自旋-自旋耦合常数

化合物类型	同位(Geminal)		邻位(Vicinal)			远程(Long-range)	
	结构	$^2J/Hz$	结构		$^3J/Hz$	结构	$^xJ/Hz$
饱和型	H—C—H	−12~15	—C—C— / H		5~9	—C—C—C— / H H	~0
			—C—C=O / H H		1~3		
			(受阻旋转)	$\theta=0°$	8.5	(W 型)	~1
				$\theta=60°$	2.5		
				$\theta=90°$	−0.3		
				$\theta=120°$	3.0		
				$\theta=180°$	11.5		
			Ha He He' Ha	Ha-He'	2~6		
				He-He'	2~8		
				Ha-Ha'	8~12		
			H—C—OH (无交换)		4~6		
烯型	C=C / H H	−2~2	H—C=C—H	顺式	7~12	H H / C—C—C—C	0~4
				反式	13~18		
			H H —C=C—C— (烯丙系)		4~10	H H / C=C—C	0~3
			H H —C—C—C=O		5~8	—C—C≡C—C— / H H	2~3
芳环			H	邻位	6~9	O ‖ C—H X	0~2
				间位	1~3		
				对位	0~1		

（2）根据分子式计算化合物的不饱和度。当不饱和度 $\Omega \geqslant 4$ 时，应考虑化合物可能存在苯环或吡啶环结构。

不饱和度又称环加双键数，是根据分子式计算出该化合物的环加双键的数目。有机化合物中常见元素所显示的价态为 $1 \sim 4$ 价。在考虑不饱和度的计算时，显示同样价态的原子，其作用是相同的，如 C 和 Si，H 和 Cl。对于一般的有机化合物，其不饱和度 Ω 的计算公式：

$$\Omega = 1 + n_4 + (n_3 - n_1)/2 \tag{11-13}$$

式中 n_1、n_3 和 n_4 分别为一价、三价和四价原子的数目。

（3）测量积分曲线高度，对氢进行分配，确定谱图中各组峰对应的氢原子数目。

根据积分曲线高度数值，折合为简单整数比，即为各种氢的个数比，再根据分子式中的氢的个数对各组峰的氢原子进行分配。若不知道分子式时，根据谱图中可判断氢原子数目的峰组，如甲基等，以此为基准推算其他峰组的氢原子数目。

（4）对每一组峰的化学位移、质子数目及峰裂分情况（裂分峰的数目和耦合常数 J 的大小）进行分析，推测对应的单元结构，并估计其相邻基团。

根据每组峰的 δ 值，推断该峰归属于哪种氢，如羧基上的氢 $\delta=9 \sim 13$；醛基的氢 $\delta=9 \sim 11$；芳烃的氢 $\delta=6.5 \sim 9$；烯烃的氢 $\delta=4.5 \sim 7.5$；炔烃上的氢 $\delta=2 \sim 3$ 等。

对每组峰的峰形进行分析，寻找峰组中及峰组间的等间距。因为每一种等间距对应一个耦合关系。据此，可找出邻碳氢原子的数目。

（5）计算剩余的结构单元和不饱和度。分子式减去已确定的结构单元所含原子，差值为剩余的结构单元。根据计算所得的总的不饱和度减去已确定结构单元的不饱和度，得到剩余结构单元的不饱和度。

（6）根据化学位移和耦合情况，将各结构单元连接起来，组合为一种或几种可能的结构式。

（7）对推出的结构式进行指认，排除不合理的结构式。每一基团均应在谱图上出现对应的峰。各峰的 δ 值和耦合裂分都应与结构式相符。如不符合，则所推测的结构式不合理，应予删除。通过此种方式验证所有可能的结构式，找出最合理的结构式。

（8）如果依然得不出明确结论，则需借助其他分析方法，如紫外和红外光谱、质谱以及核磁共振碳谱等。

6. ^{1}H NMR 谱图的解析实例

【例 11-1】 某只含碳和氢的有机化合物其相对分子质量为 120 u，其核磁共振氢谱如下图所示，从左至右各峰的积分面积之比为 $5:1:6$，试推测其结构。

解 （1）因其相对分子质量为 120 u，且只含碳和氢，所以化学式为 C_9H_{12}，从 ^{1}H NMR 谱图中可知该化合物可能含有苯环，其化学位移 $\delta=7.5$，而且此峰为单峰，说明可能为单取

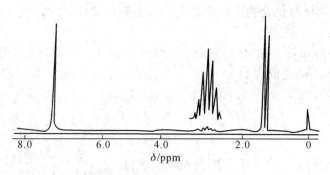

未知有机化合物的 ¹H NMR 谱图

代苯环;剩余部分可能为 C_3H_7 基团(丙基或异丙基)。

(2)首先计算其不饱和度 $\Omega = 1 + 9 + \dfrac{0-12}{2} = 4$

(3)核磁共振氢谱中共有三组峰,各组峰的积分面积之比为 5:1:6,求得各峰对应的氢原子的数目如下:

δ/ppm	积分面积	氢原子数目
7.5	5	$\dfrac{5}{5+1+6} \times 12 = 5$
2.9	1	$\dfrac{1}{5+1+6} \times 12 = 1$
1.2	6	$\dfrac{6}{5+1+6} \times 12 = 6$

(4)考虑化学位移值、耦合裂分峰数目以及质子数,确定化合物中含有下列基团:

$\delta = 7.5$,单峰　5H:为单取代苯环 ⟨ ⟩—

$\delta = 2.9$,七重峰　1H:为与甲基相连的次甲基 —CH—
$\qquad\qquad\qquad\qquad\qquad\qquad\qquad\qquad\quad$ |

$\delta = 1.2$,二重峰　6H:为与次甲基相连的两个甲基 —CH₃

由此,确定了化合物中的所有基团,且无剩余的结构单元和剩余的饱和度。该化合物的结构式为:

$$\langle\ \rangle\!-\!\underset{\underset{\displaystyle CH_3}{|}}{CH}\!-\!CH_3$$

上述结构与谱图完全符合,说明结论正确。

【例 11-2】 某化合物 $C_8H_8O_2$,其 ¹H NMR 谱图如下图所示,从左至右各峰的积分面积之比为 1:2:2:3,推断其结构,并说明依据。

解 (1)因其化学式为 $C_8H_8O_2$,从 ¹H NMR 谱图中可知该化合物可能含有苯环,其化学位移 $\delta = 7.8, 7.2$,而且此峰为二重峰,说明可能为双取代苯环;化学位移 $\delta = 9.8$,为醛基

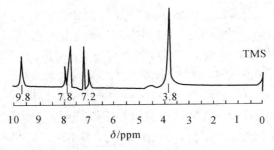

化合物 $C_8H_8O_2$ 的 ^1H NMR 谱图

质子的特征峰,所以化合物中含有醛基,剩余部分可能为甲氧基 OCH_3,

(2) 首先计算其不饱和度 $\Omega = 1 + 8 + \dfrac{0-8}{2} = 5$,可能含有苯环〈4〉和 $C=O$、$C=C$ 或环〈1〉。

(3) 核磁共振氢谱中共有四组峰,各组峰的积分面积之比为 $1:2:2:3$,求得各峰对应的氢原子的数目如下:

δ/ppm	积分面积	氢原子数目
9.8	1	$\dfrac{1}{1+2+2+3} \times 8 = 1$
7.8	2	$\dfrac{2}{1+2+2+3} \times 8 = 2$
7.2	2	$\dfrac{2}{1+2+2+3} \times 8 = 2$
3.8	3	$\dfrac{3}{1+2+2+3} \times 8 = 3$

(4) 考虑化学位移值、耦合裂分峰数目以及质子数,确定化合物中含有下列基团:

$\delta = 9.8$,单峰   1H:为醛基上的氢

$\delta = 7.8$,二重峰   2H:为双取代苯环上的氢

$\delta = 7.2$,二重峰   2H:为双取代苯环上的氢

$\delta = 3.8$,单峰   3H:为与苯环相连的甲氧基上的氢

由此,确定了化合物中的所有基团,且无剩余的结构单元和剩余的饱和度。该化合物的结构式为:

$$OHC-\!\!\!\raisebox{0pt}{\fbox{ }}\!\!\!-OCH_3$$

上述结构与谱图完全符合,说明结论正确。

§11.4 ^{13}C 核磁共振波谱法

有机化合物中碳原子构成了其骨架,因此观察和研究碳原子的信号在有机化合物的结

构鉴定中具有重要意义。通常所说的碳谱即为^{13}C NMR 谱，^{13}C 的 $I=1/2$，其核磁共振原理与 ^{1}H NMR 谱的基本相同。然而由于自然界中^{13}C 核的丰度太低，仅为^{12}C 核的 1.1%；^{13}C 核的磁旋比 γ 仅为 ^{1}H 核的 1/4，因为灵敏度与 γ 成正比，所以，在 NMR 谱中，^{13}C 核的灵敏度远小于 ^{1}H 核，在核数目相同时，相对灵敏度仅有 ^{1}H 核的 1/6 400。获取^{13}C NMR 谱图最有效的方法是进行累加，若在连续波扫描的仪器上采用多次扫描，每次扫描的结果进行累加平均，噪音背景累加的结果相互抵消，而样品信号不断增强，从而大大提高灵敏度。这种连续波方法的最大缺点在于测试时间长，一般需要十几个小时。若采用 FT‑NMR，则测试时间缩短为几分钟。^{13}C NMR 谱由于邻近质子的耦合作用是结果变得非常复杂，目前多采用脉冲傅里叶变换技术加以解决。由于 FT‑NMR 的普遍使用，^{13}C NMR 将超越^{1}H NMR，成为核磁共振研究中的主要内容。

11.4.1　^{13}C核磁共振谱的特点

碳谱虽然测定困难，但与氢谱相比，仍具有许多优点：

1. 化学位移范围宽

常见的有机化合物的氢谱化学位移值 δ_H 一般在 $0\sim15$ ppm，而^{13}C 核的化学位移值 δ_C 范围可超过 300 ppm，一般在 $0\sim250$ ppm，远大于 ^{1}H 核的化学位移，这对鉴别有机分子结构更有利。

2. 可直接得到分子骨架信息

因有些官能团不含氢，但含碳，如羰基、氰基和季碳等，从氢谱无法直接得到相关信息，而碳谱不受影响。

3. 谱图简单

由于^{13}C NMR 化学位移范围宽，所以各种化学环境下的碳峰都可以显著区分开来，重叠较少。一般来说，相对分子质量在 400 以内的有机化合物除了分子对称性以外，每一个碳原子都会出一个峰。因此^{13}C NMR 谱的分辨率是 ^{1}H NMR 谱的 $15\sim20$ 倍。

4. ^{13}C NMR 谱有多种多重共振方法，可获得不同的信息

^{13}C NMR 谱的测试方法很多，如采取质子宽带去耦谱，可获得碳原子种类的信息；偏共振去耦谱可获得^{13}C‑^{1}H 耦合信息等。后来又发展了几种区别碳原子级数（伯、仲、叔、季）的方法，因此碳谱比氢谱信息量更丰富。

5. 环境影响小

由于碳原子一般处在分子内部，外部被氢核或其他原子核所覆盖，受溶剂效应的影响小。

11.4.2　^{13}C的化学位移

^{13}C 的化学位移（δ_C）是^{13}C NMR 谱中最重要的参数。它直接反映了所观察核周围的基

团、电子分布的情况,即核所受屏蔽作用的大小。碳谱中化学位移产生的原因、定义及表示方法与氢谱相同,^{13}C 的化学位移也与其所处的化学环境相关,其影响因素主要有以下几种:

1. 碳的杂化类型

碳谱的化学位移受碳杂化类型的影响较大,其次序基本上与 ^{1}H 的化学位移平行,sp^3、sp^2 杂化时,^{13}C 核处于去屏蔽区,sp^3 杂化的碳的化学位移 δ_C 在 $-20\sim100$ ppm,sp^2 杂化的碳的化学位移 δ_C 在 $100\sim240$ ppm,而 sp 杂化时,碳 ^{13}C 核处于屏蔽区,其化学位移 δ_C 比 sp^2 杂化时的 δ_C 值要小,只有 $70\sim110$ ppm。

2. 取代基的电负性

电负性基团会使邻近的 ^{13}C 核去屏蔽。基团的电负性越强,去屏蔽效应越大,化学位移 δ_C 越大。如:

	C—F	C—Cl	C—Br	C—I
α -碳的 δ_C	75.4	25.1	10	−20.7

3. 空间效应

^{13}C 的化学位移还易受分子内几何因素的影响,相隔几个键的碳由于空间上的接近从而产生强烈的相互影响。当脂肪烃链上碳原子的氢被烷基取代后,其 δ_C 值也相应增大。例如:

	CH_3R	CH_2R_2	CHR_3	CR_4
δ_C	5.7	15.4	24.3	31.4

另外,取代的烷基越大,支链越多,被取代的碳原子的 δ_C 也越大。

4. 共轭效应

共轭 π 键的碳原子的 δ_C 值与孤立的 π 键不同。在共轭 π 键中,端基碳的 δ_C 值增大,而中间碳的 δ_C 值减小。原因在于双键共轭使得双键的电子云密度减小,双键的电子云向中间移动产生平均化,而端基碳上的电子云密度最低,δ_C 值最大。例如:

190.2　　　　　　　　　137.2

112.8　　　　　　　　　116.6

常见的各类碳原子的化学位移如图 11 - 9 所示。烷烃、取代烷烃、环烷烃、烯烃、取代烯烃、炔烃、取代炔烃、苯环以及取代苯环的 δ_C 均有相应的经验公式和参数进行估算。

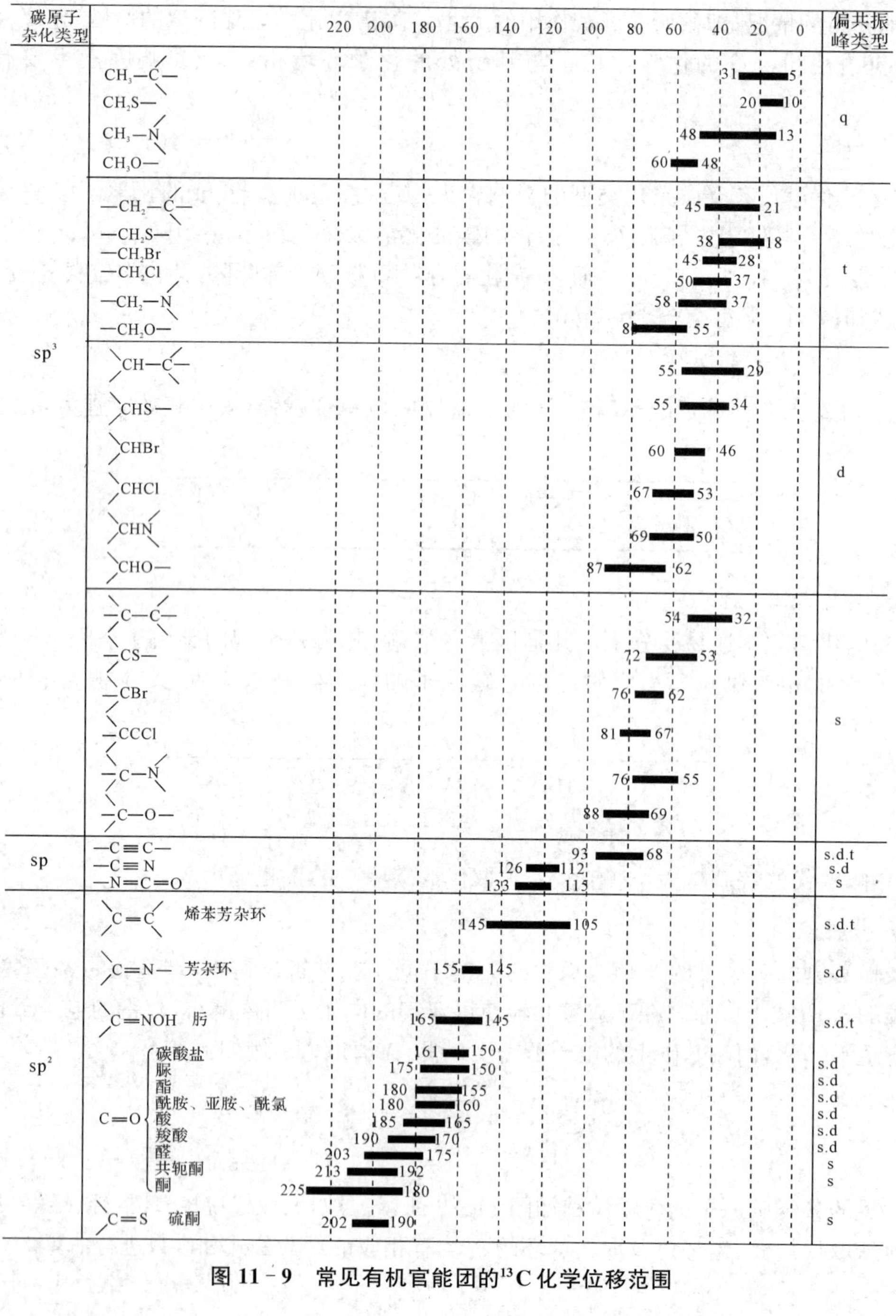

碳原子杂化类型		220 200 180 160 140 120 100 80 60 40 20 0	偏共振峰类型
sp³	CH₃—C—	31 — 5	q
	CH₃S—	20 — 10	
	CH₃—N	48 — 13	
	CH₃O—	60 — 48	
	—CH₂—C—	45 — 21	t
	—CH₂S—	38 — 18	
	—CH₂Br	45 — 28	
	—CH₂Cl	50 — 37	
	—CH₂—N	58 — 37	
	—CH₂O—	81 — 55	
	CH—C—	55 — 29	d
	CHS—	55 — 34	
	CHBr	60 — 46	
	CHCl	67 — 53	
	CHN	69 — 50	
	CHO—	87 — 62	
	—C—C—	54 — 32	s
	—CS—	72 — 53	
	—CBr	76 — 62	
	—CCCl	81 — 67	
	—C—N	76 — 55	
	—C—O—	88 — 69	
sp	—C≡C—	93 — 68	s.d.t
	—C≡N	126 — 112	s.d
	—N=C=O	133 — 115	s
sp²	C=C 烯苯芳杂环	145 — 105	s.d.t
	C=N— 芳杂环	155 — 145	s.d
	C=NOH 肟	165 — 145	s.d.t
	C=O 碳酸盐	161 — 150	s.d
	脲	175 — 150	s.d
	酯	180 — 155	s.d
	酰胺、亚胺、酰氯	180 — 160	s.d
	酸	185 — 165	s.d
	羧酸	190 — 170	s.d
	醛	203 — 175	s.s
	共轭酮	213 — 192	s
	酮	225 — 180	s
	C=S 硫酮	202 — 190	s

图 11-9 常见有机官能团的¹³C 化学位移范围

11.4.3　碳谱的实验技术

在测量^{13}C 谱时，根据不同的目的，可采用多种去耦技术（图 11 - 10）给出不同形式的谱，从而提供各种不同的有助于解析分子结构的信息。

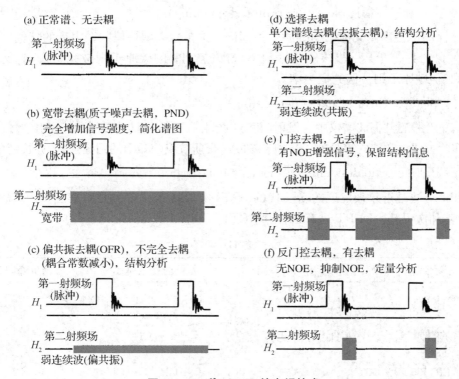

图 11 - 10　^{13}C NMR 的去耦技术

1. 质子噪声去耦谱（proton noise decoupling）

质子噪声去耦谱也称作宽带去耦（broad band decoupling），是最常见的碳谱。其实验方法是在 B_1 射频脉冲激发^{13}C 的同时，再加上一个强功率的宽带去耦场 B_2，在全部质子的共振范围内使质子饱和，可消除全部碳氢之间的耦合，使所有^{13}C 共振峰呈现单峰，且峰宽非常小，这就是质子去耦。因此，化合物分子中有几种类型的碳，就产生几个峰。若分子是不对称的，则有几个碳就出现几个峰；若分子是对称的，凡对称的碳就只有一个峰，因此，对称结构化合物的峰数少于碳的数目，但质子噪声去耦谱的谱线强度不能定量反映碳原子的数目，不能用于定量分析，而且质子噪声去耦谱不能用于判断相关碳原子的级数。

2. 质子偏共振去耦谱（proton off—resonance decoupling）

质子偏共振去耦谱与宽带去耦相似，也是一种双照射去耦。不同之处在于：① 偏共振

去耦的第二射频场 B_2 功率较弱;② 偏共振去耦的频率 ν_2 稍高于(或低于)质子的共振频率。因此,偏共振去耦法消除了弱的耦合,而部分保留了与 ^{13}C 核直接相连的 ^1H 核和 ^{13}C 核之间的耦合作用。因此,偏共振去耦谱既保留了碳原子级数的信息,又改善了谱线的重叠问题。偏共振去耦实验目前已被 DEPT 等实验方法取代。

3. 选择性质子去耦谱(selection proton decoupling)

选择性质子去耦谱又称单频率质子去耦谱。选择性去耦是偏共振去耦的特例。当调整去耦频率 ν_2 恰好等于某一氢核的共振频率,与该氢相邻的碳原子则被完全去耦,仅产生一个单峰,其他碳原子则被偏共振去耦。

4. 门控去耦谱(inverse gated decoupling)

在傅里叶核磁共振波谱仪中有发射门和接收门。门控去耦是指用发射门和接收门来控制去耦的实验方法。常用的实验方法是抑制核欧沃豪斯效应(NOE)的门控去耦,亦称定量碳谱。

5. DEPT(distortionless enhancement by polarization transfer)谱

DEPT 方法是近年来发展的新一代的 NMR 实验技术。它主要用来区分 ^{13}C 谱中的甲基、亚甲基和次甲基。DEPT 谱有三种:DEPT45°、DEPT90°、DEPT135°。

表 11-4

谱图名称	不出峰的基团	出正峰的基团	出负峰的基团
DEPT45	—C—	—CH_3 , CH_2 , —CH	
DEPT90	—CH_3 , CH_2 , —C—	—CH	
DEPT135	—C—	—CH_3 , —CH	CH_2

11.4.4 碳谱的解析及实例

1. 未知化合物 ^{13}C NMR 谱图解析的一般步骤

(1) 区分谱图中的溶剂峰和杂质峰。溶剂峰:除氘代水外,溶剂中的碳在碳谱中均有相应的共振吸收峰,这和氢谱中的溶剂峰不同。但由于弛豫时间的因素,氘代试剂的用量虽大,而其峰强度并不太高,易于识别。杂质峰:可参考氢谱中杂质峰的判断。

(2) 由分子式计算不饱和度,计算公式同氢谱解析。

(3) 分析化合物结构的对称性。在质子宽带去耦谱中每条谱线都代表一种类型的碳原子,故当谱线数目等于分子式中碳原子数目,说明分子无对称性;若谱线数目小于分子式中的碳原子数目,则说明分子中有某种对称性,相同化学环境的碳原子在同一位置出峰。

(4) 按化学位移值分区确定碳原子类型。由各峰的化学位移值分析 sp^3、sp^2、sp 杂化的碳类型,此判断应与不饱和度相符。因此,一般将化学位移值分三个区:① 饱和碳原子区($\delta_C < 100$)。饱和碳原子若不直接和杂原子(O、S、N、F 等)相连,其化学位移值一般小于 55;② 不饱和碳原子区(δ_C 在 90～160),烯烃和芳烃的碳原子在此区域出峰。当其余杂原子相连时,化学位移值可能大于 160。炔碳原子则在其他区域出峰,其化学位移值为 70～100;③ 羰基或叠烯区($\delta_C > 150$)。该区域的基团中碳原子的 $\delta_C > 160$,其中酸、酯和酸酐的羰基碳原子在 160～180 出峰,酮和醛在 200 以上出峰。

(5)碳原子级数的确定。由偏共振谱分析与每种化学环境不同的碳之间相连的氢原子的数目,识别伯、仲、叔、季碳,结合化学位移值,推导出可能的基团及与其相连的可能基团。若与碳直接相连的氢原子数目之和与分子中氢数目相吻合,则化合物不含—OH、—COOH、—NH₂、—NH 等,因这些基团的氢是不与碳直接相连的活泼氢。若推断的氢原子数目之和小于分子中的氢原子,则可能有上述基团存在。

(6)综合以上分析,推导出可能的结构,进行必要的经验计算以进一步验证结构,最终确定合理的结构。如果有必要,进行偏共振谱的偶合分析及含氟、磷化合物宽带去偶谱的偶合分析。

(7)化合物结构复杂时,需其他谱(MS、^{1}H NMR、IR、UV)配合解析,或合成模拟物进行分析,或采用 ^{13}C NMR 的某些特殊实验方法。

2. ^{13}C NMR 谱解析实例

【例 11-3】　某化合物分子式为 $C_6H_{12}O$,^{13}C NMR 谱图如下图所示,试推断其结构式。

解　(1)根据分子式计算化合物的不饱和度:

$\Omega = 1 + 6 + \dfrac{0 - 12}{2} = 1$,因此化合物可能含有一个双键或环。

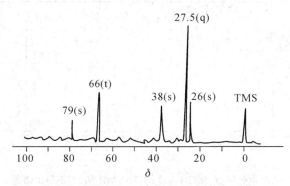

化合物分子式为 $C_6H_{12}O$ 的 ^{13}C NMR 谱图

(2)质子噪声去耦谱中出现 5 条谱线,小于分子式中碳原子的数目,说明分子有一定对称性。$\delta_C = 27.5$ 的四重峰明显高于其他峰,它可能代表 2 个化学环境相同的碳原子。

（3）5 条谱线均处于饱和碳原子区，再结合谱线裂分情况可知：$\delta_C=27.5$ 的四重峰为 2 个化学环境相同的对称的—CH_3；$\delta_C=26$、$\delta_C=38$ 和 $\delta_C=66$ 三处的 3 组三重峰为 3 个—CH_2—；$\delta_C=79$ 的单峰为季碳 $\left[\begin{matrix}|\\ -C-\\ |\end{matrix}\right]$，此时还剩余一个氧原子（—O—）。

（4）因季碳和亚甲基碳的化学位移均在低场区，说明它们应同氧原子相连，所以推测分子的结构单元有 —$CH_2\cdot O-\overset{|}{\underset{|}{C}}$—，—$CH_2$—，—$CH_2$—，—$CH_3$，—$CH_3$，同分子式相符，但不饱和度差 1，故存在一环，同时考虑两个甲基的对称性，确定其结构为：

【例 11‑4】 某化合物分子式为 $C_7H_{14}O$，^1H NMR 和 ^{13}C NMR 谱图如下图所示，试推断其结构式。

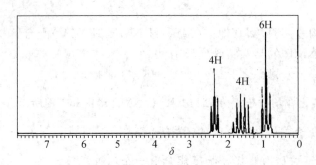

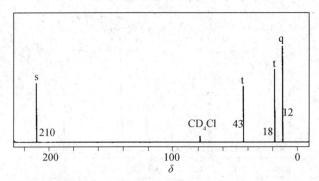

化合物分子式为 $C_7H_{14}O$ 的 ^1H NMR 和 ^{13}C NMR 谱图

解（1）根据分子式计算化合物的不饱和度：

$\Omega=1+7+\dfrac{0-14}{2}=1$，因此化合物可能含有一个双键（$C=C$、$C=O$）或环。

（2）核磁共振氢谱中共有三组峰，从左至右各组峰的化学位移以及对应的氢原子的数目分别为：

δ/ppm	裂分峰数目	氢原子数目	归属	推断
2.3	三重峰	4	CH_2	共振频率移向低场，可能与 CH_2 和电负性基团相连，可能为 CH_2—CH_2^*—C=O
1.5	多重峰	4	CH_2	与多个质子相连，可能为 CH_2—CH_2^*—CH_3
0.9	三重峰	6	CH_3	与 CH_2 相连，并且可能含 2 个 —CH_2—CH_3 *

（3）核磁共振碳谱中共有四组峰，从左至右各组峰的化学位移以及归属：

δ/ppm	偏共振多重性	归属	推断
210	s	C	C—C^*=O
43	t	CH_2	C—C^*H_2—C=O
18	t	CH_2	C—C^*H_2—C
12	q	CH_3	C—C^*H_3

由此，确定了化合物中的所有基团，且无剩余的结构单元和剩余的饱和度。该化合物的结构式为：

$$H_3C-CH_2-CH_2-\overset{\overset{\displaystyle O}{\|}}{C}-CH_2-CH_2-CH_3$$

其不饱和度与计算结果相符，结构式与氢谱和碳谱吻合，证明结构正确。

§11.5　二维核磁共振谱

前面所讨论的核磁共振波谱都属于 1D－NMR，自由感应衰减信号通过傅里叶变换，从时间域函数变换为频率域函数，即只有一个频率横坐标，纵坐标为强度信号；而二维核磁共振波谱（two－dimensional NMR spectra，2D－NMR）是二元函数，它有两个时间变量，经过两次傅里叶变换得到两个独立的频率信号，即横坐标和纵坐标均为频率信号，第三维则是强度信号。二维核磁共振波谱的出现和发展，是近代核磁共振波谱学的最重要的里程碑。它使得核磁共振技术发生了一次革命性变革，极大地提高了核磁共振谱峰的分辨率，为化合物的解析提供了更为直接的方式。

虽然二维谱有多种方式,但其时间轴可分为如下四个区域:

$$预备期 \longrightarrow 发展期 \longrightarrow 混合期 \longrightarrow 检测期$$

预备期:预备期在时间轴上,通常是一个较长的时期,它使实验前体系能回复到平衡状态。

发展期(t_1):在 t_1 开始时,由一个脉冲或几个脉冲使体系激发,使之处于非平衡状态。发展期的时间是变化的。

混合期(t_m):在混合期是建立信号检出的条件。混合期有可能不存在,它不是必不可少的。

检测期(t_2):在检出期内以通常方式检出 FID 信号,通过傅里叶变换将时间轴变换为频率轴。

2D-NMR 谱有各种不同的表示方法,应用最多的是堆积图和等高线图谱。堆积图是由很多条一维谱线紧密排列构成的三维立体图,谱图直观,有立体感;缺点是难定出吸收峰的频率。大峰后面可能隐藏信号小的峰,而且作这样的图耗时多,因此实际使用上有很大限制。等高线图谱采用等高线图表示信号的等值高度,强度小的谱峰线条稀疏,强度大的谱线线条密布,而且可以在两个坐标轴上准确地确定频率位置,作图简便快捷,是 2D-NMR 谱广泛采用的方法。

11.5.1 $^1H-^1H$ 相关谱

2D-NMR 谱可分为二维分解谱和二维相关谱。在二维化学位移相关 NMR 谱(correlated NMR spectroscopy,COSY)中,两个频率坐标代表的化学位移是相关联的,可在一张 2D-NMR 谱图上标明所有自旋核发生自旋-自旋耦合的信息。二维化学位移相关 NMR 谱又分为同核位移相关 NMR 谱和异核位移相关 NMR 谱。

1. $^1H-^1H$ 同核化学位移相关谱

$^1H-^1H$ 同核化学位移相关谱(COSY)是最常用的同核化学位移相关谱,其脉冲序列如图 11-11 所示。COSY 脉冲序列的原理采用乘积算符的方法处理,主要是在发展期,各个氢核以不同的频率在 xy 平面进动;在混合期施加第二个 90°混合射频脉冲,通过相干或极化转移建立检测条件;在检出期检测得到含有对角峰和交叉峰的 2D-NMR。

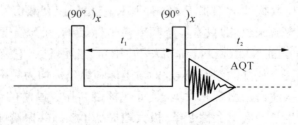

图 11-11 COSY 谱的脉冲序列

COSY 谱的识别方法如下，2D－NMR 谱图的两个互相垂直的化学位移轴分别以 F_1、F_2 表示。在 F_1、F_2 方向的投影均为相应化合物的氢谱，一般列于上方及右侧（或左侧），也可只在上方列出该化合物的氢谱。COSY 谱本身一般为一正方形（若 F_1、F_2 刻度不等则为矩形），正方形中有一对角线（一般为左下至右上），位于对角线上的峰成为对角峰或自动相关峰，对角线以外的峰成为交叉峰或相关峰，每个对角峰或交叉峰反映两个峰组间的耦合关系。当存在自旋-自旋耦合作用时，就会在对角线两侧产生对称分布的交叉峰。由交叉峰沿水平和垂直方向分别作水平线和垂线相交于对角线，交叉峰和对角峰构成正方形的四个角，从任一交叉峰即可找到相互耦合的自旋核。COSY 主要反映 ^3J 耦合关系，有时也会出现少数反映远程耦合的交叉峰。另一方面，当 ^3J 很小时（二面角接近 $90°$），也可能不存在相应的交叉峰。

由于谱仪不稳定等原因，COSY 图中经常会看到一些垂直状的条状斑点，称为 t_1 噪音。因此，测试所得谱图必须进行对称化处理，以除去噪音。因 COSY 的交叉峰是在对角线两侧对称分布的，两个相关峰是同时存在的，因而可通过计算机在相应软件中进行处理，留下成对的峰组。作对称化处理的前提是 F_1、F_2 轴方向的数字分辨相等，这点在设置作图参数时应注意。

11.5.2 $^1H-^{13}C$ 相关谱

异核位移相关谱能全面反映 ^{13}C 与 ^1H 的相关性，一张 $^{13}C-^1H$ 异核相关二维谱图等于一整套选择性去耦谱图。异核位移相关谱的脉冲序列如图 11-12 所示，$^{13}C-^1H$ 异核位移相关谱的脉冲序列是极化转移的脉冲序列。^{13}C 核的 $180°$ 脉冲在发展期消除了 ^{13}C 和 ^1H 核之间的自旋耦合；在 ^1H 核的第二个 $90°$ 脉冲前需等待 $J/2$ 的时间，让 ^1H 核的两个磁化分量刚好转到反平行位，以建立磁化转移的最佳状态；磁化转移后仍需等待 $J/2$ 的时间，使磁化转移后的反相分量进动到相位一致的状态，然后施加 ^1H 核去耦合 ^{13}C 核检测。

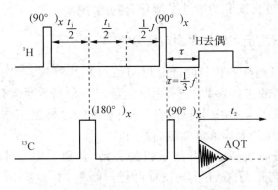

图 11-12 异核位移相关谱的脉冲序列

$^{13}C-^{1}H$ 异核相关二维谱图在互相垂直的两个方向的投影分别为该化合物的全去耦碳谱和氢谱,因此,两个频率轴所表示的信息不同,一致谱图是不对称的,只显示交叉峰。它反映了直接相连的碳原子和氢原子的关联,季碳原子则无交叉峰。

除了以上 $^{1}H-^{1}H$ 同核化学位移相关谱和 $^{13}C-^{1}H$ 异核相关二维谱以外,还有多种方式的二维谱。如 nuclear Overhauser effect specttroscopy(NOESY)二维谱。由于 NOE 在确定有机化合物结构、构型和构象以及对生物分子结构解析能提供重要信息(如确定蛋白质分子的二级结构),故 NOE 类二维谱也具有十分重要的地位。二维谱的详细内容请参阅相关专业类书籍。

§11.6 应用

核磁共振波谱能提供的参数主要包括化学位移,质子的裂分峰数、耦合常数以及各组峰的积分数值等。这些参数与有机化合物的结构有着密切的关系。因此,核磁共振技术广泛应用于鉴定有机分子和生物分子结构及构象。此外,核磁共振波谱还可应用于定量分析,用于对生物在组织与活体组织的分析、病理分析、医疗诊断、产品无损检测以及生化过程、化学过程中的动力学研究等。

11.6.1 核磁共振用于鉴定有机化合物结构

核磁共振最广泛的应用还是在于确定有机化合物的结构。前面已经介绍了解析未知图谱的基本方法,这里不再赘述。为了解析某些复杂有机分子的结构,甚至蛋白质的三维结构,近年来发展了二维核磁共振技术(2D-NMR)和多维核磁共振技术。2D-NMR 有两个时间变量,经过两次傅里叶变换,将通常的一维 NMR 谱图中的一个频率轴上的 NMR 谱图在二维空间展开,从而更直观和清晰地了解化合物的结构信息。

11.6.2 核磁共振用于有机化合物定量分析

^{1}H NMR 波谱中各组峰的积分曲线高度与该组峰的氢核数呈正比关系。这不仅是对化合物进行结构测定时的重要参数之一,而且也是定量分析的重要依据。用核磁共振技术进行定量分析的最大优点是不需引进任何校正因子或绘制标准工作曲线,直接根据各共振吸收峰的积分高度的比值,求算该自旋核的数目。

为确定仪器的积分曲线高度和质子数目的关系,必须采用一种标准化合物进行标定。因其质子峰都出现在高磁场区,不会与试样的任何峰重叠,实验中经常采用的是有机硅化合物。

1. 内标法

由于内标法测定准确度高,操作方便,使用广泛,在核磁共振谱中也常用内标法进行定量分析。具体操作为:准确称量一定质量的样品和内标化合物,选择合适的溶剂配制浓度适宜的溶液,测试核磁共振谱图,可按下式计算样品的质量 m_s:

$$m_s = \frac{A_S \cdot M_S \cdot n_R}{A_R \cdot M_R \cdot n_S} \cdot m_R = \frac{\frac{A_S}{n_S} \cdot M_S}{\frac{A_R}{n_R} \cdot M_R} \cdot m_R \tag{11-14}$$

式中:m 和 M 分别表示质量和相对分子质量;A 为积分高度;n 为被积分信号对应的质子数;下标 R 和 S 分别代表内标和试样。

2. 外标法

当试样复杂时,难以找到合适的内标化合物,则采用外标法,其具体步骤为:准确称取一定质量的试样和标准化合物,选择合适的溶剂分别配制成溶液,测试各自的核磁共振谱图。按下式计算待测样品的质量:

$$m_S = \frac{A_S}{A_R} \cdot m_R \tag{11-15}$$

式中:A_S 和 A_R 分别为试样和外标同一基团的积分高度。因外标法受实验条件影响较大,测定过程中应尽量保持两份溶液的操作条件一致。

11.6.3　核磁共振在医学领域的应用

核磁共振在医学中的应用主要是核磁共振成像技术的发展及运用。核磁共振成像(Nuclear Magnetic Resonance Imaging,NMRI)技术,又称磁共振成像(Magnetic Resonance Imaging,MRI),它是一种生物磁自旋成像技术,利用人体中的遍布全身的氢原子在外加的强磁场内受到射频脉冲的激发,产生核磁共振现象,经过空间编码技术,用探测器检测并接受以电磁形式放出的核磁共振信号,输入计算机,经过数据处理转换,最后将人体各组织的形态形成图像,以作诊断。其基本原理是:将人体置于特殊的磁场中,用无线电射频脉冲激发人体内氢原子核,引起氢原子核共振,并吸收能量。在停止射频脉冲后,氢原子核按特定频率发出射电信号,并将吸收的能量释放出来,被体外的接收器收录,经电子计算机处理获得图像,这就叫做核磁共振成像。

与用于鉴定分子结构的核磁共振谱技术不同,核磁共振成像技术改变的是外加磁场的强度,而非射频场的频率。核磁共振成像仪在垂直于主磁场方向会提供两个相互垂直的梯度磁场,这样在人体内磁场的分布就会随着空间位置的变化而变化,每一个位置都会有一个强度不同、方向不同的磁场,这样,位于人体不同部位的氢原子就会对不同的射频场信号产生反应,通过记录这一反应,并加以计算处理,可以获得水分子在空间中分布的信息,从而获得人体内部结构的图像。核磁共振所获得的图像非常清晰、精细、分辨率高、对比度好、信息量大,特别对软组织层次显示得好。它是一项革命性的影像诊断技术,已成为一些疾病诊断必不可少的检查手段。

📖 课外参考读物

[1] 王桂芳,马廷灿,刘买利. 核磁共振波谱在分析化学领域应用的新进展[J]. 化学学报,2012,70:2005 - 2011.

[2] 辛普森. 有机结构鉴定:应用二维核磁谱[M]. 北京:科学出版社,2011.

📖 参考文献

[1] 宁永成. 有机化合物结构鉴定与有机波谱学[M]. 2版. 北京:科学出版社,2000.

[2] 苏克曼,潘铁英,张玉兰. 波谱解析法[M]. 上海:华东理工大学出版社,2002.

[3] 吴谋成. 仪器分析[M]. 北京:科学出版社,2003.

[4] 田丹碧. 仪器分析[M]. 北京:化学工业出版社,2004.

[5] 曾泳淮,林树昌. 分析化学:仪器分析部分[M]. 2版. 北京:高等教育出版社,2004.

习 题

1. 名词解释:

(1) 化学位移 (2) 弛豫过程 (3) 自旋-自旋耦合 (4) 屏蔽效应 (5) 磁各向异性 (6) 耦合常数 (7) 磁等价核

2. 化学位移如何表示? 其影响因素有哪些?

3. 核磁共振实验中为什么使用 TMS 作为内标?

4. 下列四种化合物,哪个氢核的屏蔽常数最大,共振峰出现在高场区?

(1) RCH_2^* —CH_3 (2) CH_3—CH_2^* —CH_3 (3) CH_3—CH^* —$(CH_3)_2$ (4) CH_4^*

5. 使用 60 MHz 的 NMR 仪测得 CH_3Br 在 TMS 左侧 162 Hz 处出峰,若用 90 MHz 的仪器,其峰在 TMS 左侧多少赫兹处出峰? CH_3Br 中氢核的化学位移 δ 是多少?

6. 分别预测下列化合物的 ^1H NMR 谱图外观(要求指出各组峰的化学位移 δ、峰的裂分情况以及从低场到高场各组峰间的峰面积之比)

(1) 乙醇,乙醛,乙酸 (2) 苯,甲苯,乙苯

7. 化合物分子式为 $C_4H_{10}O$,其 ^1H NMR 如下图所示,试推断其结构,并说明依据。

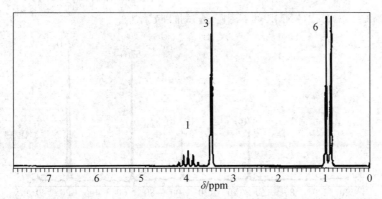

8. 化合物分子式为 $C_{10}H_{13}NO_2$，其 ^1H NMR 如下图所示，试推断其结构，并说明依据。

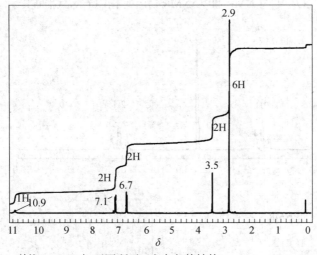

9. 某化合物 C_8H_{10}，其 ^{13}C NMR 如下图所示，试确定其结构。

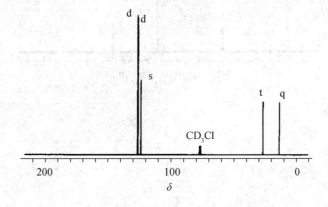

10. 某化合物 C_5H_8O,其 ^{13}C NMR 如下图所示,试推断其结构。

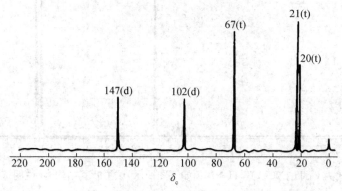

11. 某化合物 $C_7H_{16}O_4$,其 ^1H NMR 和 ^{13}C NMR 谱图如下图所示,试推断其结构。

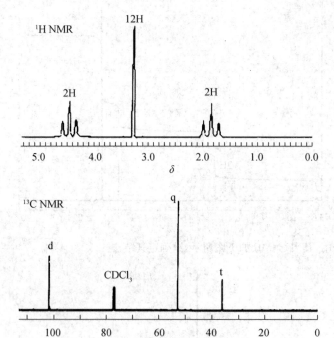

第 12 章　质谱法

☞ 码上学习

质谱法(Mass spectrometry,简称 MS)是通过对离子质荷比(m/z)的分析来进行定性和定量分析及研究分子结构的分析方法。离子的离子流强度或丰度相对于质荷比变化的函数关系称为质谱,进行这一分析的仪器即为质谱仪。质谱法发展到现在已经有 100 多年的历史,美国学者汤姆生在 1913 年就曾预言:"化学中存在的许多问题可以凭借这个方法来解决,而且比其他方法更为简便。"早期的质谱法最重要的工作是分离测定同位素,即同位素质谱法。20 世纪 40 年代之后,质谱法开始用于有机物的分析;60 年代出现气相色谱-质谱联用仪器;80 年代随着一批如原子轰击电离源、电喷雾电离源及基质辅助激光解析电离源等软电离技术的出现,质谱法开始研究热不稳定及生物大分子化合物,从而进入了生命科学领域,生物质谱也迅速地发展起来了。

现代质谱法具有以下特点:

(1) 灵敏度高,最优化条件下只需要 10^{-12} g 样品。

(2) 分析速度快,几分钟之内即可完成测试。

(3) 分析范围广,可用于固体、液体、气体样品分析,也可用于热稳定和热不稳定的化合物分析。

(4) 提供的信息量大,可同时提供被测物质的相对分子质量和结构信息。

(5) 既能定性分析也可定量分析。

(6) 可以和各种色谱仪器联用,实现复杂体系的分析,如液相色谱-质谱联用。

§12.1　质谱仪

质谱仪的种类很多,根据所分析样品的不同应使用不同类型的质谱仪,如同位素质谱仪、无机质谱仪、有机质谱仪。不管是何种质谱仪都由以下四个部分组成:样品导入系统、电离源、质量分析器、信号检测系统。

12.1.1　样品导入系统

根据样品不同的物理性质,如熔点、蒸汽压等,采用不同的方法将样品导入离子源,对于气体和具有挥发性的液体,可以通过注射器或阀直接注入预先抽成真空的储存器,然后通过细小的漏孔进入离子源。固体样品可用直径 6 mm、长 25 cm,前端有容纳样品的陶瓷小凹槽的不锈钢棒导入,通过电加热使样品蒸发。如图 12-1 所示。

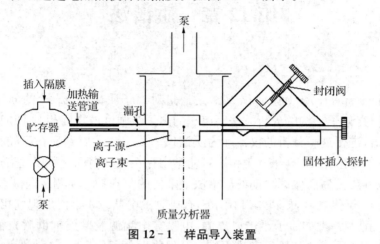

图 12-1　样品导入装置

12.1.2　电离源

电离源提供的能量能够使被测样品离子化。质谱仪的灵敏度、分辨率等重要指标均和离子源息息相关。随着科技的发展,现代质谱仪中有多种电离源,应用广泛的如电子电离源、电喷雾电离源等。

1. 电子电离源(electron ionization,EI)

电子电离源(EI)主要用于气体样品,由离子化区和离子加速区组成。

(1) 离子化区

离子化区主要由电子发射极(阴极)和电子收集极(阳极)组成。低压气体样品导入时,在离子化区受到由钨丝或铼丝组成的加热灯丝产生的并且受到阳极加速的高能电子流的轰击,可使样品分子失去电荷成为正离子。分子离子中的化学键在电子流的轰击下进一步断裂,形成各种质荷比的碎片离子,带电荷的离子受到排斥电极的排斥而进入离子加速区。由于分子被电离之后主要生成大量正离子和少量负离子,并且排斥电极不能排斥中性分子和负离子,所以只有正离子才能进入离子加速区,而少量的负离子和中性分子被维持低压的抽真空系统抽出。电子流则在收集电压的作用下达到电子收集极。

一般情况下,电子发射极与收集极之间的电压为 70 V,即电子能量为 70 eV,所有的标准质谱图都是在此条件下做出的。为了减少碎片离子峰得到简化的质谱图,有时候也会采用 10~20 eV 的电子能量。

(2) 离子加速区

由离子化区产生的各种质荷比的离子,在离子加速区加速。忽略离子的初始动能,则离

子的动能为

$$\frac{1}{2}mv^2 = zeU \tag{12-1}$$

式中：v 为离子运动速度；U 为加速电压；ze 为离子电荷量；m 为离子质量。

电子离子源得到的离子流稳定性好，电离效率较高，因而应用最为广泛。缺点是对于相对分子质量太大的样品稳定性差，不易得到分子离子。因此无法测定相对分子质量太大的样品的相对分子质量。

2. 化学电离源(chemical ionization, CI)

化学电离源的离子源与电子电离源结构相似，但化学电离源是将样品气体和反应气体分子混合(样品含量约为 0.1%)通入电离室，最常用的反应气体为甲烷、异丁烷、氢气、氨气等。灯丝发出的电子束首先电离反应气体，产生的反应气体离子与样品气体再进行离子分子反应，使样品分子电离。

化学电离是一种软电离方法，一般用于稳定性差的化合物，用电子电离源难以得到分子离子的样品，但其缺点是碎片少，可提供的结构信息少。一般的质谱仪中都同时装置有电子电离源和化学电离源，可根据实验的需要进行切换。电子电离源和化学电离源一般都只适用于小分子化合物的质谱分析，而相对分子质量较大的化合物如蛋白质、核酸类的生物大分子则要使用新的软电离技术来进行质谱分析。

3. 场电离源(field ionization, FI)

场电离源中最重要的部件是电极，其结构如图 12-2 所示。阳极通常是一个尖锐金属丝或金属片，上面布满微针，因此被称作"金属胡须"发射器。阳极和阴极之间的电压差为 10 kV，而两级间距极小约为 10^{-4} cm。因此两电极间的电压梯度高达 10^8 V/cm。当偶极矩较大且具有高极化率的样品分子与阳极碰撞，电子转移到阳极，形成的离子被阴极迅速加速拉出，进入聚焦单位。由于场电离源的能量约为 12 eV，因此碎片离子峰很少而分子离子峰强度大，有时还可以观测到准分子离子峰。

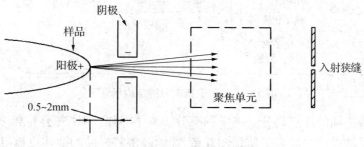

图 12-2　场电离源示意图

4. 场解吸源(field desorption,FD)

场解吸源与场电离源十分类似,和场电离源一样有一个"金属胡须"阳极发射器,样品溶液被加到发射器表面,溶剂被蒸发除去。在强电场中,样品分子中的电子进入金属原子空的轨道放电,从而生成正离子。离子由于库仑力的作用进入气相而不进行热分解。

场解吸源与前面三种电离技术相比是最弱的电离技术,一般只产生分子离子峰和准分子离子峰,碎片离子峰极少,主要用于热不稳定和非挥发性化合物的质谱分析。

5. 激光解吸源(laser desorption,LD)

激光解吸源是利用短周期、强脉冲的激光轰击样品,产生共振吸收使能量转移到样品。通常激光脉冲所加的时间在$1\sim100\ \mu s$。如果将低浓度样品分散在液体或者固体基质中(物质的量之比为$1:100\sim1:50\ 000$)的激光解吸源又称为基质辅助激光解吸源,是测定生物大分子分子量的有力手段,可分析生物大分子,如长链肽、蛋白质等。

6. 快速原子轰击源(fast atom bombardment,FAB)

快速原子轰击源的结构如图12-3所示。用来轰击样品的原子通常为氙气或氩气等稀有气体,通过电场加速预先在电离室中放电产生气体离子,然后获得高能量的电离的气体原子,与热的气体原子进一步碰撞而导致电荷和能量的转移,快速运动的原子撞击到涂有样品的金属板上,通过能量转移使样品分子电离,生成二次离子,这些离子在电场中穿过狭缝进入质量分析器。样品通常溶于惰性的非挥发性液体中,如甘油,然后以单分子层覆盖于探针表面,但这种方法不适用于悬浮样品。

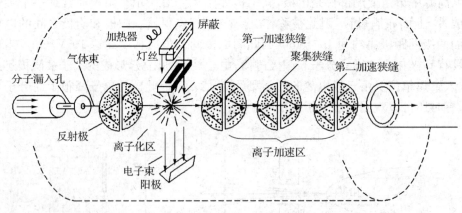

图 12-3 原子轰击源的结构示意图

快速原子轰击源的优点是分子离子和准分子离子峰强,碎片离子丰富,能够用于分析热不稳定和难挥发的样品。缺点是质谱图复杂,原因是溶解样品的液体也被电离,但是可以通过扣除背景解决。

7. 电喷雾电离源(electrospray ionization,ESI)

电喷雾电离是一种很软的电离方法,通常不产生碎片离子或者产生很少的碎片离子。样品分子生成质子化分子或加合离子。被分析的样品溶液从毛细管口喷出,在毛细管末端与围绕毛细管的圆筒状电极之间加以 3 kV~4 kV 电压,形成带高密度电荷的雾状液滴。带电液滴在向取样孔移动的过程中,溶剂不断挥发,液滴体积不断逐渐缩小,液滴表面的电荷密度不断增加。当电荷密度增加至临界点(又称为瑞利稳定限)时,电荷之间的排斥力大于溶液的表面张力,液滴自发分裂,经过反复的溶剂挥发和液滴分裂,液滴变得越来越细微,这样带电荷的样品离子就被静电力喷入气相而进入质量分析器。

电喷雾电离源主要用于液体样品电离,最大优点是样品分子不发生裂解,适合极性以及热不稳定性化合物的电离,尤其适合多肽、蛋白质、核酸、配合物及其他大分子化合物的分析,并且该电离源非常适合作为液相色谱和质谱仪联用的接口。

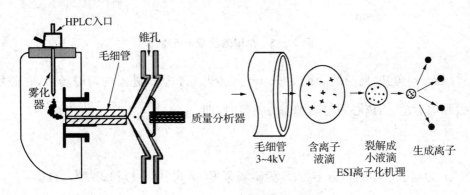

图 12 - 4　电喷雾电离源

8. 无机质谱

无机质谱仪主要用于无机元素微量分析和同位素分析等方面,它与有机质谱仪工作原理不同的是物质离子化的方式不一样:无机质谱仪是以电感耦合高频放电(ICP)或其他的方式使被测物质离子化。无机质谱仪可以分为火花源质谱仪、离子探针质谱仪、激光探针质谱仪、辉光放电质谱仪、电感耦合等离子体质谱仪。无机质谱仪测试速度快,结果精确。无机质谱仪广泛用于地质学、矿物学、地球化学、核工业、材料科学、环境科学、医药卫生、食品化学、石油化工等领域以及空间技术和公安工作等特种分析方面。

12.1.3　质量分析器

质量分析器是能够将电离源中产生的离子按照质荷比分开的部件。离子通过质量分析器,按照不同的质荷比分开,相同质荷比的离子聚集在一起形成质谱图。各种质谱仪的主要区别就是质量分析器的不同。下面主要介绍单聚焦质量分析器、双聚焦质量分析器、四级杆质量分析器和离子回旋共振质量分析器。

1. 单聚焦型质量分析器

离子源中产生的离子在电场中加速后进入入射狭缝,然后在磁场中偏转 90°穿过出射狭缝,聚焦于收集极,如图 12-5 所示。

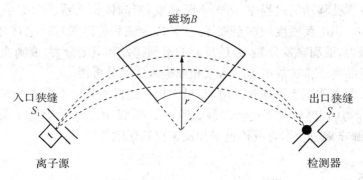

图 12-5 单聚焦质量分析器

由式(12-1)可知,离子的动能为 $\frac{1}{2}mv^2$。这些离子垂直进入均匀磁场后,在磁场的作用下将做圆周运动,当离心力与磁场引力相等时,即

$$\frac{mv^2}{r} = Bzv \tag{12-2}$$

式中:r 为离子运动的轨道半径;B 为磁场强度,由式(12-1)和式(12-2)得:

$$r = \frac{1}{B}\sqrt{\frac{2eUm}{z}} = \frac{1}{B}\sqrt{\frac{2Vm}{z}} \tag{12-3}$$

由式(12-3)可知,离子在磁场中运动的轨道半径取决于加速电压 V、磁场强度 B,以及质荷比 m/z。由于在质谱分析中磁场强度是恒定的,采用电压扫描,就可以使不同质荷比的离子按照半径为 r 的轨道运动,最终穿过出射狭缝进入检测器。而不能符合式(12-3)要求的离子则因为轨道半径不同而不能通过狭缝射出进入检测器。

具有相同质荷比的离子束在进入入射狭缝时,各个离子的运动轨迹是发散的,而通过磁场偏转型质量分析器之后,发散的离子束重新聚焦至出射狭缝处,这种功能被称为方向聚焦。

2. 双聚焦型质量分析器

通过方向聚焦可以使得发射角度不同而质荷比相同的离子在出射狭缝处重新聚集,但是无法使能量不同的离子完全聚焦,使得分辨率降低。双聚焦型质量分析器结构如图12-6所示,通过在离子源和磁场之间加设一个静电分析器(由两个同心圆筒状电极组成),就可以消除相同质荷比离子由于动能不同的原因造成的误差。

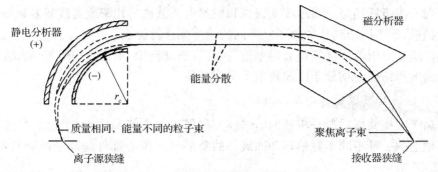

图 12 - 6 双聚焦型质量分析器示意图

离子束在离开入射狭缝之后穿过静电分析器的环形通道时,离子的动能为:

$$\frac{1}{2}mv^2 = \frac{zEr}{2} \tag{12-4}$$

即

$$r = \frac{mv^2}{zE} \tag{12-5}$$

式中,E 为外加的静电场强度。这说明通过控制外加静电场可以改变离子运动的轨道半径。所以离子的运动轨迹不仅与质荷比相关也和离子动能有关。只有离子的动能和运动半径相匹配才能通过静电分析器实现能量聚焦(也称速度聚焦),再通过磁场的方向聚焦。经过双聚焦能够大大提高质谱的分辨率。

3. 四级杆质量分析器

四级杆质量分析器完全不同于之前的两种质量分析器,其结构如图 12-7 所示。由两组四根相互对称、高度平行的杆状电极组成,精密地固定于正方形的四个角上。电极上加有直流电压和频射电压。相对的两个电极电压相同而相邻的两个电极电压大小相等而极性相

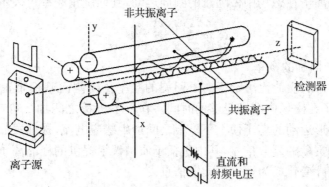

图 12 - 7 四级杆质量分析器结构示意图

反。在一对特定直流和频射电压的条件下,只有具有特定动能的离子才能通过金属极杆,而其他离子则与四级杆相撞。通过改变直流和射频电压振幅的比率或者改变射频频率就可以实现质量扫描,使不同质荷比的离子以不同的顺序到达检测器。

四级杆质量分析器的优点是分辨率较高,分析速度极快,最适合用于气-质、液-质联用。但是其准确度和精密度均低于磁偏转型质量分析器。

4. 离子回旋共振质量分析器

采用离子回旋共振质量分析器的质谱仪又称傅里叶变换质谱仪,是建立在离子回旋共振技术基础上的一种不同于磁偏转和四级杆的质谱仪。核心部件是离子回旋共振室,其结构如图 12－8 所示。

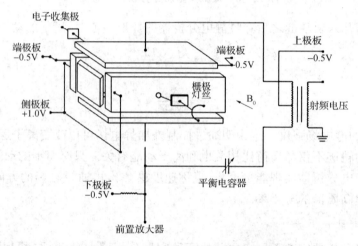

图 12－8　离子回旋共振质量分析器

在矩形的共振室中,样品分子在恒定的磁场 B_0 中电离成质量为 m、电荷为 z、运动速度为 v 的离子。这些离子在磁场中做随意的圆周运动,其回旋角频率可表示为:

$$\omega = \frac{v}{r} = \frac{z}{m}B \tag{12－6}$$

式中:ω 为离子回旋的频率。

由式(12－6)可知,质荷比决定了离子回旋的频率。使侧面基板带正电位,上下极板带负电位,能够使离子在磁场中滞留足够的时间。在上下极板之间加上可变射频场可区分不同质量的离子。环形运动的离子使上下极板之间产生感应电流,被前置放大器感知,从而得到一个由所有离子贡献的复合信号,其中包括了质谱仪上提供的样品离子的所有频率信息,这些信息经过傅里叶变化成为通常的质谱信息。

12.1.4　信号检测

质谱仪信号检测系统主要使用的是光电倍增器和电子倍增器,将从分析器来的离子流接收、放大,然后送到计算机存储,这些信号经过计算机处理后得到所要分析样品的谱图信息。

§12.2　离子的主要类型

12.2.1　分子离子

分子失去一个电子形成的离子称为分子离子,对应的质谱峰称为分子离子峰。分子离子峰具有以下特点:

(1) 除同位素离子峰外,分子离子峰通常出现在质荷比最高的位置。分子离子峰的稳定性取决于化合物的分子结构。分子离子峰较强的有芳香族、共轭烯烃及环状化合物而脂肪醇、胺、硝基化合物及多侧链化合物很难出现或不出现分子离子峰。

(2) 在分子离子峰左边 3~14 原子质量单位范围内一般不可能出现峰。因为不可能使同一个分子同时失去 3 个氢原子,而最可能失去的最小基团通常是甲基,即$(M-15)^+$。

(3) "氮规则":凡是分子离子峰均符合"氮规则",即相对分子质量为偶数的有机化合物一定有偶数个氮原子,相对分子质量为奇数的有机化合物一定有奇数个氮原子。

分子离子峰的主要作用是用来确定化合物的相对分子质量,高分辨率质谱仪能够给出精确的分子离子峰质量数,因此能够快速准确地测定有机化合物的相对分子质量。

当分子离子峰不出现时可以通过降低电子轰击能量、更换离子源、采用化学衍生法使化合物转变为稳定衍生物等方法来产生分子离子峰。

12.2.2　同位素离子

天然元素由同位素组成,习惯上把含有重同位素的离子称为同位素离子,其所产生的质谱峰称为同位素离子峰。由于不同元素的同位素含量不相同,因此质谱图中常出现强度不等的同位素离子峰。这些同位素离子峰常在分子离子峰右边 1 或 2 个质量单位处出现$(M+1)^+$或$(M+2)^+$峰。从$(M+1)^+$或$(M+2)^+$峰的强度可以推断存在的同位素。如$(M+2)^+$峰与 M^+峰强度相同,推断可能存在^{81}Br;$(M+2)^+$峰强度为 M^+峰强度的 1/3,则可以推断有^{37}Cl。

12.2.3　碎片离子

碎片离子是由于离子源的能量过高,分子离子在离子源中碎裂而形成的(见表 12-1)。碎片离子峰的信息有助于推断分子结构。

表 12-1 有机化合物的键能

键类型	C—C	C—N	C—O	C—S	C—H	C—F	C—Cl	C—Br	C—I	O—H
单键	345	304	359	272	409	485	338	284	213	462
双键	607	615	748	535						
叁键	835	889								

一般来说,强度最大的质谱峰对应最稳定的碎片离子。通过分析各种碎片离子峰的相对强度,通常能够获得整个分子的结构的信息。但是通过此方法获得分子拼接结构不总是合理的,因为碎片离子并不只是通过分子离子一次碎裂而形成,可能会进一步碎裂或重排,因此要准确进行定性分析最好与标准图谱进行比较。

对于只有一根化学键断开的简单断裂(断裂产物是原分子中已经存在的结构单元,没有发生重排),有几条经验规则可以适用,但不是对所有化合物都适用,应谨慎适用。

（1）键能小的共价键先断裂。

（2）碳链分支处易发生断裂,分支越多,越容易断裂。这是由于碳原子具有以下稳定顺序：$\overset{+}{C}R_3 > \overset{+}{C}HR_2 > \overset{+}{C}H_2R > \overset{+}{C}H_3$。

（3）形成共轭效应更强体系的碎片,其断裂几率更大。

12.2.4　重排离子

分子离子在裂解的同时,原子或原子团重排而产生的比较稳定的离子叫做重排离子。最典型的就是麦氏重排所产生的离子。

麦氏重排其特点就是 γ 氢转移至羰基氧原子上：

§12.3　有机化合物的裂解规律

12.3.1　分子结构与离子稳定性

在分子离子的裂解过程中往往发生连续反应,并且存在复杂的竞争关系,生成产物的结构与母体和裂解产物的稳定性有关。质谱图描述的正是这种竞争过程的结果。其中,能够生成最稳定离子的分裂和能生成稳定中性分子是最容易发生的途径。

质谱中生成的阳离子稳定性和有机化学中阳离子稳定性类似,与取代基个数与性质有关。例如,$CH_3 < CH_3CH_2^+ < CH_3\overset{+}{C}HCH_3 < (CH_3)_3C_2^+$。同时,也与共轭效应有关,如 $CH_2{=}CH{-}\overset{+}{C}H_2$ 和 $C_7H_7^+$ 稳定。常见的稳定的中性分子有:CO、C_2H_2、HCN、C_2H_4、H_2O、$CH_2{=}CH_2{-}CH_3$ 和 $CH_2{=}C{=}O$ 等。

12.3.2　离子裂解与电子奇偶数关系

分子离子的裂解遵循以下规律:

$$M^{\cdot+}(奇数电子)\longrightarrow A^+(偶数电子)+R^\cdot(游离基)$$

或

$$M^{\cdot+}(奇数电子)\longrightarrow B^+(奇数电子)+N(中性分子)$$

碎片离子如果存在奇数个电子,则可以消去一个游离基或一个中性分子;而如有偶数个电子,则只能消去一个中性分子,得到偶数电子碎片离子,不能消去游离基生成有奇数个电子的碎片离子,除非奇数电子碎片特别稳定。

12.3.3　离子裂解与电离电位关系

电离电位的高低决定了离子的裂解方式,以及离子峰相对丰度大小。

由于上一种裂解方式的离解电位低,因此,以此种裂解方式进行裂解较多。

12.3.4　裂解方式

裂解是指分子中有一个键开裂。裂解方式有均裂、异裂和半异裂。其中,均裂是指一个 δ 键断开,每个碎片保留一个电子,即

$$X{-}Y\longrightarrow X^\cdot + Y^\cdot$$

异裂是指一个 δ 键开裂,两个电子都归属于一个碎片,即

$$X{-}Y\longrightarrow X^+ + Y{:}^-$$

半异裂是指离子化的 δ 键断开，即

$$X \!\!-\!\!\cdot Y \longrightarrow X^+ + Y \cdot$$

12.3.5 重要有机化合物的裂解规律

1. 烃类

（1）饱和脂肪烃裂解特点

① 生成一系列奇数质量峰，m/z 15,29,43；

② m/z 43($C_3H_7^+$)和 m/z 57($C_4H_9^+$)峰最强；

③ 如果有侧链，则裂解优先发生在侧链处。

（2）烯烃裂解特点

① 有明显的一系列 $41+14n$($n=0,1,2,\cdots$)峰；

② 基峰是由裂解形成 $CH_2\!\!=\!\!\overset{+}{C}HCH_2$($m/z$ 41)而产生。

（3）芳香烃裂解特点

① 分子离子峰强；

② 烷基芳香烃的基峰在 m/z 91($C_7H_7^+$)，若芳环的 α 位上的碳原子被取代则基峰变成 $91+14n$，m/z 91 峰失去一个乙炔分子而成 m/z 65 峰；

③ 当烷基碳原子数等于或者大于 3 时，会发生一个氢原子的重排，且失去一个中性分子后生成 m/z 92 峰。

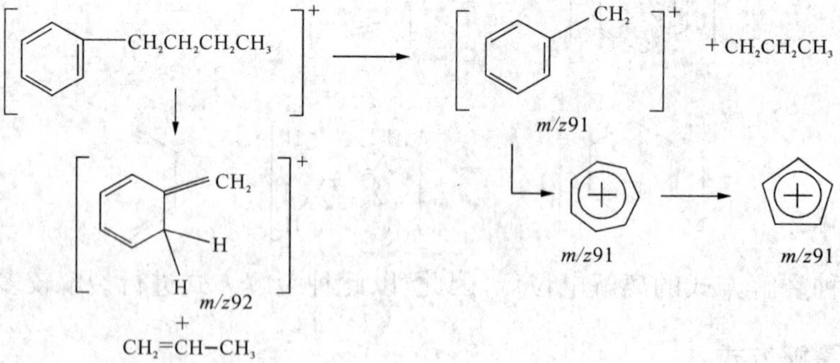

2. 羟基化合物

（1）脂肪醇的裂解特点

① 分子离子峰极弱或不存在，对长链脂肪醇尤为明显；

② 由于失去一分子水，并伴随失去一分子乙烯，通常有(M−18)$^+$和(M−46)$^+$峰生成；

③ 醇类通常最先失去体积最大的基团。伯醇生成 m/z 31 峰($CH_2\!\!=\!\!\overset{+}{O}H$)，同理叔醇生成 m/z 59 峰($CH_3C\!\!=\!\!\overset{+}{O}H$)。

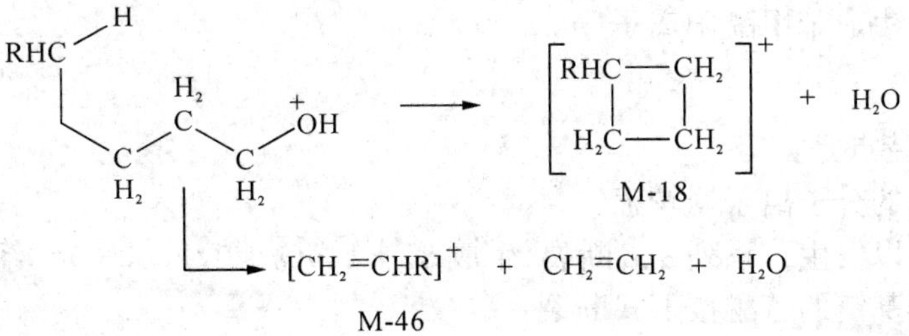

RHC
H
H_2
C
+
OH
C
H_2
C
H_2
RHC—CH_2
H_2C—CH_2
+
+ H_2O
M-18
$[CH_2=CHR]^+$ + $CH_2=CH_2$ + H_2O
M-46

(2) 酚类和芳香醇的裂解特点

① 酚的分子离子峰很强；

② 通常失去 CO 生成$(M-18)^+$或失去 CHO 基团生成$(M-29)^+$峰；

③ 甲基取代酚先失去一个甲基氢原子后裂解脱去 CO 或 CHO。2-烷基取代酚由于邻位效应而易失去 H_2O 而常出现$(M-18)^+$峰，而间位取代的$(M-18)^+$峰很弱；

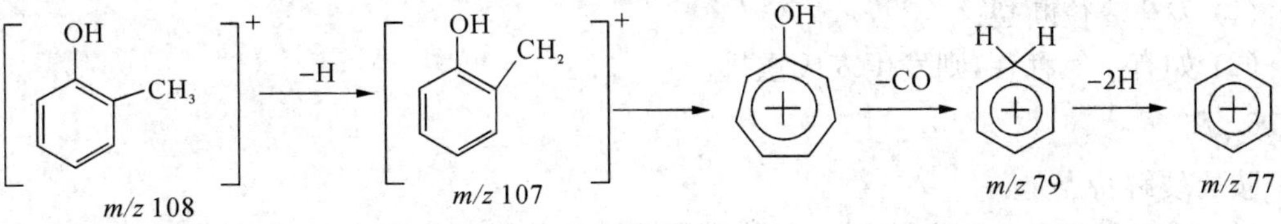

OH
CH_3
+
–H
OH
CH_2
+
OH
–CO
H H
–2H
m/z 108
m/z 107
m/z 79
m/z 77

④ 芳香醇的裂解与烷基取代酚类似，同时也有$(M-2)^+$或$(M-3)^+$峰。

3. 羰基化合物

(1) 酮类的裂解特点

① 分子离子峰较强；

② 与羰基连接的任意键均可发生 α 位断裂，但主要以烷基碎片越大失去的概率越大的规律进行断裂；

③ 长链烷基团能断裂产生 $43+14n$ 系列碎片离子；

④ 麦氏重排；

⑤ 芳香酮有强的分子离子峰，基峰来自以下断裂：

+O
C
R
–R
O+
C

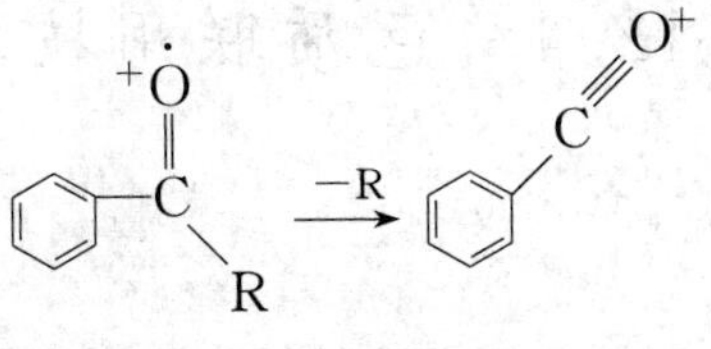

(2) 醛类的裂解特点

① C_1- C_3 醛的基峰是由生成稳定的 CHO^+ 形成，而含碳量更高的直链醛则生成$(M-29)^+$峰。其他特点与酮类相同。

$$^{+}O{=}\underset{H}{C}{-}R \longrightarrow \underset{+}{R} + HC{\equiv}O^{+}$$

② 芳香醛易生成苯甲酰阳离子（m/z 105）。

4. 醚类

醚类的裂解特点是：

① 芳香醚类的分子离子峰较强；

② 脂肪醚可以发生一系列 α、β 断裂，生成 $31+14n(n=0,1,2,\cdots)$ 一系列碎片；

③ 较长烷烃基链的芳醚按下式断裂：

$$\text{\ \ }\overset{+}{O}CH_2CH_2R \longrightarrow \text{\ \ }\overset{+}{O}H + H_2C\!=\!CHR$$

芳醚的分子离子峰较强。

5. 羧酸、酯类和酰胺

羧酸、酯类和酰胺的裂解特点是：

(1) 发生 α 位断裂；

(2) 如有 γ 氢存在，则发生麦氏重排。

6. 胺

胺的裂解特点是：

(1) 基峰由相对于 N 原子的 α、β 位碳原子之间的键断裂产生；

$$R_1\text{---}\overset{\overset{\displaystyle R_2}{\|}}{\underset{\underset{\displaystyle CH_2}{|}}{N^+}}\text{---}R_3 \longrightarrow R_1 + \overset{\overset{\displaystyle H_2C}{\|}}{\underset{\underset{\displaystyle R_3}{|}}{N^+}}\text{---}R_2$$

$$m/z\ 30,44,58$$

(2) 仲胺和叔胺裂解方式与醚类十分类似；

(3) 芳香胺的分子离子峰强，烷基侧链的断裂和脂肪胺类似。许多芳香胺有中等强度的 $(M-1)^+$ 峰，其脱去 HCN、H_2CN 的过程与苯酚脱去 CO、CHO 类似。

§12.4 色质联用技术

12.4.1 气质联用技术

气相色谱-质谱联用技术是两种分析方法的结合。对于质谱而言，气相色谱是它的进样系统；对气相色谱而言，质谱是它的检测器。为了使两者之间的工作压力相匹配，其接口可用直接连接、分流连接、分子分离连接三种方式。直接连接只能用于毛细管气相色谱仪和化学电离源质谱仪的联用。分流连接器是在色谱柱的出口处，对试样气体的利用率低。所以一般采用分子分离器，它是一种富集装置，通过分离可以提高进入质谱仪中的样品气体分子的比例,与此同时还能维持离子源的真空度。常用的分子分离器有扩散型、半透膜型和喷射型等。与气相色谱联用的质谱仪类型众多,主要是检测器不同。

气相色谱-质谱联用可以直接分析混合物,如致癌物的分析、食品分析、工业污水分析、农药残留分析、中草药成分分析等很多质谱无法单独进行的分析课题。利用气相色谱-质谱联用可以获得混合样品的综合信息,如总离子流图、每种组分的质谱图以及每个质谱图的检索结果。对于高分辨率的质谱仪还可以得到化合物的精确相对分子质量和分子式。但是气相色谱-质谱联用只适用于分析易气化的样品。

目前蔬菜生产中滥用农药的情况比较严重,蔬菜中往往含有多种类的残留农药,品种复杂多样,极性差别大,难以在同一色谱条件下监测。气质联用方法可以对多种类型的农药进行同时检测。

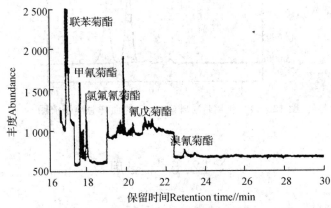

图 12 - 9　采用选择离子检测扫描方式测定五种菊酯类农药的气相色谱

12.4.2　液质联用技术

液相色谱的应用不受沸点的限制,能分离、定量分析热稳定性差的样品,但定性分析能力较弱,因此发展了液相色谱-质谱联用技术,用于高极性、热不稳定、难挥发的大分子(如蛋白质、核酸、金属有机物等)分析。由于液相色谱-质谱联用仪分离要使用大量的流动相,有效地除去流动相中大量的溶剂而不造成样品的损失,同时使分离出的物质电离,这是液相色谱-质谱联用的技术难题。现用的接口主要有大气压化学电离接口(APCI)、离子束接口(PB)和电喷雾电离接口(ESI)。液相色谱-质谱联用仪的一种接口只能适用于某一类型的分析对象,因此常用的联用仪都带有多个可以互相切换的接口。

液相色谱-质谱联用仪是分析相对分子质量大、极性强的生物样品不可缺少的分析仪器,已在肽和蛋白质的相对分子质量测定,氨基酸单元结构、序列和转译后结构的修饰、调变的分析以及临床医学、环保、化工、中草药研究等领域得到广泛的应用。特拉唑嗪是一种新型药物,通过液质联用能够准确测定人体血浆内该药物的浓度,有助于药物动力学研究。

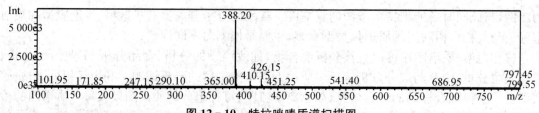

图 12 - 10 特拉唑嗪质谱扫描图

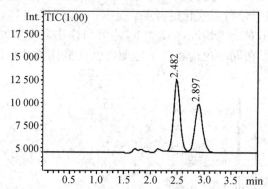

图 12 - 11 服用特拉唑嗪 4h 后的血样总离子流图

§12.5 应用

12.5.1 有机化合物结构的鉴定

从未知化合物的质谱图进行有机化合物结构的鉴定,其步骤大致如下:首先,确证分子离子峰;当分子离子峰确定后,可获得以下相关信息:① 从强度可大致知道属于某类化合物;② 从相对分子质量即可查阅《质量和同位素丰度表》(Beynon 表),给出分子式;③ 将它的强度与同位素峰强度比较,可判断可能存在的同位素。

(1) 利用同位素峰信息。应用同位素丰度数据,可以通过查阅《Beynon 表》来确定化合物的化学式。以下节录部分 Beynon 表(见表 12 - 2 和表 12 - 3),此表按化学式标称相对分子质量顺序,列出了含有 C、H、O 和 N 的各种组合。在使用 Beynon 表时应注意此表中同位素的相对丰度是以分子离子峰为 100,且只适用于含 C、H、O 和 N 的化合物。

表 12 - 2 质量和同位素丰度表(1)

141	M+1	M+2	相对分子质量
$C_4HN_2O_4$	5.26	0.92	140.993 6
$C_4H_3N_3O_3$	5.63	0.73	141.017 5

表 12-3　质量和同位素丰度表（2）

142	M+1	M+2	相对分子质量
$C_4H_2N_2O_4$	5.27	0.92	142.0014
...	...	...	...
$C_9H_6N_2$	10.58	0.51	142.0532
$C_{10}H_{12}$	11.16	0.56	142.1722
$C_{10}H_6O$	10.94	0.74	142.0419
$C_{10}H_8N$	11.32	0.58	142.0657
$C_{11}H_{10}$	12.05	0.66	142.0783

（2）利用化学式计算不饱和度。

（3）充分利用主要碎片离子的信息继而推断未知物结构。

（4）综合以上信息或联合使用其他手段最后确证结构式。

根据已获得的质谱图可以利用文献提供的图片进行对比、检索。提取出几个（一般 8 个）最重要峰的信息与标准图谱进行比较。由于不同电离源得到的同一化合物的图谱不相同，因此不存在通用的图谱。

12.5.2　相对分子质量及分子式的测定

用质谱法能够快速精确地测定化合物的相对分子质量，尤其一些高分辨率的质谱仪可以区分仅非小数点后部分质量不相同的化合物。

用质谱法测定化合物的质量时必须对 m/z 轴进行校正。校正时必须采用一种 m/z 值已知且在所需测定的质量范围之内的参比化合物。校准化合物一般要求在实验确定电离条件和所要测量的 m/z 范围内能够得到一系列强度足够的质谱峰。对于电子电离源和化学电离源，最常用的参比化合物是全氟煤油 $[CF_3\text{-}(CF_2)_n\text{-}CF_3$，简称 PFK$]$ 和全氟三丁基氨 $[(C_4F_9)_3N$，简称 PFTBA$]$。

12.5.3　定量分析

电子倍增器检测离子的灵敏度极高，最低 20 个离子就能够检测到有用信号。为了提高灵敏度可以通过单离子检测即只监测丰度最高的一种离子或多离子检测即检测几种离子来改进信噪比。单离子监测的最大优点是可以通过重复扫描来改进信噪比，但信息量少。多离子监测可以对每个组分中丰度较高的特征离子进行监测，记录在多通道记录器中的各自通道中，监测结果专一、灵敏，可以检测至 10^{-12} g 数量级。定量一般采用内标法来消除样品预处理以及操作条件变化而引起的离子化率的波动。内标物的化学性质应类似于被测物质且不存在于样品中，因此使用同位素标记的化合物才能够满足这种要求。质谱法能够区分天然的与标记的化合物。在色谱-质谱联用中，对于含有甲基的化合物，内标物可以变成氘代甲基，其保留时间一般较短，可以从它们的相对信号大小进行定量。

12.5.4　反应机理的研究

用质谱法能够轻松地测定某一给定元素的同位素,利用稳定的同位素来标记化合物,用它作为示踪物来测定化学反应或生物反应中某种化合物的最终去向,对于研究有机反应的机理有着至关重要的作用。

§12.6　复杂有机化合物的结构剖析

对于复杂的有机化合物,单纯利用其中某一种或者两种方法不可能得到最可靠的结构信息,只有充分利用每种方法的特点,将由各种方法得到的可靠信息,经过综合分析,得出确证无疑的化合物结构。

(1) 红外光谱:从吸收峰的位置、形状和强弱可推测可能存在的基团。

(2) 核磁共振波谱:从化学位移可以判断质子的化学环境;从自旋-自旋耦合裂分模式可判断相邻质子数;从积分线高度可判断质子数目。

(3) 质谱:从分子离子峰和同位素峰可推测出相对分子质量及化学式,从裂解碎片离子可推测可能存在的基团。

【例 12-1】　某一未知化合物,其分子式是 $C_8H_{10}O$,质谱、核磁和红外数据分别如下三图所示,在正己烷中测得 $\lambda_{max} = 257$ nm。试确定该化合物结构。

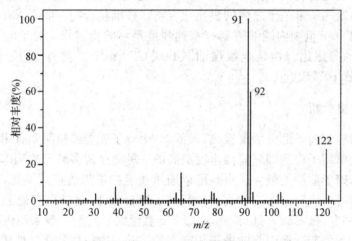

分子式是 $C_8H_{10}O$ 化合物质谱图

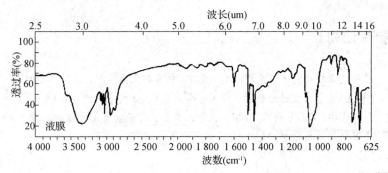

分子式是 $C_8H_{10}O$ 化合物红外光谱图

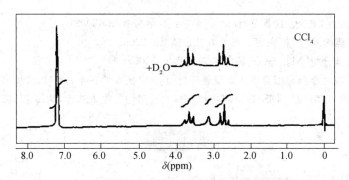

分子式是 $C_8H_{10}O$ 化合物 ^1H–NMR 谱图

解　该未知化合物的不饱和度 $\Omega=4$，说明可能含有苯环。

从 ^1H–NMR 数据可知如下信息：

δ	积分高度(cm)	氢质子数	重峰数	可能归属
2.62	0.6	2	三	Ph—CH_2—CH_2—
3.56	0.6	2	三	—CH_2—CH_2—R
7.2	1.5	5	单	⬡—R
3.15	0.3	1	单(氘代消失)	—OH

从红外吸收光谱可获得如下信息：

3 350 cm^{-1} 外的宽峰是由于—OH 形成分子间氢键所引起的。

1 050 cm^{-1} 处的吸收峰是 C—O 伸缩振动吸收带。

3 030 cm^{-1} 和 3 070 cm^{-1} 是 ν=C—H 吸收带。

3 090 cm^{-1}、1 610 cm^{-1} 和 1 500 cm^{-1} 是苯环的骨架振动产生的吸收峰。

750 cm^{-1} 和 700 cm^{-1} 的吸收带是苯的单取代。

因此该化合物是：⬡—CH_2—CH_2—OH

📖 课外参考读物

[1] 魏福祥. 现代仪器分析技术及应用[M]. 北京：中国石化出版社，2011.

[2] 方惠群，于俊生，史坚. 仪器分析学习指导[M]. 北京：科学出版社，2004.

[3] 曾泳淮. 分析化学：仪器分析部分[M]. 3版. 北京：高等教育出版社，2010.

[4] 唐任寰. 仪器分析习题精解[M]. 北京：科学出版社，1999.

📖 参考文献

[1] 方惠群，于俊生，史坚. 仪器分析[M]. 北京：科学出版社，2002.

[2] 张寒琦. 仪器分析[M]. 北京：高等教育出版社，2009.

[3] 刘志广. 仪器分析[M]. 北京：高等教育出版社，2007.

[4] 张静. 气质联用检测菊酯类农药残留量研究[J]. 安徽农业科学，2011，39(30)：18596-18598.

[5] 王珍珊. 液质联用(LC-MS)法检测特拉唑嗪及应用[J].临床药理，2010，15(5)：530-534.

习题

1. 简述用质谱法鉴定化合物结构的基本原理。

2. 离子源的作用是什么？简述常见离子源的原理和优缺点。

3. 单聚焦磁偏转型质量分析器的基本原理是什么？它的主要缺点是什么？

4. 如何判断分子离子峰？当分子离子峰不出现时，怎么办？

5. 同位素峰有哪些用途？

6. 各类有机化合物的裂解特点是什么？

7. 一个未知物的质谱图如下所示，试确定其分子结构。

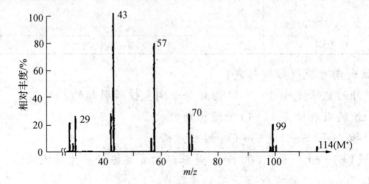